耿言虎 ◎ 著

远去的森林

一个西南县域生态变迁的社会学阐释

Disappearing Forest
——The Sociological Interpretation of
Ecological Change in
a County of Southwest China

社会科学文献出版社
SOCIAL SCIENCES ACADEMIC PRESS (CHINA)

序

环境社会学是一门新兴的分支社会学，近年来在中国呈现快速发展的态势，不仅研究人员的规模在迅速增加，而且研究的议题也日渐丰富。耿言虎以博士论文为基础写就的这本著作，印证了这一发展历程。作者将研究聚焦于中国西南地区云南省的一个县，通过实地调查，为我们描述了这一地区剧烈的生态变迁及其造成的多方面后果，阐释了生态剧变背后的社会原因。

2009 年我们承担了一项关于少数民族地区水库移民安置的课题。云南是个多民族省份，水利水电工程项目比较多，我和同事实地调查了 20 多天。当时是硕士生的耿言虎作为课题组的助手，全程参与在云南的调查。横向课题的好处是可以有大量的机会接触地方实际。基于课题前期的基础性调查，后期学生进行深度研究，成为学生学位论文选题的重要来源。地处云南南部的南芒县①，土地资源相对丰富，所以接收了金沙江溪络渡水电站的水库移民，但移民难以融入当地生活引发了后续一系列的社会问题，这是可以进行深度研究的话题。另一个让我感兴趣的话题是当地人对"林—水—田—人"关系的深刻认识。所以，我和耿言虎商量，可以把南芒县的水议题作为硕士论文的选题。2010 年，耿言虎去南芒县调查了 20 多天。实地调查发现，现实场景与我们原先的假设差距很大——原先我们预设

---

① 特别需要说明的是，在本书中，涉及的县、乡/镇、村以及人名、企业名、山川河流名等都已按照学术惯例进行了相关的技术处理。后文中，相关名称也都已经过处理，不再说明。

　　南芒县是一个"传统"的、生态系统保留完整的地方，但实际上处处都是"现代"的痕迹，并且森林系统的演变及其产生的环境问题也有很多。虽然，这个备选的硕士论文选题没有用上，但耿言虎考上博士以后，该议题逐步发展成为他的博士论文选题。2012年暑假，耿言虎第三次去南芒县，进行了近两个月的调查。他在不同类型的村庄驻村调查，访谈了林业局、水文站、档案馆、博物馆等相关部门工作人员，收集了大量的一手资料，对南芒县60余年来的生态变迁有了一个总体性的把握，确定了以森林生态演变及其成因作为博士论文的主题和框架。随后他又进行了两次补充调查，最终完成了这本书。

　　60余年来，南芒县生态的变化非常明显，可以分为两个阶段：第一阶段是从20世纪50年代中期到80年代，这一时期人们大量毁林开荒，砍伐树木用作建材、燃料，致使当地生态急剧退化，表现为森林短时间迅速消失，森林覆盖率急剧下降，森林破坏造成了水土流失、水源枯竭等问题；第二阶段是从20世纪80年代开始，由于市场化的推进，森林覆盖率有所恢复，但生态问题呈现一些新的变化。如果第一阶段主要是森林覆盖率、森林蓄积量等数量指标的下降，那么第二阶段主要是生态质量的指标下降，如单一的经济林替代了丰富多样的原生林、次生林，从而引发生态问题和继发的社会问题。

　　"生态－社会"系统的相互作用是一个有趣的、有意义的话题。历史上，地方社会对于生态保护有悠久的传统。自然资源保护的村规民约、信仰体系，农业生产中的丰富的地方生态知识都是这一传统的组成部分。这些地方传统在日常生活中发挥着重要的作用，保证了资源的持续利用和人与自然的和谐相处。村寨中森林保护的村规民约、竜林信仰、刀耕火种是维护生态系统的社会文化保障。

　　人与自然的关系在20世纪50年代以后发生了剧烈变化。在森林资源管理上，科层化森林资源管理制度逐步建立，地方有效的森林管理制度日渐式微，一段时期内，新的森林管理制度还未发挥效力，森林管理的失范造成了严重的森林砍伐的后果。此后，科层化森林资源管理制度虽然得以强化，但未能有效地吸收、借鉴传统文化遗产，一定程度上影响了森林管理效果。

在粮食作物种植上，历史上的刀耕火种农业虽然产出较低，但是有民间禁忌和严格的社会规范的约束，大体能够维持生产与生态的平衡。在政府的农业改造政策下，以汉区农业知识和现代科学技术为代表的外来农业知识逐渐取代地方农业知识，这些知识形成了当地农业生产的指导知识体系。外来农业知识体系以追求生产效率为目标，客观上提高了农业产量，增加了农业收益，但是却造成了严重的生态后果。

在商品农业生产上，20世纪80年代以来，特别是市场经济制度确立后，积极发展面向市场的经济作物种植是当地的重要经济方针。以橡胶、咖啡、茶叶、甘蔗等为主体的"绿色产业群"迅速发展壮大。政府、企业和村民构成了经济林产业发展的"共赢"联盟。但是，经济林产业的发展重塑了当地的生态，造成了物种单一化、农业面源污染、水资源短缺等后果。

本书还有以下几点值得一说。

首先，作者提出林业经济中的"生产跑步机"效应。"生产跑步机"理论主要解释资本主义生产方式如何造成严重的环境后果。林业经济发展和环境问题的凸显是同步发生的，政府—企业—农民合力造就了林业"生产跑步机"。经济林产业发展符合各方利益，但是环境却成为发展的牺牲品。

其次，从传统和现代的张力以及反思现代性的视角理解农村生态问题。在梳理已有研究和经验调查的基础上，作者指出了传统和现代的张力造成的严重的生态后果，例如科层化森林资源管理制度、高产高效的科学知识、将自然资本化的市场体系。这些现代性因素构成了发展的要素，但是也带来了严重的环境问题。

　　最后，在研究方法上，作为一个涉及较大时间跨度生态变迁问题的研究，读者可以发现，作者收集了大量档案馆文献、调查报告、部门总结报告、统计报表、地方志、文史资料等相关的各类文字资料，同时，还收集了本地居民特别是一些老人的口述史资料。这些材料有力地支撑了本书中提出的论点，也体现了环境社会学研究借鉴其他学科研究方法的重要性。在环境议题的跨学科研究中，不仅要涉及理论观点，而且要学习不同的研究方法。

　　总之，从社会学角度探讨"远去的森林"是一个有意义的话题。"远去的森林"是社会的一面镜子，从中可以发现人们自身行为的种种失当，反思人们的社会设置，从而有助于思索人们如何有效推进生态文明建设，实现人与自然的和谐共生。我愿意向关心环境问题、关心农村发展的朋友推荐本书，也希望耿言虎在环境社会学这一领域取得更大的成绩。

　　是为序。

陈阿江
2018 年 5 月于南京

目 录

第一章

导　论

第一节　研究背景与研究缘起

一　选题背景

自然环境是人类赖以生存的物质基础。当下，环境问题成为人类共同面临的最为棘手也是最具挑战的难题，亟待采取应对措施。改革开放以来，城市化和工业化进程快速推进，中国的环境在短时间内遭受了严重的破坏。环境问题对经济社会发展和居民的身心健康等都造成了严重的影响。近年来，中国的环境治理与保护力度空前加大。党的十八大报告提出"五位一体"的总体布局，生态文明建设与经济建设、政治建设、文化建设、社会建设并列作为"五位一体"建设的重要组成部分。习近平总书记多次在讲话中强调"绿水青山就是金山银山"的发展理念。党的十九大报告进一步提出"建设人与自然和谐共生"的现代化发展目标。这些方针、理念以及与之配套的相关举措为当下中国的环境治理与生态文明建设指明了道路。但是，我们仍然需要清醒地认识到中国所面临的环境污染、资源短缺、人口压力、发展方式粗放等多种问题。所以，探索人们如何更好地实现环境保护，如何更有效地推进生态文明建设是非常值得研究的议题。

生态文明建设离不开人（群）的参与，在这一过程中，环境与社会将形成紧密且复杂的互动机制，学术界有必要介入并加以研究。以"环境－社会"互动为研究对象的环境社会学，侧重于分析环境问题产生的社会原因和社会影响，并且致力于推进环境问题的社会应对（洪大用，2017）。环境社会学在当下的生态文明建设中理应发挥重要的作用。本书聚焦于中国西南地区的云南省，云南省是中国森林资源最为丰富，也是生物多样性最为丰富的地区之一。据统计，云南省有裸子植物 29 属 98 种，分别占全国的 85.3% 和 39.2%；种子植物 14000 多种，占全国的 50%；哺乳动物 296 种，占全国的 50.9%；森林鸟类 792 种，占全国的 63.7%（贾楼仁，2003）。但是，在过去的 60 余年里，该地区森林生态系统经历了剧烈的变迁，这一变迁的长周期和复杂性为我们研究社会与环境的互动机制提供了一个非常好的契机。

众所周知，2009～2013 年我国西南地区的云南、广西、贵州、四川、重庆等省、市、自治区连续四年遭遇严重干旱，被媒体称为"四连旱"。云南省是这次连续干旱的重灾区。连续干旱引起了社会各界的广泛关注，《人民日报》、中央电视台等中央媒体以"云南焦渴""追问云南干旱""干旱：为什么总在云南？"等为题多次进行专门报道。这次干旱的持续时间之长、影响范围之广、造成的损失之大已远远突破历史记录。时任云南省委书记秦光荣在 2013 年上半年云南省遭遇"四连旱"后撰文指出，"连续四年干旱，全省已经有 4182 万人不同程度受灾，农作物受灾面积达 7347 万亩，因旱灾造成的直接经济损失达 396 亿元，是之前 10 年损失总和 252 亿元的 1.6 倍，因旱灾间接经济损失和影响范围就更大了"（《云南日报》，2013）。

这次长周期、大范围干旱发生的根本原因是降水严重不足，干旱年份年降水量低于多年的平均水平。同时，干旱与全球气候变化异常、水利基础薄弱、用水需求增加等也有关系（秦光荣，2013）。但是，这些解释仍然不足以打消公众的疑虑，为何生态系统自身抵御气候异常能力如此之弱？在这场天灾之中，有没有人为因素？众所周知，森林具有重要的涵养水源功能，是"天然水库"。云南省森林资源极为丰富。自 1998 年以来，国家天然林保护、退耕还林、生态环境综合治理、水土保持、防护林建设、天然草场恢复和建设等六大工程陆续实施，云南省的森林覆盖率已从 1998 年的 44.3% 增加到 2016 年的 55.7%。林业用地面积达 3.75 亿亩，居全国第 2 位；森林面积达 2.99 亿亩，居全国第 2 位；活立木总蓄积量达 17.68 亿立方米，居全国第 2 位（张成，2016）。水资源总量居全国第三位的云南省为何会发生如此严重的干旱？华丽的森林数据与冷酷的现实之间的反差反映了什么？

在学术界，一些学者开始对造成干旱的人为因素进行反思。虽然大范围干旱直接与气候因素相关，但在局部地区，严重干旱的背后有深刻的历史与社会根源。矿产开采、基础设施建设、林木资源开发等造成的森林砍伐；橡胶、烟草等经济作物对原生林的替代（周琼，2014）；"中低产林改造"与"速生丰产林营造"政策的实施，如对桉树的掠夺性利用导致了林地涵养水源功能下降（董文渊，2012）。这些无疑是削弱生态系统水源涵养功能并加剧干旱破坏性后果的重要原因。可以说，这次严重的干旱给不恰当的发展方式和发展理念敲响了警钟。

实际上，云南省森林生态问题不是近年来才呈现的。纵观云南省的生态变迁史，可以发现，森林生态问题与云南省经济社会发展一直形影不离。20 世纪 50 年代以来，通过强有力的国家政权建设，国家权力向基层社会渗透力度空前加大。历史上长期处于相对自治、封闭状态的广大农村地区，彻底纳入中央政府强有力的权力控制网络。在这一场剧变中，中国农村生态随着国家的政治、社会状况变化也发生急剧的变迁。一系列农业开发政策和运动，如农垦进驻、农业学大寨、大炼钢铁、家庭联产承包责任制等对农村生态产生了重要影响。云南农村地区社会经济发展成效显著，农业成就巨大，耕地面积与粮食产量持续增加，但生态衰退亦表现得特别明显，尤其是森林生态的变化在一定时期内造成了森林覆盖率降低、水资源短缺、水土流失等严重后果。

20 世纪 90 年代以来，随着我国社会主义市场经济制度的确立和完善，市场作为一个重要的力量开始重塑农村地区的生态。在西部大开发的社会背景下，各种外来主体参与到农村资源开发中。在经济利益的驱动下，一场"造林运动"如火如荼地展开。人工经济林面积急剧扩张，云南省森林覆盖率迅速上升。人工林营造使得之前出现的森林砍伐严重、森林覆盖率下降的趋势得到了扭转。然而，新森林并没有看起来那么"绿"（Xu，2011），大量有重要生态功能的原生林被经济作物所取代，如橡胶、咖啡、桉树等，森林物种单一化趋势非常明显。据绿色和平组织的调查报告显示，云南省保存完好的天然林面积只占森林总面积的9%，天然林毁坏已达到触目惊心的程度（绿色和平组织，2013）。因为人工林的生态功能远弱于天然林，其涵养水源功能不足，生物多样性单一，所以森林的生态功能明显下降。

纵观60余年生态变迁的历史，可以发现生态变迁与社会变迁紧密相关。本书选择云南南部的南芒县为案例，以县域内60余年森林生态及其演变为主要线索，对调查地的生态变迁进行多维度、长时段的梳理，剖析地方环境问题复杂的生成机制。同时，总结已有的生态治理的经验和不足，探索生态治理可能的发展方向，从而期望为实现可持续发展和生态文明建设贡献智慧。

二　研究缘起

笔者对中国西南地区森林生态的关注缘于2009年在硕士阶段参加导师陈阿江教授主持的一项关于少数民族地区水库移民安置的课题。笔者作为课题组成员参加了云南、新疆等省、自治区的多个移民安置点的调查工作。南芒县的一处移民安置点是课题组其中一个调查点。该县多山地，属于亚热带气候，动植物资源丰富。调查期间，课题组所到之处皆满眼绿色，郁郁葱葱的林海"绿波荡漾"。调查间隙，当地接待人员盛情邀请笔者参观了南芒县土司时期的见证——南芒宣抚司署，同时也介绍了诸多地方历史和文化。笔者带着新奇和兴奋的心情完成了在这里的3天短暂的调查，深深地被这片祖国西南边陲土地上的风土人情和自然风光所吸引。

由于环境社会学一直是导师的主要研究方向和笔者的兴趣点，

导师建议笔者可以把南芒县作为硕士论文调查点，深入研究当地的环境问题（Environmental Issues）。在导师的鼓励下，笔者怀着"初生牛犊不怕虎"的无畏感，在2010年独自一人再次来到距南京2000多公里外的南芒县，进行了为期20余天的调查。调查之前，笔者阅读了相关文献，拟定了调查主题：将南芒县作为环境研究中的"E"① 点，即生态保护较好点，分析地区环境得以保护的原因。其中特别关注生态保护与当地居民的地方知识、信仰体系和社会组织的关系。但是，经过一段时间田野调查后，笔者发现现实场景与研究假设之间呈现巨大反差，表现在以下几点。其一，当地传统文化曾经剧烈变迁，传统似乎难觅"踪迹"。设想的研究群体应该是"传统"的少数民族，但现实中"他们"与"我们"是并无明显二致的"现代人"。最明显的例子是当地的住房，傣族传统时期的干栏式的吊脚楼变成了水泥混凝土楼房，家家户户都有电视、冰箱、摩托车等。除了在一些当地的传统节日和寺庙活动时村民穿着民族服装外，其他时候的穿着与汉族并没有太大的差异。在环境领域，传统的地方规范、信仰体系在外部力量的冲击下所能够发挥的保护地方环境的作用也非常有限。其二，当地居民对地方生态的自我评价与笔者的设想存在巨大差距。笔者作为外来者，经过初步了解，建立的假设是当地生态保护状况较好。但是深入接触后，发现当地村民普遍认为生态环境较以往严重退化了，他们对森林砍伐、原生林被经济林替代等造成的环境问题及其后果有较强烈的直观感受。他们认为"山上的树少了，动物没有了，河里的水也少了"。笔者陷入了困顿之中，探索性调查发现的现实情况远远比设想的复杂。笔者

---

① 在导师陈阿江教授已经完成的国家社会科学基金课题"人－水和谐机制研究"中，"人－水"关系被归纳为两种"理想类型"："D"点、"E"点。D点是"人水不谐"型，DDP的简称，即Degradation，Disease，Poverty，环境衰退、疾病以及贫困等连锁问题是其主要特征。E点是"人水和谐"型，EES的简称，即Ecological，Economical，Social Development。E点主要是生态与经济、社会协调发展的类型。详细内容参见《论人水和谐》（陈阿江，2008）。

深感自身功力不足，研究课题难以继续。后来因为种种缘由，笔者放弃了最初的研究计划，硕士论文也最终重新选择了另外的调查点和研究主题。

硕士毕业后，笔者有幸在本校继续跟随导师攻读博士学位，准备以环境社会学作为博士期间主要的研究方向。随着文献阅读量的不断增加和田野经历的不断丰富，笔者的研究能力有了一定的提升。但当笔者每每想起曾经的故地——南芒县，兴奋、新奇与遗憾就交织在一起。转眼又到了博士论文的选题阶段，笔者愈加倾向于重燃当初半途而废的研究选题，弥补心中的遗憾。导师也大力支持，并鼓励笔者向未知领域探索。2012 年 7～8 月，利用暑假的时间，笔者第三次来到南芒县，进行了为期 50 余天的田野调查。在这次调查前，笔者悬置了相关的理论和文献，以事实为线索，大量收集第一手资料，还原生态变迁的过程和机制。通过对多个村寨的深入调查，以及从林业局、档案馆、博物馆、水文站等相关部门获得的档案、文字与访谈资料，笔者终于对 60 余年来南芒县生态的变迁有了一个总体性的把握。

在时间维度上，南芒县的生态问题是伴随着 60 余年来急剧的社会、经济、文化变迁而出现的。在空间维度上，笔者对坝区和山区两种自然地理环境的村落进行了调查。通过对不同经济产业村庄如"橡胶村""咖啡村""茶叶村"等的调查，笔者更加全面地认识生态问题产生的社会机制和社会影响。2012 年 11 月至 2013 年 11 月，笔者作为联合培养博士生在美国明尼苏达大学双城校区社会学系进行了为期 1 年的学习。学习期间，笔者整理了调查所得资料并阅读了与本研究相关的文献，特别是一些重要的英文文献。2013 年下半年，笔者开始着手博士论文的写作，在写作过程中也产生了新的问题与困惑。2013 年 12 月～2014 年 1 月，笔者第四次来到南芒县，进行了为期 28 天的补充调查。笔者在调查中发现该地区生态不断恶化造成了诸多社会后果，面对生态恶化的现实，当地政府、村民开始进行生态危机的应对和治理，并且产生了一些成效。总之，经过多次"田野—书斋—田野……"的循环往复，博士论文得以最终完成。在博士毕业进入高校任教后，笔者申请并获批了国家社科基金青年项目，进一步拓展西南地区环境问题研究。2016 年 7 ~ 8 月，笔者在南芒县调查了 20 余天，除了继续跟踪之前的调查点外，对环境问题和生态治理中呈现的一些新情况也有了进一步的认识。

第二节　研究视角与篇章结构

一　研究视角

本书的研究视角可以分为如下三个方面。

1. 生态变迁的社会机制

社会学研究需要发挥米尔斯所谓的"社会学的想象力"，将微观、个体层面的社会事实与宏观、社会层面的社会背景联系起来（米尔斯，2017：2）。具体到环境社会学领域，研究者要揭示环境问题与人类行为、发展理念、发展模式等之间的关系（洪大用，2017）。本研究在多次田野调查的基础上，发挥社会学想象力，通过对微观社会现实的把握，分析生态问题背后宏观的社会机制和一般性的理论问题，为读者展现生态问题背后的复杂性。60 余年来，南芒县生态变迁中社会因素发挥了何种作用？其中国家权力、知识、资本是如何改变地区生态的？在基层社会的微观层面是如何运作的？本书将通过对森林资源管理、农业生产方式以及经济林产业发展及其造成的环境问题的分析，进一步揭示生态变迁复杂的生成机制。

2. 地方传统与生态的关联

历史上，地方社会在与自然和谐相处的长期互动实践过程中形成了独特的地方生态知识、信仰体系、社会规范和社会组织等。地方传统与自然是互利共生的。传统时期南芒县傣族、佤族、拉祜族等地方族群的生产和生活具有可持续性，可以实现生产与生态的平衡。例如，20 世纪七八十年代受到批判的山地刀耕火种农业实际上具有丰富的地方性生态知识和严格的社会规范。本书将细致分析农业生产和生态保护的地方性知识、森林保护的传统社会规范和文化禁忌等，展现不同历史时期地方社区人与自然和谐共生的机制。这对当下的环境治理和生态文明建设具有非常重要的参考价值。

3. 地方生态变迁史研究

社会学需要关注时序性（Temporality），正如米尔斯所强调的，社会学是名副其实的"历史社会学"，有想象力的社会学必然是具有历史穿透力的社会科学（米尔斯，2017）。本研究将地方生态变迁放置于历史的脉络中。南芒县 60 余年的生态系统发生了何种变化？可以分为几个阶段？每个阶段的变化特点是什么？从生态变迁这一维度来看，目前主要可以分为三个历史时间段：20 世纪 50 年代前、人民公社时期、"包产到户"后。每个阶段生态问题的表现以及产生机制是不同的。例如，人民公社时期人们为追求粮食产量，采用毁林开荒的生产方式，致使森林覆盖率急剧下降，并造成了水土流失、水资源匮乏、动植物资源灭绝等后果。而"包产到户"后，调查地的生态也发生了急剧的变迁。在市场化的推进下，橡胶林、桉树等经济林木大量种植。生态问题主要表现为农业面源污染、生物单一化等。

二　篇章结构

第一章为导论。主要介绍相关的研究背景、研究缘起和研究问题，以及已有研究的述评和研究方法。

第二章主要介绍调查地自然、地理、人口、民族、经济发展等相关情况。同时，分阶段介绍了当地的生态变迁史。

第三章通过对森林产权和管理制度的演变历程的分析，总结森林生态问题的产生机制。传统时期的森林管理制度依靠村规民约和信仰禁忌双重机制，对森林起到了很好的保护作用。20 世纪 50～70 年代，剧烈的社会动荡造成了传统管理制度的失范。后来确立的正式的森林管理制度在运行中存在缺陷，导致了森林生态的破坏。

第四章通过对农业生产方式变迁的分析，阐释农业知识与生态变迁的关联。与生态相关的农业知识主要分为三部分：第一，地方农业知识、汉区农业知识和科学知识。第二，传统时期的地方农业知识对生态保护具有重要的作用。第三，20世纪50年代开始在当地得到推广的汉区农业知识、科学知识虽然提高了农业产出，但是却造成了严重的环境问题。

第五章通过对经济林产业的发展中的利益相关主体的分析，探究自然资本化对生态的影响。以利益最大化为取向的商品化生产，最大程度上汲取了地方自然资源，对生态系统产生了不利的影响。自然过度资本化是市场化条件下生态问题的形成机制，自然的客体化逻辑和增值化逻辑构成了自然资本化的双重逻辑。

第六章介绍了生态危机的治理，严重的生态问题倒逼社会做出应对。目前主要的应对措施包括饮水危机的工程应对、南双河绿色长廊建设、水源林建设以及生态茶园建设等。这些措施一定程度上缓解了生态危机造成的社会问题。但是，生态危机治理也面临着严重的困境。

第七章为结论与讨论。在前文分析的基础上，提出调查地生态危机的现代性根源，表现为自然资源管理的科层化、农耕知识的外来化和自然过度资本化。本书篇章结构见图1-1。

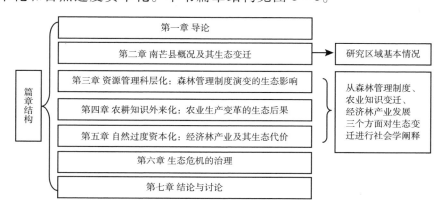

图1-1　本书篇章结构

第三节　文献综述与理论视角

本书的文献综述主要分两部分展开。第一部分，展示地方传统与生态保护关联的研究，涉及传统生态知识、自然资源管理的地方社会制度、世界观与信仰体系三个方面。第二部分，展示现代性与生态危机关联的相关研究，主要涉及市场经济、现代国家和价值系统与生态危机的关联。

一　地方传统与生态保护的相关研究

前现代时期或传统时期，由于人类生产力水平不高，控制自然力量有限，不得不遵从自然规律，形成"人－自然"和谐相处的局面。传统时期，自然资源的管理与利用都在地方社区掌控之下。地方社会依靠传统生态知识和资源管理制度，在利用自然资源的同时，有效保护了当地的生态。所以，从生态角度而言，传统时期的社会是可持续社会。Somma（2008）指出，传统社会是"可持续社会"（Sustainable Society），是以行为能够最大限度地减少或阻止人对周围的物理和生物环境的累积性破坏为表现的社会。而与之相对应的现代社会则是不断追求"进步的社会"（Progressive Society），是以快速的人口增长、不断获取物质财富、加速将自然转化为资源、追求技术提高生产力为表现的社会。进入现代社会以来，随着科学技术和生产力水平的迅猛发展，人类征服自然的欲望愈加强烈。可以说，自然经历了一个被人类重塑的过程。人类在征服自然的同时，也在承受着自然的强力反馈，不断加重的生态危机与严重的社会后果就是自然对人类的惩罚。面对日益严重的生态危机，学术界对现代性的生态后果进行了深刻反思，开始认识到传统社会的生态合理性。实际上，传统时期地方社会共享了关于自然的生态知识、社会规范和信仰观念，这些内容构成了地方社会与环境相处的"库存知识"。由此，传统社会的生产生活方式、社会组织和制度、"人－自然"观念等与生态保护的关联成为学界重要的研究内容。Berkes 等人（2000）指出地方知识、资源管理系统嵌入了地方社会制度、世界观，四者呈现一个完整的体系（参见图 1－2）。下文将从传统生态知识、资源管理与地方社会制度、世界观与信仰体系三个方面分析关于传统社会的生态合理性研究的相关成果。

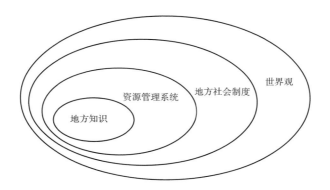

图 1－2　传统地方知识和管理系统的层次分析

（一）传统生态知识

传统生态知识（Traditional Ecological Knowledge）是本土知识（Indigenous Knowledge）、地方性知识（Local Knowledge）或民间知识（Folk Knowledge）的重要组成部分。传统生态知识与现代科学知识是不同的知识体系，是当地居民基于长期实践形成的对自然和资源利用的认知体系。在格尔茨（2016）看来，这些地方知识是一种关于地方文化体系的常识，具有自然性、实际性、浅白性、不规则性和易获取性等特征。传统生态知识运用于与森林、草场、渔业、河流等使用相关的采集、狩猎、渔业等生产领域的各个方面。"二战"以后，发展主义思维的形成和科学技术的推进在发展中国家产生了大量的问题。人们逐渐意识到地方知识的可贵。中外学者通过对大量具体案例的研究，分析了传统生态知识的具体类型、形态和内容；还分析了传统生态知识与地方生态知识的适应性、传统生态知识在生态保护中的作用；最后阐述了如何挖掘和保护传统生态知识。

　　传统生态知识的生态价值可以概括为：适应当地的自然地理环境和气候、促进资源可持续利用、保护生物多样性以及促进环境风险评估等。在多数情况下，多样的地方生态知识的产生是人类主动适应复杂的自然条件的结果。国外学者对较为传统封闭的农业社区进行了大量研究，发现地方生态知识普遍存在于世界各地。如 Stave（2007）通过对肯尼亚半沙漠地区图尔卡纳人（Turkana）使用河岸森林的调查，发现当地人对森林的使用、管理、保护等具备非常详细的知识。当地"土专家"对森林物种的识别甚至要强于外面的科学家。当地人对森林树种的使用方式不具有破坏性，可以把多样性保护和生计相结合。同时，当地人对生态进程的概念和理解有助于生态研究和环境影响评估。另外，当地人的森林管理系统"Ekwar"也是有效的且是值得参考和借鉴的资源管理制度。

　　地方性知识的研究日益受到我国学者的重视。杨庭硕（2005）指出由于生态系统的复杂性，生态维护的办法也需要多样化，需要挖掘和利用各种地方性知识。刀耕火种农业是中国南方山地传统的农业类型。尹绍亭（2008）对云南山地民族刀耕火种农业进行了大量的调查和研究，反驳了刀耕火种严重破坏森林环境的偏见。他对刀耕火种的社会组织、土地制度、农耕礼仪等的研究表明刀耕火种农业具有丰富的农业知识，是一种历史文化遗产。传统时期的刀耕火种在一定的人口密度下能够维持生态平衡，传统时期的草原游牧也具有丰富的地方性知识。王建革（2003）对呼盟草原冬营地的研究指出，游牧是人、畜和草原三个层面生态适应的结果。"逐水草而居"是人主动适应草原生态而必然采用的一种生产方式，游牧在维持草原生态平衡的基础上，可以实现草原最大化利用。陈阿江（2000：237）研究了太湖流域内作为农业生态遗产的圩田系统，这种农业系统在过去很长的历史时段都保持了生态的平衡。很多农业知识如"罱河泥"，既清洁了水系、清除了污泥，也可为农业生产积肥。

对本土生态知识与科学知识关系的研究也很重要。已有研究认识到本土生态知识既不是"反科学"，也不是"伪科学"，而是另一套知识体系（Bala and Joseph，2007）。但是由于地方生态知识缺乏系统的记录和论证，往往遭到科学的贬低。日本环境社会学者鸟越皓之等人（2011）通过对日本琵琶湖治理的研究，提出了"生活环境主义"理论，批评人们企图完全依赖生态学和现代科学技术治理环境，而忽视当地人的本土经验和知识。另外一些学者意识到地方知识的价值，开始探索本土生态知识与科学知识整合的效益和路径。本土生态知识是关于实践的知识体系，是让人知道怎么样（Know How），而科学知识则让人知道为什么（Know Why）。Huntington（2000）则认为传统生态知识若用于科学和管理文本中则可以带来多种效益。在地方知识的挖掘和记录中，社会科学方法可以发挥重要的作用，如访谈、问卷、研讨会以及合作性田野课题等。Mackinson（2001）以水产科学为例，通过建立"CLUPEX"模型，试图整合本土生态知识和科学知识。他发现现代科学在预测鱼群的空间动态方面具有一定的缺陷，通过整合渔业管理知识可以有效地解决此类问题。

（二）资源管理与地方社会制度

在一定的空间范围内，资源总量是有限的，如果个体都追求利益最大化，过度消耗公共资源，结果必然是环境衰退，陷入哈丁（Hardin，1968）所谓的"公地悲剧"（The Tragedy of the Commons）的困境。"公地悲剧"表明的是使用权不具有排他性的竞争性公共资源，个体理性化的使用必然造成集体非理性的后果。该理论已成为环境与生态危机的一个经典的分析视角和阐释路径。在哈丁对"公地悲剧"所开的"药方"中,产权清晰是重要的方法。正如哈丁所说,公共资源要么"私有化",要么"国有化"。

学术界从不同角度对哈丁的理论进行了一系列的回应。传统时期的自然资源,比如森林、草原、河流等都是公共的,为地方社区所有。很多案例研究表明,传统时期自然资源的公共所有制并没有造成严重的生态破坏。目前,形成的比较一致的研究结论是资源的公共属性并不会造成过度利用而是形成环境衰退。其中的一个重要原因在于传统社会有一些有效的地方社会规范和制度对个体行为加以限制,从而保证资源的合理持续使用(汤普森,2002)。这些"村规民约""习惯法"等通过刻字立碑、编写文本、口头叙述等方式世代传承。正是有了这一套社会规范的限制,"公地悲剧"在传统稳定的地方社区极少发生。

经验研究发现,在涉及森林、草原、渔业等自然资源使用时,为了维持资源的可持续利用,地方社会大都制定了详细的社会规范并严格实施。这些地方社会规范大多体现为"村规民约""习惯法"等。村规民约形式不一,内容多样。在森林资源管理中,一些村寨针对地方实际制定的村规民约,如禁止砍伐和偷盗水果,有效地保护了当地的森林资源及其产品。这些村规民约大多由地方社会德高望重的老人商议,村民组织大会集体讨论通过,并且由地方社区负责监督执行。这些"自下而上"制定的村规民约甚至比国家法律在地方社会更具有效力(梁隽,2004)。在草场利用上,蒙古族也有相当丰富的"习惯法"保证草场的持续利用和游牧的顺利开展,如禁止在草原放火,禁止污染水源等(金山、陈大庆,2006)。

现代社会在产权理论的影响下,自然资源的管理越来越依赖政府、市场,而现实则常常出现政府失灵、市场失灵的窘境。与依赖政府、市场的资源管理系统对比,研究者发现社区集体资源管理的优势。Agrawal(1996)通过对印度喜马拉雅山区一个名为

Uttarakhand 的村落的调查发现，即使在个体利益最大化趋势下，社区的集体森林管理制度仍然能够较好地运作，并且效果要优于私人管理（Private Individuals）和政府的中心化管理（Central Government）。因为集体管理在资源使用成本、资源使用的监督成本以及违约惩罚的执行成本三项上都明显少于私人和政府。

学者们发现，真正的"公地悲剧"的根源并不是公地的所有制。Klooster（2000）对墨西哥森林管理的研究指出，正是现代国家和现代经济关系的冲击造成了社区的衰落，继而破坏了传统的资源管理系统，最终导致了"公地悲剧"的发生。那么，传统时期的公共资源管理是如何运作的？研究发现，传统社区的社会资本具有重要的作用。社会资本对生态的作用体现在三个层面：人际信任、人际网络、声望。由于传统社区都是基于地缘和血缘结合起来的社区，村民之间具有天然的关系纽带。传统社会往往依赖社会资本促进人们遵守规则、实现合作。社会资本有助于打破"囚徒困境"，降低合作成本，促进村民在资源利用上遵守规则（宋言奇，2010）。

（三）世界观与信仰体系

世界观和信仰体系包括人对自然的民间信仰和禁忌、人对自然的认知等。在早期人类的宇宙观中，人把自己看作是自然界的一个组成部分，具有一种整体宇宙观。后来人类认识到了自己的渺小，开始敬畏自然，传统社会大多数都保留了一定程度的自然崇拜，如万物有灵论（如神山、神树）、图腾崇拜等。在传统时期，这些自然崇拜普遍存在于世界各地的族群中。与自然资源管理制度的"人管"不同，信仰体系依赖"神管"，其建立在人对神灵的绝对信仰和敬畏之上。这种资源管理机制在居民信仰体系受冲击较少、保存完好的地区具有强大的效力。

民间信仰、禁忌通过对村民砍伐、采集、渔猎、放牧等日常行为的限制，对自然保护起到了非常重要的作用。科尔丁（Colding，2000）认为，社会禁忌（Social Taboo）是地方资源管理和生态保护的无形系统。在很多情况下，是这种非正式的制度和规范决定着人们的行为，而不是政府的法律和政策。科尔丁据此总结了关于生态保护和资源使用的六种禁忌及其功能（参见表1-1）。

表1-1　生态保护和资源使用的六种禁忌及其功能

类型	功能	举例
时间禁忌	时间上限制资源获取	如特定的时间段内不能打猎、捕鱼、采集
方法禁忌	限制资源获取的方法	如禁止使用毒药、金属、特制的网捕捞鱼类等
生命阶段禁忌	限制在物种较脆弱的生命阶段获取	如捕获处于怀孕期和产卵期的动物
特定物种禁忌	时间、空间上对特定物种全方位保护	一般是特定族群的崇拜物，如一些动物，包括虎、狼、熊等。
栖息地禁忌	在时间、空间上限制进入和使用资源	如部分土地、河流、珊瑚礁、池塘等，类似于保护区。
隔离禁忌	调节资源获取	如孕妇、老人、小孩或者生病的人应该避免接触一些动植物

资料来源：Ecological Applications，2000年。

已有研究中发现大量信仰、禁忌与生态保护关系的案例，这些案例遍布世界各地。宗教与生态的关系受到一部分学者的注意。桑杰端智（2001）指出，佛教的思想体系蕴藏着极为丰富的生态理念。佛教强调"慈悲博爱""善待众生"，其中的"圣地""放生"等生态实践对生态保护起到了重要的作用。而虔诚的佛教信徒也遵守佛教的生态思想和实践，从而有力地保护了生态。章克家、王小明（2000）在藏区的调查发现，高山兀鹫、藏马鸡等珍稀鸟类达170多种，野牦牛、藏野驴、白唇鹿等珍稀兽类达 60 余种，两栖爬行动物达 20 多种。他们通过问卷调查发现，当地寺庙对藏民行为具有很强的约束力，是野生动物得以受保护的重要原因。一旦宗教的约束力降低，捕杀野生动物的现象将会大大增加。

神山、神树信仰代表了社区生态保护的一种传统形式。神树信仰在世界范围内广泛存在。Ormsby（1997）等人的研究发现，作为世界上神树林（Sacred Forests）最为集中的国家，印度拥有 10 万至 15 万片神树林。人们认为有神在神树林中居住，总将神树与特定的神话和禁忌联系在一起，在砍伐和打猎时会小心翼翼。神树信仰客观上扮演了社区生态保护者的角色，而神树林大多已存在数百年之久。一些研究也表明，神树林在非洲也大范围地存在，这些神树林同样发挥了极为重要的生态保护作用（Decher，1997）。中国的少数民族地区也有大量的神树信仰，傣族的竜林崇拜受到高度关注。竜林是傣族"寨神""勐神"居住的地方。竜林的动植物、土地、水源是神圣的，严禁砍伐、采集、狩猎和开垦。高立士（2010）指出竜林崇拜就是祖先崇拜，具有全民性、地域性、农业性和宗法性的特征，反映了傣族人民传统的生态自然观。

总体而言，从生态视角分析，传统社会有其自身的生态合理性。特定的地方性知识、自然资源管理制度和信仰体系等都是在一定的自然地理条件下人与自然的长期互动中产生的。已有研究为笔者提供了极大的参考价值，如探索传统时期的地方性知识的内容和机制、地方传统的资源管理制度对生态保护的影响、当地有何独特的信仰体系以及受生态保护的地方传统为何失效等。然而，地方性知识之间具有显著的地域性和差异性，还需要深度挖掘调查地的地方传统。

二　现代性与生态危机的相关研究

人类进入现代社会以后，现代性及其造成的生态危机引起了关注。何为现代性？吉登斯（2000）指出，现代性是指十七世纪以来在欧洲出现的"社会生活或组织模式",并且不同程度地影响世界。在其他的场合,吉登斯(2001)认为,现代性是现代社会或工业文明的缩略语。他指出现代性涉及以下三个方面。一是对世界的一系列态度;二是复杂的经济制度,特别是工业生产和市场经济;三是一系列政治制度,包括民族、国家和民主。金观涛(2010)运用系统论的观点解释现代社会,指出现代社会的本质是现代价值和经济、政治制度的耦合,包括:现代价值系统(工具理性、个人权利等)、不断扩张的市场经济、民族国家(现代认同和政治共同体)。总体而言,现代性是多维度的,涉及经济、政治和文化等方面。对于现代性和环境问题的研究主要涉及如下三个方面。

(一) 市场经济与环境危机

环境问题与特定社会的经济运行机制有密切的联系。在现代性全球扩张的历程中,市场发挥了重要的作用。市场经济是资本主义制度的核心。市场正如亚当·斯密所说的是"看不见的手",能够调节资本主义社会的生产、交换和资源分配。现代市场是生产者和消费者时空分离的经济体系,资本主义的生产只有通过市场交换才能获取利润。市场中的参与者是经济理性的,剩余价值最大化、超额利润是其行动目标。从企业本身的经济效益角度考虑,在环境规制不够严厉的情况下,企业主基于"成本－收益"考量的简单经济理性(陈阿江,2009)必然对环境造成危害。如对资源(森林、草原、水、渔业等)的攫取,肆意排放污染物和废弃物等。但是,环境问题已成为现代生产难以解决的"负外部性"问题。

马克思主义生态学派对资本主义追求收益最大化的生产体系持批判的态度。通过对马克思关于资本主义农业造成的土壤肥力下降结论的深入挖掘,福斯特系统地提出了"代谢断裂"理论:自然系统恰如营养循环一样,具有一种特殊的代谢(物质和能量的交换)功能,其运行独立于人类社会,并与人类社会发生关系。同时,人类与自然系统之间存在循环和物质交换。资本主义生产方式具有极强的掠夺性，其大量使用化学肥料，消耗土地的持久肥力，为了追求剩余价值和资本积累导致了社会代谢和自然代谢的脱离，即代谢断裂（Foster，1999）。在另一本著作中，福斯特提出"生态裂痕"（Ecological Rift）的概念，指出这一现状是资本主义对地球的掠夺的必然结果（Foster，2010）。

奥康纳（2003）完善了马克思关于资本主义的"危机理论"，他在马克思提出"生产力和生产关系之间的矛盾是资本主义的基本矛盾"的基础上指出，"资本主义社会的第二重矛盾是资本主义社会的生产关系、生产力与生产条件之间的矛盾"。奥康纳对"生产条件"进行了细化，分为"外在的物质条件""生产的个人条件"以及"社会生产的公共的、一般的条件"。自然（土地、水、草原、森林等）是外在的物质条件。奥康纳指出，资本主义最大的问题是将外在的物质条件商品化。资本主义的积累必将损害或破坏资本主义本身的生产条件，并由此影响利润的获得。

为了满足市场的需求，现代社会的自然也逐渐商品化，成为可以在市场中交换的商品。波兰尼（2017）提出了市场的"脱嵌"理论：传统时期组织社会生活的原则是互惠（Reciprocity）、再分配（Redistribution）和家计（Householding），人类的经济"嵌入"在社会关系中。资本主义社会的市场经济将本不应该是商品的土地、河流、水等变成"虚拟商品"，并将其纳入市场交易中。现代社会中的市场从嵌入社会之中到逐渐脱离了社会，成为不受规制的市场。"市场社会"成为波兰尼批判的对象。

通过市场交易，资源和原材料在不同国家和地区之间流动。社会学家发现，环境问题通过市场机制呈现不平等分布的状态。经济上处于弱势的地区常常成为环境问题的受害者。生态不平等交换（Ecologically Unequal Exchange）成为社会学者关注的焦点（Jorgenson et al.，2009）。研究发现，在一些跨国交易中，贫穷国家的人们为了获得原材料，不得不毁坏森林、污染河流。获得收入后，他们反而从富裕国家购买昂贵的工业制成品。富裕国家由于有了充足的原材料供应从而减少了本国的资源开发，生态得以恢复（Rudel et al.，2011）。市场是这种资源攫取和生态不平等交换得以产生的重要原因。另外一些研究关注了发达国家的"公害输出"（包智明，2010）。公害输出本质上是一种污染的转移。由于本国日益严厉的环境管制和高昂的污染处理成本，发达国家往往以投资的名义将工业垃圾和电子垃圾转移至落后的国家和地区。

（二）现代国家与生态危机

现代社会中，政府与资本关系密切。政府为了发展经济、解决就业问题等目标必须依赖企业，而政治与经济的结盟加剧了环境问题的产生。"生产跑步机"（The Treadmill of Production）理论指出在资本主义社会，经济增长是社会政策的核心，形成了一个关于资本、劳动力和政府之间的利益相关群体。企业主为了收回投资成本、实现利润最大化，必须不断扩大再生产；工人为了获取收入、满足消费需要，必须拼命工作；政府为了扩大税收、减少失业，必须依赖经济增长。施耐博格称这套生产体系为"生产跑步机"。同时，为了消化工业产品，必须加速"消费的跑步机"。"跑步机"一旦停止运转，整个社会就会面临严重的危机。但是，大量原材料纳入生产领域，在生产和消费过程中又不断制造新的污染，致使社会形成恶性循环（Schnaiberg et al.，2002）。

在地区发展与环境问题产生的关系上，"城市增长机器"（Urban Growth Machine）理论具有很好的解释力。该理论指出，扩大利润、促进经济增长的共同目标使得地方企业组合成为"地区增长联盟"。增长联盟不断游说政府发展地方经济，地方政府为此也加入增长联盟中。城市变成经济与政治精英实现自身利益的工具，成为一部"增长机器"。在城市开发时，如果遇到基层居民的反抗和抵制，增长联盟有能力劝说政府做出对自己有利的决策。城市增长机器加剧了城市空间的转化，特别是土地利用。由于不同利益集团之间的竞争，土地被最大程度集约化使用，从而造成生态衰退。例如，争论在一块土地上建花园还是开发房地产时，通常会是企业获胜（Molotch，1976）。

中国的地方政府与环境污染之间有密切的关系。政府在追求经济发展和政绩的过程中，也产生了严重的环境问题。张玉林（2006）运用"政经一体化"视角解释中国情境下的农村所产生的环境问题，指出农村在以经济增长为任期主要考核指标的压力型行政体制下，GDP和税收等财源的增长成为地方官员的优先选择，从而产生了重增长、轻环保的污染保护主义倾向，受害农民难以获得补偿的权利。因此，围绕污染而生的纠纷也就会升级。在"政经一体化"中，政府和企业实现了双赢，但是环境却成为牺牲品。"政经一体化"对当下中国的环境问题很有解释力。

国家与生态的关系还体现在自然资源的管理和使用上。国家对资源的管理常常秉持的是"国家的视角"（Seeing Like A State），即一种简单化、清晰化的逻辑和极端现代主义的倾向。在国家视野中，自然成为"去价值化"的单一的资源，如森林仅仅是木材，草原仅仅是牧草，其丰富的意义消失了。国家对自然的精心"规划"，以及追求自然的收益往往造成了严重的生态问题（斯科特，2004）。在资源管理上，为了克服资源使用的"公地悲剧"，加强对资源的控制，政府往往推行资源国有化，如确立国有森林、国家公园等。现代国家对自然资源管理的效果和作用受到学界的关注，将原属于地方社区的资源管理权纳入现代的科层制管理制度中。资源管理权的上移将原有的地方社区资源管理优势化为乌有，具有严重的弊端。研究者发现，官僚机构的管理无法充分利用当地的地方知识和调动居民的积极性（Katon et al.，2001）。另外，如果低效和腐败的管理机构对自然资源进行管理，很可能造成自然资源被利益集团过度开发的后果，从而导致资源枯竭，如印度的殖民地当局对森林资源的疯狂掠夺（Ramachandra，1990）。资源管理的"中心化"受到学界的严重批判。于是，"去中心化"改革和放权成为改革的重点，"以社区为基础的自然资源管理"（CBNRM）的实践代表了传统在某种程度上的复归（左停、苟天来，2005）。

现代国家主导的生态治理可能产生负面影响。因为政府过于迷信"科学"和专家知识，忽视了生活者的经验和地方性知识，所以导致生态治理的失败。鸟越皓之（2011）在蒙古国调查发现，蒙古国为了保护草原，曾计划划定 12 块自然保护区，在保护区内禁止生计活动。但是，由于忽视了游牧等生计活动的特点，缩小了游牧的范围，生态治理反而加大了保护区外草场的负荷，单纯为了保护部分区域的代价是全国生态整体性的衰退（Torigoe，1997）。我国青藏高原三江源地区的"消灭鼠兔"运动可以看作是国家生态治理失败的经典案例。由于草原退化，高原鼠兔被认为是与牛羊争夺草料、挖掘洞穴加速土壤侵蚀的"草原害兽"。近年来国家开展多次"消灭鼠兔"运动，耗费大量人力、物力、财力。然而学界的研究一致表明鼠兔只是草场退化的结果而非原因；鼠兔是高寒生态系统的关键物种，对于维系高原生态系统的完整性有重要作用。传统上藏民的民间地方知识中有戒杀动物、维持生物多样性、平衡物种的朴素生态系统观念和生态平衡思想，而这些地方知识则受到官方话语排斥。政府推行的"消灭鼠兔"运动效果不佳，消灭区域相对于未消灭区域，草原生物量并没有显著提高（范长风、范乃心，2012；范长风，2017）。

（三）价值系统与生态危机

现代社会是价值观剧变的时代。人类社会的自然观念发生转变，传统的伦理道德的变化深刻影响了生态。现代社会的自然观念与传统社会相比发生了极大的变化。总体而言，随着自然科学的发展和人类力量的逐渐强大，"统治自然"（Domination of Nature）的观念逐渐主导人类对自身与自然关系的看法（Leiss，1994）。林恩·怀特看到了文化与生态的紧密关联，指出正是因为犹太－基督教支配自然的"人类中心主义"取向文化代替了传统时期人类与自然和谐相处的文化，从而造成了西方社会的生态危机（White，1967）。卡顿和邓拉普（1978）指出，现代社会支配人类发展的是"人类例外范式"（Human Exceptionalism Paradigm），这一范式认为人类是地球上独一无二的物种，文化可以无限转换，人类的进步可以不受外在自然资源、生态等条件的约束。但是，正是这种人类中心主义范式和无限进步观念造成了严重的生态危机。所以，卡顿和邓拉普倡导环境社会学研究的范式转移，形成新生态范式（New Ecological Paradigm）。

膨胀的工具理性是环境变迁的文化根源。韦伯（2016）认为，现代化的进程正是理性扩张和非理性退缩的历程。理性的扩张意味着人从宗教的观念和束缚中解脱出来，人类可以通过理性计算掌握一切。外部世界失去了神奇的意义，再也没有神秘莫测和无法计算的力量起作用，整个世界开始了"祛魅化"的进程。墨菲（1994）以"理性与自然"为题，以韦伯的理性化为讨论的起点，专门对理性和自然的关系进行了探讨。他指出了现代社会理性发展的矛盾不是理性消灭了非理性，而是理性的发展造成了一种另外的非理性——生态的非理性。人类追求支配自然的方法，并且尝试预测和计算行为的后果。但是，人类行为的很多后果是无法预料和准确计算的。日益加剧的环境问题是人类始料未及的。同时，现代社会理性的困境还在于多样化的价值的冲突和不兼容。

理性的扩张也意味着不同文化之间的碰撞。外部文化对地方文化的冲击、碰撞也是生态危机产生的重要原因。正如前文所述，地方性知识对地方的生态保护发挥了重要的作用。但是，全球性的日益同质化的外来知识迅速占据主导位置，因为其有国家权力做后盾，具有更高的效率，能够创造更高的经济价值，而相对低效的地方知识则日渐式微。这就说明这种追求高效率的外来文化有其生态弊端。尹绍亭（2008）发现，具有更高收益的汉区农耕知识体系开始逐步替代刀耕火种农业体系，农业体系的转变增加了产出。但是，以土地为核心的知识体系却造成了严重的生态危机。麻国庆（2001）以蒙古族的游牧为例，指出蒙古族的游牧技术、居住方式、宗教信仰等民间环境知识对生态保护具有重要的意义。但是，农耕文化对游牧文化的侵蚀却造成了草原生态的恶化。

外部的知识体系和社会变迁也日益弱化了传统的地方价值观念，摧毁了地方的生态伦理和环境意识。巨大的社会转型带来的严重的社会失范也造成了传统地方生态保护制度和规范的失灵。陈阿江（2000）以太湖流域东村为个案，分析了90年代以来水域迅速污染的原因，通过分析得出水污染的产生机制：利益主体力量的失衡、农村基层组织的行政化、村民自身组织的消亡以及农村社区传统伦理规范的丧失。"失范论"对解释环境问题造成的现象具有重要的借鉴意义。学者们发现，现代社会强大的实用主义的价值观念和经济理性迫使其它道德标准做出让步，使人类丢失了环境道德。环境日益成为人类的"身外之物"，成为可以获取利益和储存废物的场所。资本主义经济的运行和全球化文化的扩张造成了人类"居所感"的失落，人类对自然的感情被破坏。学者们必须对金钱崇拜和极端功利主义这种"更高的不道德"价值观进行批判（福斯特，2006）。

后现代社会学以"自反性"著称，以反思和批判的态度重新审视自我。随着现代社会一系列问题的爆发，学者开始反思"现代性"。在从传统社会到现代社会的剧烈演变中，生态发生了急剧的变化。现代市场、科层制体制、理性观念等是推动社会发展的主要因素，但是也构成了对生态的破坏。已有的研究为笔者的分析提供了视角和思路。但是，现代性因素究竟如何影响环境，其微观运作机理有何效果，还需要深入研究。

第四节　研究方法

本书以县域为研究单位，主要基于以下三点考虑：首先，县域地理空间范围一般较为稳定，有利于时间跨度较长的研究工作的开展，特别是便于进行纵向的比较研究，如不同时期人口、耕地面积、森林覆盖率、产业和经济发展等状况的比较；其次，县域统计资料、文献资料等与乡镇和村庄相比，较为全面、系统，能够最大程度上为本书论证提供材料支撑；最后，县域内自然地理、地方文化、农业产业等具有一定的差异性，案例类型的多样性能够进一步丰富本书的相关研究内容。

考虑到研究的可操作性、深入性和全面性，本书采取"点面结合"的研究路径。首先，"点"。确定若干较为典型的自然村，进行长时间的、多时段的跟踪式田野调查。主要考虑如下三个方面：第一，尽量兼顾南芒县三个主体民族——傣族、佤族、拉祜族，挖掘每个民族文化习俗、社会组织、生计方式等与生态的关系。在这些民族中，傣族人民主要居住于坝区，拉祜族人民、佤族人民居住于山区，可以较为全面地展现山区和坝区的生态问题。第二，尽量兼顾不同的产业类型，产业发展与生态问题有紧密的关联，特别是橡胶、咖啡、茶叶、甘蔗等经济作物的开发是当下南芒县生态问题产生的主要原因。每个产业类型的资源利用方式、组织和经营方式以及相对应的生态环境问题等都有差异。第三，为增进笔者对生态问题的理解，可以选择生态问题呈现时间较长、社会矛盾较为突出的地区做重点考察。综合以上考虑，笔者最终选择了勐村（傣族村，以种植水稻、茶叶等为主要生计方式）、双村（佤族村，以种植橡胶为主要生计方式）、帕村（拉祜族村，以种植咖啡、甘蔗等为主要生计方式）、腊村（拉祜族村，以种植茶叶、咖啡为主要生计方式）进行持续跟踪研究（四村基本情况参见表 1 - 2）。

表1-2　四个案例村的基本情况

村庄	面积（平方千米）	主体民族	人口（人）	地形	历史农业方式	主导经济作物
勐村	49.35	傣族	4170	坝区	水田稻作	水稻、茶叶
帕村	102.03	拉祜族	5013	山区	刀耕火种	咖啡、甘蔗
腊村	109.99	拉祜族	1981	山区	刀耕火种	茶叶、咖啡
双村	36.15	佤族	3385	山区	刀耕火种	橡胶

资料来源：《南芒县统计年鉴2010》。

其次，"面"。在对重点自然村进行深度调查的基础上，通过文献资料、统计年鉴、政府相关部门等掌握县域范围内的整体情况。笔者调查的机关单位涉及县农业局、县林业局、县水务局、县档案局、县茶叶办、县民族文化博物馆、县水文站、县统计局。此外，还有相关镇政府、镇林业站、村委会等。同时，根据在重点调查点积累的经验和提炼的问题，在时间、精力允许的范围内，尽可能多地深入其他调查点（村庄、企业、种植和养殖基地等），快速有效完成调查，掌握地方情况，增加对县域内生态的整体理解。

一　田野调查

根据研究对象的特点以及本研究的目标，本书主要采取实地研究（Field Research）的方式。具体方法上，采取质性研究方法。质性研究方法是以研究者本人作为研究工具，在自然情境下采用多种资料收集方法，对社会现象进行整体性探究，同时，采用归纳方法分析资料和形成理论，对研究对象进行解释性理解的一种方法（陈向明，2000；风笑天，2001）。针对研究主题，笔者先后4次专门对南芒县进行田野调查，历时126天。4次调查时间跨度为6年，分别为2010年3～4月调查26天，2012年7～8月调查50天，2013年12月～2014年1月调查28天，2016年7～8月调查22天。笔者主要采取参与观察法、访谈法和文献法收集材料。

1. 参与观察法

对异文化的理解和感知，最有效的方法莫过于悬置已有的知识，以一个"无知者"的身份亲身参与到研究对象的生活中，对其行为充分进行解释性的理解与体验，这也是韦伯"理解社会学"的真谛。在开始研究之前，笔者对调查地的情况是一无所知的。为了最大限度地增进对调查区域和调查对象的理解，同时与被调查者建立充分的信任关系，调查期间，除了短时间住在宾馆外，笔者绝大部分时间都住在当地村民家里，与他们"同吃""同住""同劳动"。笔者在与访谈对象们长期面对面的互动中建立了牢固的信任关系。驻村调查最大的好处是可以深入研究对象的日常生活中，可以发现他们对自己和他人行为的解释以及真实的想法。村民们毫无保留地展现生活的全部，而研究者也可以发现最真实的情况，并且经常有超出预期的发现。调查期间，笔者深入田间地头，随村民一同割胶、采茶、除草施肥、打农药、捉鱼，在日常生活中体验村民和生态的复杂关系，感受生态在村民生活中扮演的角色。同时，需要说明的是，虽然本研究是以生态与环境为主题，但是笔者一直尝试对研究对象的生活进行"全景式"和"整体性"的理解。因为生态变迁的影响变量是复杂多样且相互交织的，看似无关的事物，却有着内在的本质联系。例如，笔者发现行动者膨胀的经济欲望是资源过度开发和生态退化的一个重要原因。这不仅体现在经济作物的种植上，也体现在村民的日常生活中。笔者随村民去镇上彩票店购买彩票，这家店生意兴隆，村民买彩票的热情让人吃惊。此时，笔者更能体会村民对"一夜暴富"的渴望，从而加深了对市场与生态关系的理解。

2. 深度访谈法与半结构访谈法

访谈是获取第一手资料的最主要方法。笔者对异文化的重重疑问多数都是通过访谈而解惑的。访谈对象可以分为两类群体。第一类访谈对象为地方精英，如行政村村干部、自然村村民小组组长（生产队长①）、学校老师、政府部门相关工作人员等，他们都是重要的信息提供者。首先，这些地方精英的文化程度、眼界和认知水平等都较高，对很多问题有独到的见解；其次，这一群体的人生经历较为丰富，特别是一些长者，他们是很多历史事件的亲历者。因为本研究时间跨度较长，所以熟悉当地社会生活的长者对研究提供了重要的帮助。例如，双村、帕村的老生产队长，都曾经有超过20年的生产队长经验，他们对当地历史和生态变迁了如指掌。地方精英不仅能够提供区域内社会变迁的基本事实，还往往可以阐述自己对问题的理解，这为笔者的研究提供了重要的参考。第二类访谈对象是普通村民。普通村民无论是作为生产者还是消费者，都与生态变迁有重要的关联。对普通村民的访谈主要侧重于获取本人或家庭与生态相关的生产和生活领域的基本信息。对普通村民访谈获取的信息与地方精英提供的信息也可以综合进行比较，从而有效地去伪存真，筛选出真实可靠的信息。

在访谈方法的具体运用上，根据访谈对象的不同而有所差异。在最开始的访谈中，为了掌握一些基本信息和背景知识，笔者采用的是无结构式的访谈法，主要是"漫无边际"的"聊天"②，访谈主题并不固定于环境与生态，涉及内容包括当地的历史、文化以及村民的生产、生活，此种方法可以收集到大范围的信息，经常有一些意外的发现，可以为进一步的研究寻找新的兴趣点。但是缺点是访谈的内容往往只是"蜻蜓点水"，深度和信息量不够。随着调查的深入以及笔者对当地理解程度的加深，在访谈中，可以更多地采用有针对性的半结构式访谈法（Semi-structured Interviews）。因为笔者已

---

① 人民公社时期，生产大队下一般分为若干生产小队，生产小队的领头人即生产队长。生产小队与现在的自然村规模相近。在调查地，村民仍习惯将村民小组组长称为"队长"。

② 笔者深知访谈与聊天、日常谈话的区别所在，陈向明（2000）列举了二者多达十项差异。但在调查中，笔者有意营造一种"聊天"的外部环境，减少访谈的正式感，这样可以确保访谈对象可以在一种轻松自在的氛围下展开对话。

经建立了研究对象初步的背景性知识（Context），从而可以直面主题，就深度的问题进行探讨。还需要说明的是，在自下而上和自上而下相结合的方法中，除了村民以外，部分访谈对象涉及政府以及相关部门，如南芒县林业局、博物馆、统计局、林业服务中心以及相关的村委会等，这部分访谈常常需要采用结构式或者半结构式的访谈法，拟定初步的访谈提纲，可以在有限的时间内获取想要的资料。需要补充的是，当下日益发达的通信手段为多种形式的"非现场调查"提供了可能。在每次调查结束后，笔者时常通过微信聊天、打电话、发短信等方式与调查地的朋友保持联系和获取信息，在整理资料和写作过程中也可以随时与当地朋友沟通，一定程度上弥补了没有长期连续调查的缺憾。

3. 文献法

在本研究中，文献的重要程度必须予以说明。对笔者来说，本研究属于异文化研究，因此对研究方法提出了更高的要求，仅仅依靠观察和访谈获取资料是不够的，必须借助文献资料。在整个研究过程中，笔者获取的文献资料共计三个方面。第一，背景性资料。本书的研究区域是西南多民族聚居区。傣族、佤族、拉祜族等民族的社会结构、风俗习惯、生产方式复杂多样，历史上是傣族土司政权。文献可以提供一些难以通过访谈得到的背景知识。此类文献包括《南芒县志》《傣族文化志》《佤族历史文化探秘》《多视角看云南集体林权制度改革》以及1949年后政府在多民族地区进行的少数民族社会调查，如"佤族社会历史的调查"系列、"拉祜族调查"系列。第二，相关部门资料。调查期间，笔者收集了大量县档案馆、水文站、林业局、行政村等机构和部门的研究资料。南芒县档案馆的历史材料为笔者提供了极为重要的研究素材。例如，档案馆关于农业、林业、水利等部门的调查材料，特别是关于森林砍伐、刀耕火种农业、农业技术推广、经济作物开发等材料，以及由南芒县政协编纂的多本《南芒文史资料》，都成为本研究的重要参考资料。第三，市、县统计资料。如《南芒统计历史资料（1949～1988）》《从数字看南芒改革开放 30 年》以及不同年份的《南芒县统计年鉴》等。

二　材料分析逻辑

在收集大量一手材料和文献的基础上，如何利用这些材料，是研究经验问题的关键所在，更是理论思考的结果。

首先，在与理论的关系上，笔者并没有先入为主地套用相关社会学理论和环境社会学理论来解释调查地的生态变迁，而是借鉴扎根理论（Grounded Theory）的方法（陈向明，1999）。在定性研究方法中，一般来说，对一个新的、不熟悉的研究领域和地理区域，扎根理论是比较适用的。由于研究区域是一个完全陌生的地方，与笔者的生活经验差距甚大。所以，本研究中笔者开始并没有进行相关的理论预设。笔者深知，在对研究对象没有深刻把握和洞察的前提下，先入为主的理论主导下的研究往往会局限笔者的思维，蒙蔽眼睛，不利于发现真实的、鲜活的"问题"。正式开始研究后，笔者尝试不进行前期的理论预设，深入实地进行田野调查，通过多种调查方法尽可能多地收集一手经验材料，充分理解当地人和生态的关系。在田野调查的基础上，基于丰富的经验材料，笔者对调查地环境问题的产生和治理机制进行提炼和概括，从案例中得出一般性、可用于对话的知识（加里·金、罗伯特·基欧汉、悉尼·维巴，2014）。在最后阶段，笔者与已有研究对话，补充、完善已有环境社会学及其相关理论。

其次，在经验材料的呈现上，"条块分明"与"叙述逻辑"相结合。笔者尽量达到逻辑清楚、结构合理的写作的基本要求。一个合理的框架结构不仅条理清楚，而且可以展现研究的精彩之处。理论不仅体现在具体的观点上，也体现在对研究主题的分析与展现。笔者在材料的组织上，基本上按照两条线组织。第一，条块分明。根据田野调查中材料所展现的内容，将本书主体分为三大部分：森林资源管理制度、农业生产方式、经济林产业发展。三个部分都与生态变迁有重要的关联，同时这三部分分别与权力、知识、资本对应。通过条块分明的逻辑，阐释地方生态问题的形成机制，并尝试与已有理论研究对话。第二，叙述逻辑。条块格局建立之后，每一个格局下对应的都是一个有自身发展逻辑的相对完整的小"故事"。森林资源管理制度和农业生产方式这两部分大体以时间为顺序，以事件变化、历史发展的阶段为叙述逻辑，进而展现生态变迁中的社会机制。经济林产业发展主要以政府、企业、农民三个利益相关者为叙述对象。

最后，在研究主题上，笔者力图展现生态变迁成因中传统与现代的张力及其后果。"传统－现代"这一对主题是社会学讨论的经典议题，马克思、韦伯、涂尔干等社会学奠基人倾毕生之力试图对这种社会变迁予以解答。在生态领域中，传统与现代的张力表现得同样明显，特别是把生态变迁放在中国社会急剧变迁的视野下理解。本研究中，传统与现代的张力是贯穿全文的主线。在森林资源管理上，传统时期的地方社区实行自主管理，主要依靠地方社会规范和信仰禁忌，在现代社会中，资源管理主要依赖"中心化"的科层制管理方式。在农业生产上，传统时期以地方知识为主导的农业生产方式，可以有效实现生产与生态保护的协调，但是这种方式逐渐被追求生产效率的现代知识所取代。经济林产业本质上是一种以市场为导向的追求经济利益最大化的生产方式，取代了传统时期维生型的自给自足式的生产方式。资本逻辑取代生活逻辑，自然从生活世界变成自然资源。以上三点变化均展现出传统与现代的张力，都是生态衰退的重要原因，也是本书关注的焦点。环境社会学需要体现"自反性关怀"（洪大用，2010）。反思"现代性"，弥补传统与现代的断裂，而这正是本书的学术关怀所在。

第二章

南芒县概况及其生态变迁

山路不平坦／途中有红刺／草中有毒蛇／林中有虎豹／过河石头滑／一路走啊走／一路有死伤……跟上群／求活命／没奈何／只得丢骨肉／泪往心里流／迁徙苦啊／迁徙悲呵／何时走完这山路……

——南芒傣族《迁徙歌》①

第一节　南芒县基本情况

一　地理与气候

（一）"边地"南芒

南芒县位于云南省西南部，与缅甸交界。历史上为南芒土司（南芒宣抚司署）所辖。南芒县 1954 年独立设县建政，至今建县已 60 余年。全县下辖 3 镇 3 乡，有 39 个村民委员会和 3 个居民委员会。南芒县面积达 1894.14 平方千米，东西最大横距达 53 千米，南北最大纵距达 38 千米。南芒县是一个人口小县，根据第六次人口普查，全县人口为 13.55 万。县城距离所属市区 230 千米，距离省会昆明市 808 千米。县域西南部与缅甸第二特区佤邦交界，国界线长 133.399 千米。

从地理区位来看，南芒县是真正意义上的"边地"。根据辞海的解释，"边地"一词源自佛教用语，译自梵文 Mleccha-desa。古代印

---

① 这首《迁徙歌》在南芒傣族群众中流传久远，收入本书中的是节选，全部内容参见《娜允傣王秘史》（召罕嫩，2004）。南芒傣族是 1238 年从云南瑞丽一带辗转迁徙而来的少数民族，诗歌可以大致反映当时南芒县的自然地理与生态环境以及迁徙过程中的艰辛。

度佛教徒称印度以外的远地为边地，住在这些地方的人为边人或边地人（辞海编辑委员会，1999）。在佛教传入中国后，"边地"一词随着佛教经典的翻译开始进入汉语词汇中。在汉语的演进过程中，"边地"逐渐成为与一国统治的"中心"相对应的一个名词，意为在边境地区之内或靠近边境的地区，例如《汉书·晁错传》写道："臣闻汉兴以来，胡虏数入边地，小入则小利，大入则大利。"宋代陶弼《兵器》诗："独有阴山戎，时时寇边地。"实际上，因为国家疆域的不同以及政治权力延伸区域的不同，"边地"的概念也是不断变化的。封建王朝疆域的不断扩展使得很多历史上的边地逐渐成为统治的腹地。历史上，从地理区域和统治区域的变更来看，南芒县都属于"边地"范畴，有"边地绿宝石"的美誉。

如果仅仅从地理位置的角度来理解"边地"，似乎还不够深入。维基百科中"Mleccha"[①] 最初被古印度人使用，意指"粗野的（Uncouth）和让人费解的（Incomprehensible）外国人的演讲并且随后扩展至他们的陌生的（Unfamiliar）行为方式"。由此可推知，佛教徒口中的"Mleccha-desa"隐含了"文化中心主义"的意思，从文化中心往外看，边地文化粗俗、怪异，边地人的行为莫名其妙。所以，中心文化有其优越感，而把边地文化纳入中心文化的版图并加以改造似乎一直是中心文化和其当权者的梦想。进入近代以来，中央王朝一直没有停止对边疆地区的改造，这种改造即所谓的"化边"工程（王娟，2016）。通过"中心－边缘"的视角就可以对1949年后发生在边地的农业生产、社会生活等方面的"移风易俗"和改造有更加深刻的理解。本书随后章节的分析中也会鲜明地呈现以上内容。

（二）地形与河流

南芒县内山地众多，气候温暖湿润。全县地形是以山区为主，

---

① 参见维基百科，http://en.wikipedia.org/wiki/Mlechha。

谷坝相间的复杂地形。山区面积占98%。群山环抱中有一些宽谷盆地，如南芒、勐安、勐可等。在云贵高原，山麓之间地形较平坦的地方叫作"坝子"[①]。由于水利、地形等原因，相对高产的水田主要集中于坝子。坝子人口与山区相比较为密集，历史上的南芒县坝区主要是由傣族人居住。一些主要的集市和区域的行政中心都集中在坝子。除了坝子以外，主要是山区和半山区。南芒县南北多高山峻岭，东西多河谷盆地。北部的大黑山，海拔2239米；南部的哈布壳山，海拔2196米；东部的南芒坝，海拔960米，占地51267亩；西部的勐安坝，海拔920米，占地30304亩。（思茅地区土地管理局，2001）。

南芒县河流分别属于怒江、澜沧江两大水系。主要河流包括南双河、北卡江、南麻河。据《南芒县志》记载，南双河在县内全长达70千米，流域面积达1293平方千米，最大水流量为279立方米/秒，最小水流量为0.5立方米/秒。南双河在缅甸东部汇入澜沧江下游的湄公河，最终流入太平洋南海。北卡江是中缅界河，在境内全长达58千米。在缅甸汇入怒江下游的萨尔温江，最终流入印度洋。南麻河是北卡江的一大支流，全长50千米，落差大，水力资源丰富，已建成2座水电站。上游还有南芒县最大的水库——腊村水库。这些河流水量季节性变化很大，是坝区水稻生产重要的灌溉水源。山区支流密布，很多溪流是附近村寨居民生产生活的重要水源。

（三）气候与植被

1. 气候

南芒县位于低纬热区，属于北热带、南亚热带高原季风气候类

[①] 坝子是我国云贵高原上的局部平原的地方名称。主要分布于山间盆地、河谷沿岸和山麓地带。坝上地势平坦，气候温和，土壤肥沃，灌溉便利，是云贵高原上农业兴盛、人口稠密的经济中心。云南省约有1100多个坝子，坝子的耕地占全省耕地面积的三分之一以上（童绍玉、陈永森，2007）。

型，其特点是：雨热同季，冬无严寒。由于地势复杂，南芒县海拔差别较大，气候垂直变化明显。具体表现为四季不分明，冬季短而无严寒，夏季长达 162 天。南芒县雨量充沛，但分配不均，年均降水量为 1375.1 毫米，干湿两季极为明显。其中，5～10 月为雨季，降水量为 1216.7 毫米，占全年降水量的88%；11月～次年4月为干季，降水量为 158.4 毫米，占全年降水量的 12%（《南芒县概况》，2008）。图 2－1 是南芒县 2011 年的降水量分布情况。由于村民生活用水主要依赖溪流，在雨季一般饮用水源较为充分，而在长达半年的干季中，村民的生活用水主要依靠植被涵养的水源，因此植被覆盖程度直接影响到周边村民的生活用水来源。南芒县年平均气温为 19.6℃，最冷月份为 1 月，月平均气温为 13.2℃。最热月份为 6 月，月平均气温为 23.7℃。全县年日照时间平均为 2110.4 小时（《南芒县概况》，2008）。从气候条件来看，南芒县具备了发展热区经济作物种植的优越条件。改革开放以来，南芒县的热区资源得到挖掘，热带经济作物的发展也得益于当地优越的气候条件。

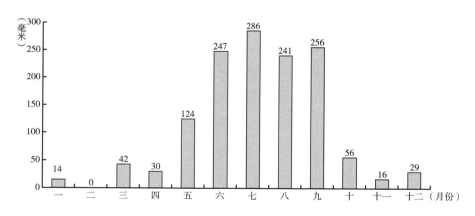

图 2－1　2011 年南芒县降水量月份分布情况

资料来源：南芒县水文站。

2. 植被

南芒县处于热带气候区且地形复杂，因此植被类型较为多样化。

南芒县主要的植被可以分为如下四种类型[①]。一是常绿阔叶林、速生性热带雨林。其生长地区海拔在 800 米以下，年均温度为 20.2℃ ~ 22.2℃。主要分布在北卡江东岸和南麻河下游。林内结构复杂，植物种类繁多。随着橡胶经济的兴起，这一区域后来种植了大面积的橡胶。二是亚热带常绿阔叶林。其生长地区海拔在 800 ~ 1200 米之间，年均温度为 17.3℃ ~ 20.4℃。林内多为栎类植物，还有榕树、红毛树、红椿、重阳木、朴树、云南樟等。三是针叶林。其生长地区海拔在1200 ~ 1500 米之间。林内多为思茅松、柏树、杉树等。四是常绿阔叶混交林。其生长地区海拔在 1500 ~ 2600 米之间，年均温度小于 17.3℃。北起大黑山南到昂良山，森林密布，树种繁多。由于山区很难从事农业生产，人迹罕至，大部分森林维持原始状态。由于山区植被的丰茂，以及特定的刀耕火种的农业生产方式，历史上"耕地"和"林地"之间的界限是模糊的，耕地由林地转化而来，而耕地抛荒后若干年内又可以恢复为林地。

二　人口、民族与传统

（一）人口变化情况

南芒县是多民族聚居区，主体民族是傣族、佤族和拉祜族。南芒县历经土司统治 600 余年。20 世纪 50 年代以后，我国在参考斯大林的界定理论（共同语言、共同地域、共同经济生活、共同民族文化）以及中国民族问题实际情况的基础上，进行民族识别，陆续划分了 55 个少数民族。南芒县总计有 28 个少数民族。近年来，汉族移民人口迅速增长，已经成为当地第四大民族。表 2 - 1 为 1955 ~ 2011 年南芒县各民族的人口变化情况。

---

① 相关资料来源于《南芒县志》。

表 2 - 1　南芒县各民族的人口变化情况（1955～2011）

单位：年，人

年份	傣族人口	佤族人口	拉祜族人口	汉族人口
1955	12842	13199	13859	1071
1964	13116	14268	13235	2948
1978	17173	18847	20400	10292
1982	18801	22302	34393	8572
1990	22075	26451	31384	13643
2011	26059	31214	38289	17457

资料来源：《南芒县志》《南芒县统计年鉴 2011》。

　　南芒县是"直过民族"聚居区①。相对来说，因为南芒县历史上地处边疆地区，经济社会发展水平较低，属于"老、少、边、穷"的落后地区，所以成为 20 世纪 50 年代以后政府着力进行改造的地区。每个民族都有自己独特的社会结构、文化制度与信仰体系，这些是当地人在长期实践中逐渐形成的。南芒县不同民族虽然是"大杂居，小聚居"的分布特点，但民族间居住空间分布也有明显的差异。"水淹到的都是土司的，火烧到的都是山地民族的"〔《中国共产党南芒县历史资料汇编（第二辑）》，2008：4〕，这句话很好地阐释了地域社会内土司（傣族）和山地民族（拉祜族、佤族）的领地分配规则。傣族人民住坝区，佤族、拉祜族人民住山区，形成了层次分明的山坝结构。整个社会是在一个以"山坝结构"为中心的区域内发展，具有一定的封闭性。历史上，当地与外界沟通较为不便，社会变迁较为缓慢，但也保留了较多的传统。由于自然环境的差异，各民族间存在多样的经济互补。例如山坝物产多有不同，位于坝区的"街子"这一基层集市成为各民族间物产交

---

　　① "直过民族"特指新中国成立以后，未经民主改革，直接由原始社会跨越几种社会形态过渡到社会主义社会的民族。

换的主要场所。由于自然地理条件的封闭性，同一民族被分割在不同的生态区域的环境中，在本区域内同其他民族的联系甚至多于同区域外本民族的联系。所以，同一民族的支系既有文化的共性，也有区域的特性（赵世林、伍琼华，1997）。

1949 年后，南芒县人口的一个突出变化是汉族人口的大量增加。特别是改革开放以后，汉族人口的流入呈现加速的趋势。一方面，南芒县从内地引进大量人才，其家属也落户定居。另一方面，很多内地人通过经商、婚姻、工作等方式自愿流入。汉族人口的大量进入对当地的社会经济文化产生非常大的影响。在与少数民族的交往中，汉族文化也逐渐影响到当地民族，加速了当地民族文化的现代化进程。此外，傣族人民、佤族人民、拉祜族人民也逐渐打破了历史上只能在本民族内部通婚的习俗，民族之间的通婚日益增多，民族之间的文化加速融合。

（二）主要少数民族及其特点

1. 傣族

在南芒县所在的地域上，傣族并非是土著居民，而是后迁入的民族。据记载，历史上，县内傣族源于勐卯（今瑞丽一带）。公元 1238 年（傣历 600 年），由于勐卯思氏土司卒，部族发生内乱，部分傣族人口南迁，辗转进入今天的南芒县。傣族人民把这块地方取名为"南芒"，意为"寻找到的好地方"。傣族人口迁入之后，建立了长达 600 余年的土司政权，成为当地的统治民族。

傣族人民主要居住在娜文镇、勐安镇、景高乡的坝子上，聚寨而居，占据自然地理条件较为优越的地区。农业生产上以水稻作为主要方式，打猎、采集等作为辅助生计。与其他民族相比，傣族地区社会经济较为发达。南芒土司是傣族地区最高统治者和土地所有者。土地所有制分为两种形式：一种是"代耕田"，由土地所有者直接经营，农民无偿服劳役；另一种是"负担田"，土地所有者把土地直接分配给农民耕种，收取租税。

傣族具有独特鲜明的文化，水对傣族人民具有重要的意义。傣族最隆重的节日是泼水节，也是傣族的新年。此外还有关门节、开门节等节日。傣族全民信仰南传上座部佛教，每个寨子都有佛寺。佛寺既是宗教活动的场所，也是学习傣文和民族传统文化的地方。传统傣族文化中，男孩要去佛寺中做几年小和尚，学习傣族文字，因此佛寺发挥了重要的文化传承的功能。傣族的传统文化与生态保护具有密切的关系，"竜山"信仰对生态保护具有重要的作用。

2. 拉祜族

拉祜族是典型的山地民族，在历史上迁移至南芒县内，族内人民主要居住在南芒县的山区。土司时期，拉祜族人民长期处于傣族土司的统治下，成为土司的"贡纳制"隶属臣民。傣族土司分封拉祜族村寨首领，名为"卡些"，"卡些"作为拉祜族的地方首领，成为傣族土司对拉祜族人民实行管理的代理人，定期征收其辖区内的赋税。

拉祜族人民在历史上从事刀耕火种的迁徙农业，房屋简陋且迁移不定。1949年以后，拉祜族村寨位置逐渐固定。刀耕火种生计方式以村寨为单位，集体砍树、烧山。拉祜族人民传统的生计方式与生态具有密切的关联，后文中将有深入分析。在农业生产之外，打猎、采集是村民生计的重要来源。"拉祜"在拉祜语中，"拉"是"虎"之意，"祜"是"烤肉"之意，"拉祜"即"烤老虎肉"，体现了该民族历史上的狩猎传统。

拉祜族内部可以分为不同的分支：拉祜西和拉祜纳。传统的拉祜族人民信仰万物有灵，崇拜多神的原始宗教。主要崇拜的神包括厄萨神、寨神、家神、猎神、山神等，其中厄萨神是万物缔造者。近代以来，随着基督教的传入，部分拉祜族人民开始信仰基督教。

3. 佤族

佤族是南芒县的世居民族，佤族人民先于傣族人民和拉祜族人民进入南芒县。佤族内部实行部落头人制。纳入土司管理后，头人由土司委任。1949年以前，南芒佤族地区的土地属部落公有，但也存在一些私人占有土地和农具的现象。生产形式包括单独种植、合伙种植、借种。牛并不为耕地所用，而主要用于镖牛祭鬼。佤族人民在历史上从事刀耕火种的迁徙农业，由于迁徙不定，没有自己的文字。近代以来，佤族村寨位置逐渐固定。与拉祜族人民类似，在传统时期，打猎、采集是佤族人民生计的重要补充。

佤族人民有自己的宗教信仰，是自然崇拜、神灵崇拜和祖先崇拜三位一体的民间信仰体系。佤族人认为，大神"木依吉"创造了世间万物，掌握万物的生杀大权。重大宗教活动包括拉木鼓、砍牛尾巴、猎人头、供人头等，都是供奉"木依吉"神。佤族地区宗教仪式频繁，重大仪式都由"巴赛"主持。佤族地区传统节日包括新米节、播种节、贺新房等。

（三）土司制度下的基层自治

土司制度是一种历史上的代理统治制度，中央王朝通过分封地方首领实现治理的目的。历史上，土司制度主要存在于中央权力"鞭长莫及"的边疆地区。中央王朝的治理能力不断加强，从明代开始，"改土归流"使得地方土司的权力受到了限制。到1949年前，云南尚保留16个土司，南芒宣抚司是其中之一。南芒土司统治持续600余年，但是统治区域不断压缩。1949年土司政权彻底终结。了解了土司制度，有益于人们理解当地传统的社会制度的运行方式以及社会变迁对当地的影响。图2-2为笔者拍摄的南芒宣抚司署。

在历史上，中央王朝对土司及其臣民施行的是"修其教不易其俗，齐其政不易其宜"的方针（杨庭硕、杨曾辉，2014）。方针指出地方传统的风俗习惯、文化和生计方式可以延续，土司政权必须受到中央政府的许可。在土司政权以内，名义上土司统辖内的领土都是归土司所有，土司把领土分给下面的长官，这套制度称为"封建领主制"。地方除了承担一定的徭役以及税收外，土司权力很少能

图 2-2　南芒宣抚司署（笔者摄于 2016 年 7 月）

够影响到基层村落社会。各地的土司山官，采取的是既制约又使之自治的宽松统治制度，由 12 个召朗在中间充当联络官，代宣抚司使对他们实行一定的制约。但对土司山官如何统治百姓这件事，土司在一般情况下都不过问。土司内部有一套制度，对基层社会基本上采取自治的统治制度。图 2-3 为南芒土司行政结构。

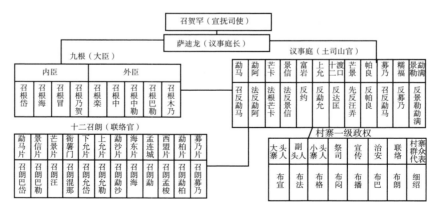

图 2-3　南芒土司行政结构

资料来源：南芒土司行政结构图原是南芒民族历史博物馆展览图，后经重新绘制而成。

三　经济发展阶段及特征

发展是时代的主旋律。被西方坚船利炮打开国门后，中国卷入了现代化潮流中，一直处于赶超型现代化的历程。1949 年以来，南芒县改变了封闭自治的状态。在"国家－政府"的主导下，南芒县经济经历了高速的发展历程。由于南芒县是边疆农业县，其社会经济发展与农业的发展关系密切。南芒县的经济发展经历了两个阶段：前 30 年追求粮食产量，解决温饱问题；后 30 余年追求经济发展，解决贫困问题。在国家的"发展干预"下，南芒县 60 余年的发展表现为非政治性、技术性的特征（朱晓阳、谭颖，2010），以现代科技、工业化、市场化等构成的"现代化"日益成为其发展的核心。

1949 年以来，发展农业生产、追求粮食产量一直是当地政府的中心工作。在国家"以粮为纲"的政策下，地方政府为促进粮食生产进行了大刀阔斧的改革。政府的农业改造不仅涉及技术、组织方式，而且还涉及少数民族的风俗和文化。具体措施包括以下几点。第一，加强农业基础条件建设。改善水利条件，挖沟修渠，将旱地改为水田。第二，改进技术条件。一是增加施肥，号召建立厕所，收集人畜粪肥。1949 年后政府开始推广制作绿肥，后来推广"两化"（化学肥料、化学农药）上山。二是改进水稻品种，用杂交水稻品种代替当地的粮食品种，新品种具有较高的单产量。三是改进农业耕种方式，把汉区农业耕作技术引进少数民族地区，逐渐消除传统的刀耕火种农业方式；将轮歇地变为常年耕种的农地，增加复种，重视"大春"和"小春"。种植面积的扩大、农业技术的改进、组织方式的集中等有力地促进了农业的发展。农业改造使得生产力得到释放，农业产量迅速增加。到 20 世纪 80 年代初，特别是"包产到户"后，南芒县温饱问题得以解决。但是这一时期，大量森林转化为农田，森林覆盖率迅速下降造成了严重的生态问题。

　　改革开放以后，南芒县经济重心开始向经济建设转移。县政府提出"胶、糖、茶"并举的发展方向来发展经济作物，通过发展"绿色产业"实现脱贫致富。社会主义市场经济制度确立以来，市场在调节资源分配中发挥了越来越大的作用。在经济利益的驱动下，村民开始大量种植经济作物。南芒县近年来粮食作物播种面积逐渐减少。以橡胶、咖啡、茶叶、甘蔗等为主导的经济作物种植面积迅速扩大，产量不断提高，"绿色产业群"规模日益壮大。截至2011年，南芒县橡胶林面积达30多万亩，咖啡园面积达9万亩，茶园面积达8万余亩。2016年末，橡胶、甘蔗、茶叶、咖啡四大支柱产业种植面积达61.84万亩，农民人均面积达5.1亩①。南芒县经济林产业发展不断壮大体现在全县国内生产总值和农民人均收入上。据统计，南芒县1978年国内生产总值仅为1409万元，2012年国内生产总值达到161095万元（数据来自相关年份的《南芒县统计年鉴》）。剔除通胀因素的影响，南芒县生产总值年均增长率达到11.01%。经济林产业也极大改变了村民的生产方式和生活方式，一些以单个经济作物种植为主要生计方式的"橡胶村""咖啡村""茶叶村"等相继出现。经济作物种植增加了农民的收入，南芒县的人均收入增长突飞猛进，1982年，家庭人均年收入仅为182元，2012年增加到3955元。由于南芒县处于西部山区，第二、第三产业不发达，加之其少数民族人口占绝大多数比例，外出务工人数不多。因此，在收入来源中，第一产业占据绝对大的比例。在第一产业中，经济作物种植对农民收入的提高起了显著的作用。图2-4为南芒县1978～2012年的国内生产总值增长情况。

---

　　①　相关内容参见"南芒县基本情况"，http://menglian.gov.cn/mlgk/mljj.htm，2017年3月1日。

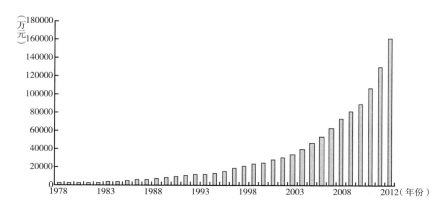

图 2 - 4 南芒县国内生产总值增长情况（1978～2012）

资料来源：《从数字看南芒改革开放 30 年》以及相关年份的《南芒县统计年鉴》。

第二节 南芒县的生态变迁

60 余年来，南芒县的生态发生了翻天覆地的变化。南芒县的生态系统以森林为核心，森林生态的变化引发了一系列生态后果。需要说明的是，本书中的生态主要是指生态系统，即生物群落及其物理环境相互作用的自然系统。主要包括四个组成成分：无机环境、生产者（绿色植物）、消费者（草食动物和肉食动物）和分解者（腐生微生物）（上海辞书编纂中心，2009）。在南芒县 60 余年生态变迁的历史中，不同时间段有不同的表现特征。根据生态变迁的表现及其产生原因，大体可以分为三个时间段：20 世纪 50 年代前、人民公社时期、"包产到户"后。下文将详细描述每个时间段的生态状况。

一 20 世纪 50 年代前的森林、河流与动物

由于缺乏官方统计资料，20 世纪 50 年代前南芒县的生态状况并没有明确的记载。据《南芒县志》记载，1957 年南芒县森林覆盖率

为 65.2%，这是目前能够查到的最早的统计资料。由此可以推测出，20世纪 50 年代前的森林覆盖率要高于这个数字。由于人口较少，且地方社会有一套森林保护的规范，总体来说 20 世纪 50 年代前南芒县的生态情况非常好，人为造成的生态问题较少。为了克服统计资料和文字资料的不足，笔者选取森林、河流和动物为主题，借鉴历史学的"口述史"[①]方法，通过村寨老人群体的记忆，以当地生活者的视角勾勒出记忆中的生态景象。可以说，短短的几十年，南芒县的生态发生了剧变。

当地群众的口述内容相当一致地表明，20 世纪 50 年代前，南芒县森林保护较好，动植物资源非常丰富。村民表示，"以前的森林里有很多大树，有些树好几个人都抱不过来，白天去大森林都看不到太阳"。森林里的物种也较为丰富，村民表示，"以前森林里什么都有，森林的树太多了，有些能叫上名字，还有很多叫不上名字"。总体来说，以前的森林树龄长、物种多样化（如动植物资源极为丰富）。特别是当地的竜林保护得非常好，树龄大都是数百年。每个傣族村寨都有大片的竜林，在民间信仰的制约下，竜林受到严格保护。竜林从未遭到破坏，连枯枝也没人敢拿回家烧。

干季河流的水量是反映当地植被状况的重要指标。由于森林保护较好，生活用水相当丰富，河流的水量非常大。在没有雨水的干季，仍然有充沛的河水。一些老村民还能回忆起当时的景象。南麻河流经勐村大寨，一位村民表示：

> 以前最怕的就是南麻河发大洪水，比现在的南麻河要宽几倍（现在宽 6~10 米），水比现在多多了，发洪水时，根本过不去。有时候河里还有很多被冲下来的大树，但是水太快了，捞不着，村里

---

① 近年来，"口述史"作为一种资料收集方式和研究方法被多个学科使用。除了可以填补文献的空白外，还可以验证文献资料的可靠性。另外，通过口述史，推动了学者从关注领袖人物到普通民众的日常生活的相关研究（杨祥银，2000）。环境问题与普通民众的日常生活息息相关。在环境社会学研究中，口述史作为一种资料收集方法，其使用频率也越来越高。

人就捞些小树回来当柴烧。

60 多岁的波罕罗回忆道：

　　每年4、5月份，我们就过河种田（田和寨子被河隔开）。秧栽完了，河水一涨起来，大人都过不来。后来打仗，土匪来了，我们就在这边（河对岸）躲，土匪不敢过河，怕水大。（波罕罗，2012年7月24日）

50 多岁的相兰则想起了小时候在河边开荒的经历：

　　以前南麻河经常发大水，起大水时，水会动，河床不固定，河边好多滩地都淹了，水退下去时，就有很多人在下面开荒，种点东西，发大水时开荒的田就不要了。（相兰，2012年7月24日）

在村民眼里，现在的南麻河水少了，似乎安静了许多，没了脾气。

南芒县历来是动物的王国。老人说："以前林中除了没有大象，什么动物都有。如老虎、豹子、麂子、野猪、兔子和鸟，很多动物叫不上名字。现在都没有了，鸟都很少见了，因为果树没有了，吃的东西也没有了。"以前村民最怕的是老虎，一位村民说：

　　老虎要住在大森林里。每天下午5、6点，太阳落山了，老虎就开始叫。有时候会到寨子里吃猪。村民在寨子路上弄上长竹钉，防老虎。

50 多岁的西木寨子村民米满回忆道：

　　老虎常到寨子吃牛吃猪。村里老书记小时候曾经用夹豹子的夹子夹死一只老虎，抬回来后每家都分一点。老虎肉跟狗肉差不多。老书记用老虎皮做衣服穿，好大的老虎。（米满，2012年7月24日）[①]

60多岁的腊村村民刘义回忆道：

　　小时候，部队用枪打到一只老虎。一位村民以为老虎死了，就去摸。谁知道老虎是装死的，咬掉他的一只胳膊。从此得了一个绰号："拉塔度埃"（拉祜语，意为"被老虎咬过的人"）。（刘义，2012年8月10日）

研究表明，一只成年老虎需要20平方千米～100平方千米的森林作为栖息地（马立博，2011）。凡是有老虎的地方，都是植被保护较好的区域，由此可知当时南芒县森林的丰茂。

二　人民公社时期的森林破坏

人民公社时期是南芒县生态遭遇破坏最为严重的时期。这一时期的生态破坏主要表现为森林的大面积砍伐，可以从一些官方统计数据中得到反映。据《南芒县志》记载，南芒县1973年森林覆盖率下降到44.1%，1985年下降为39.4%。县域内，森林面积从1959年的81万亩，下降到1973年的48万亩、1980年的40万亩；次生灌木林面积从1959年的10万亩，上升到1973年的77万亩、1980年的80万亩；森林蓄积量大幅下降，从1959年的870万方，下降到1973年的348万方、1980年的300万方（《中共南芒县委、县政府关于保护森林、发展林业的意见》，1981）。

---

①　我国从20世纪50年代末开始对虎进行保护，目前虎为国家一级保护动物，严禁捕猎。上述"打虎"事件发生在国家保护政策实施之前。

环境史学家伊懋可（2014）总结中国历史上的森林滥伐情况时指出，森林滥伐的原因不外乎三种：第一，为耕作和定居而砍伐；第二，为取暖、烹饪以及烧窑、冶炼这类工业生产供应燃料而砍伐；第三，为提供营建所需的木材而砍伐，如建造房屋、小舟、大船、桥梁等。南芒县这一时期的森林砍伐也主要是这几点原因。其中，毁林开荒是森林砍伐的最主要原因。森林与耕地处于此消彼长的关系链中。由于南芒县实行"以粮为纲"政策，片面强调增加耕地面积，大片森林砍伐后转化为农田。据《南芒县志》记载，1973～1986年全县毁林开荒面积达1.99万亩。仅1980～1981年全县毁林开荒面积就达9100亩，其中水源林2600亩，用材林4100亩，风景林700亩，薪炭林1700亩。毁林开荒涉及25个村寨的1859户。20世纪50年代以后，大批外来人口流入，如部队、学校等进驻当地，新增人口的住房主要都是新建的，对木材有大量的需求。此外，用于取暖、烹饪的木材也不在少数。

森林生态系统的变化造成的后果是多方面的。南芒县档案馆文献中有较多关于这一时期森林生态系统破坏带来的问题的记录。综合档案资料和访谈发现，森林生态系统破坏带来的环境问题主要表现为以下三点。第一，森林质量的下降。茂密的原生林遭到砍伐，变成灌木林甚至是荒地。以往从没有出现的燃料不足问题频繁出现，可以作为木材使用的林木也急剧减少。第二，动植物资源的锐减。生活在森林的动物数量随着森林的减少而锐减，很多植物资源也消失了。第三，水源枯竭。森林发挥着重要的水源存储功能，森林消失造成了一些地方水源枯竭，进而造成生产和生活用水不足。一些村寨因为无水可用不得不搬迁。很多农田由保产的"水保田"变成靠天吃饭的"雷响田"，粮食的稳定产出得不到保障。

三　"包产到户"后的生态变化与后果

从20世纪80年代起，南芒县大量种植经济作物。南芒县的森林覆盖率逐渐恢复，到2006年已达到60.76%（《从数字看南芒改革开放 30 年》，2008）。南芒县森林覆盖率扭转了多年下降的趋势，呈现"V"字形变化轨迹。森林的构成也发生变化，随着"中低产林改造"等项目的开展，很多原生林被人工经济林替代。但是，人工林无法代替天然林的生态功能。与前一阶段相比，生态问题依然不容乐观。另外，除了部分地区水资源锐减、水土流失外，一些新型生态问题也开始呈现，如农业面源污染、物种单一化等。

（一）水资源锐减

原生林的消失对水资源状况造成了严重影响，干季河流的径流量是评估森林植被的较好指标[①]。南芒县水文局对县内主要河流南双河的监测数据显示，2010～2012 年南双河最小径流分别为 1.4 立方米/秒、2.36 立方米/秒、0.987 立方米/秒。而历史上南双河最小径流也超过 10 立方米/秒。河流径流量急剧下降现象较为普遍。当地村民生产用水越来越紧张，甚至出现插秧季节村民晚上两三点去抢水的情况。笔者调查的多个村寨，都不同程度被缺水问题困扰。

（二）水土流失

南芒县水土流失严重，据统计，全县 1998～2007 年底累计水土流失面积达到 449.73 平方千米，占全县面积的 23.77%，累计治理水土流失面积 121.85 平方千米。因为人口增加和自然资源的不合理利用，南芒县一些乡镇依然存在毁林开荒、非法占林地、毁掉天然林等行为，粗放经营的现象依然存在（《南芒县环境保护局 2008 年工作总结暨 2009 年工作思路》，2009）。调查期间，笔者见到的滑坡事件就有四起：第一起事件是天龙茶厂的一居民房屋被冲；第二起事件是双村一位村民的橡胶树被冲；第三起事件是勐安自来水厂山

---

① 森林生态系统具有重要的水文生态功能，森林生态系统通过林冠层、枯枝落叶层和土壤层等途径可以不同程度地截流降水。相对来说，受人工干扰越少的原生林的截流降水功能要强于人工林的截流降水功能（温远光、刘世荣，1995）。

上的树被冲；第四起事件是腊村农田被冲毁 100 余亩。图 2 - 5 为笔者于 2013 年拍摄的腊村滑坡冲毁的农田。

（三）农业面源污染

农业面源污染已成为一个新的环境问题。由于南芒县推广"两化上山"，加之农民的经济理性日益增长，化学肥料、农药的使用量持续增加，部分农村饮用水质受到不同程度的污染。水源污染造成农民饮水不安全，南芒县需重复投资修建饮水设施，此举加大了解决饮水安全问题的难度。另外，农业面源污染造成渔业资源萎缩，主要河流的野生鱼类资源急剧减少（罗承强，2008）①。

图 2 - 5　腊村滑坡冲毁的农田（笔者摄于 2013 年 12 月）

---

① 2008 年，时任南芒县县长罗承强在一次会议讲话中指出，"过去，南双河两岸绿树成荫，河水清澈见底，人们可以直接饮用南双河的河水。在那时流传着这样的说法，每天做完劳动回家后在锅里烧着水，人到南双河边溜一圈，就有热腾腾的鱼汤喝"。

第三章

资源管理科层化：森林
管理制度演变的生态影响

过去群众管理山林的有效制度废除了，新制度不是从群众中来，结果近年来我县森林受到很大的破坏。

——南芒县委调查组①

　　传统时期，南芒县自然资源的管理，特别是森林资源主要由村寨管理。虽然土司是地方统治者，但是除了税赋和一定的徭役外，对村寨生活干预较少。自然资源的管理主要依赖地方社区的村规民约和信仰体系。国家政权建设和权力下渗的同步进行使南芒县纳入现代意义上的国家政权治理的范畴。传统的社区森林管理制度日渐式微，科层化的国家机构逐渐成为地方森林资源使用和开发的管理部门。剧烈的社会变迁背景下森林管理制度的演变深刻地影响了地方森林生态。

第一节　森林资源管理的地方传统

　　南芒县处于我国西南"林海"地区，适宜的温度、适量的降水、丰厚的土壤孕育了繁茂的森林。直到 20 世纪 50 年代中期前，南芒县的森林覆盖率仍然保持在 65% 以上。大片森林郁郁葱葱，多是保存完好的天然林。如此丰富的森林资源既是大自然的馈赠，也是当地居民世代悉心保护、经营而保留下来的丰厚财产②。在森林的利用中，当地有非常深厚的地方传统，这

---

① 资料来源于《关于林权的调查情况》，1961 年。
② 实际上，南芒县内大部分的森林并不是未经开发的原始森林，而是经过开发利用而保存下来的次生林。次生林并不是没有人类干扰的纯"天然"的森林，而是"人化自然"的一部分。正如我们所熟知的草原，并不是一开始就是"风吹草低见牛羊"的一片草场，而是经过游牧民族世代经营、管理、保护而成的。

些传统包括地方的森林管理制度、信仰禁忌等。这些传统根深蒂固，至今仍发挥着不可低估的作用。下文笔者将通过对地方森林管理制度和信仰体系的梳理，分析地方传统在保护森林资源中的作用。

一　森林的地方产权和分类

（一）森林的地方产权界定

传统时期，地方社会在长期的生活实践中形成了一套关于森林所有权和使用权的地方制度，可以称之为森林的"地方产权界定"，这是一种地方社会认可的习惯权利（Customary Right）。南芒县地理空间按照居住民族分类，可以分为两类，基本格局是平坝地区为傣族人民占有，山区为拉祜族、佤族等山地民族占有。约定俗成的分法是如前文所述的"水淹到的是（傣族）土司的，火烧到的是山地民族的"。虽然没有现代法律意义上的森林产权，但是这种地方产权界定却是非常明确和具体的，也是被当地社会广泛接受的。森林所有权主要包括如下五种形式。

1. 头人（土司、地主）占有

1949 年以前，傣族土司政权作为地方的实际统治阶层，有自己的固有土地、林地等。土司拥有的土地被称为"亲耕地"，同时还有一定面积的林地，主要集中在宣府司（土司办公和居住场所）周围。土司所属的林地都有不同的用途，例如，土司有专门用来打猎的山林和坟山。除了直接控制的林地、土地之外，土司将其他地方的土地（包括林地）分配给主要的大臣，供大臣管理和支配，这种分配形式被称为"封建领主制"。在传统的傣族居住区域，坝区的土地被分为若干个"勐"，一个"勐"是一个行政单元，类似于现在的乡镇的空间范围。

2. 村寨占有

村寨占有是森林所有权中最大的一个部分。在南方区域，自然村多以"寨"命名。寨子既是一个生活单位，也是一个生产单位。每个村寨都有自己传统的领地范围。虽然没有明确的文本规定，但是村寨占有土地的范围是明确和具体的。村寨之间的领地是在长期互动实践中形成的，得到了相邻村寨的承认和尊重。其他村寨不得越界砍伐林木或者开荒种地，如果越界，需要获得对方的同意，否则，容易引起村寨之间的冲突。在村寨内部，林地根据用途的不同，分为轮歇地、用材林、薪炭林、风景林等不同的类型。

3. 竜山

竜山竜林是傣族特有的一种文化现象。竜林是神树林，是当地民族将某种信仰体系附加在森林之上所形成的结果。竜山就是竜林所在的山。据考证，傣族从历史上的采集狩猎民族转变为农耕民族，在文化内核中依然保留了"森林崇拜"的痕迹（阎莉，2010）。一般村寨的竜林主要分布在村寨周围，面积有大有小。村寨竜林从建寨之日起就受到严格的保护。在勐村大寨，傣族的竜山上主要有两种树：菩提树和大青树。菩提树是神树，大青树是鬼树。傣族人民一般在一年中特定的节日，如泼水节、开门节、关门节等，去竜山祭拜，以求神之眷佑。任何人不得砍伐竜林，当地人认为砍伐竜林会遭报应。

4. 坟山

每个村寨都有自己的坟山，面积从几十亩到上百亩不等。例如，勐村大寨历史上有一块70余亩的坟山。当地的丧葬方式有火化和土葬两种形式。坟山可以分为两种：埋人山和火化山。火化山一般面积较小，埋人山面积稍大。傣族地区的坟山一般占地面积较大，因为在傣族文化中，要根据死亡原因和死亡人的年龄、身份等采取不同的埋葬方式。坟地分为不同区域，分隔正常死亡与非正常死亡的人。在坟地周围，树木非常茂盛，树木只有在埋人时或火葬时可以砍伐，平时从不砍伐。

5. 无主林、荒山

20 世纪 50 年代前，南芒县人口自然增长率较低，人口总量较少，森林开发面积不大，因此有一部分无人居住的地区。另外，有一些山由于海拔较高，不适宜居住，人迹罕至，无法从事生产活动，如南芒县的腊村大黑山。由于没有人类活动的影响，这些地方的森林保存良好，多为茂密的原始森林。此外，因为历史上当地民族盛行游耕农业，一些曾经的农业区被抛荒，所以存在大量无主的荒山。这些无主林在 20 世纪 50 年代后的森林权属划分中大多数被划归国有林。

（二）森林类型与功能划分

上文从宏观层面对森林的地方产权界定进行了区分，下文将分析重点放在村寨层面。村寨占有在地方产权界定的所有形式中的比重最大。村寨不仅是一个生活单位，也是一个生产单位，绝大部分森林的利用与保护都以村寨为中心。傣族地区水稻种植中的水利灌溉、挖沟挡水，需要以村寨为单位开展，并且需要不同村寨之间的协作。山地民族的刀耕火种农业中，砍树、放火、打猎都需要集体协作。当地村民在与自然环境长期的互动中，形成了特定的习俗和社会规范。这些习俗和社会规范保障了森林使用的有序性。

"背靠青山、面对平坝"是傣族人民喜欢的居住方式。傣族村寨所有的林地，按照功能划分为不同的类型，如竜林、坟山、水源林、用材林、柴山、风景林等，每一种类型的功能都有专门的规定。佤族村寨地形较为复杂，一般在海拔较高的山坡上，村寨可以俯视四周。村寨所在的山不准砍伐森林，这些森林一般作为水源林、竜林和防风林。以双村为例，轮歇地围绕在村寨四周，共有七块，分别为会拉山、南青山、南马山、南永山一、南永山二、南会山一、南会山二。山上的森林是轮歇地的农地，休耕的轮歇地树木根据休耕时间长短而变化，轮歇地树木也是柴火的来源。同时，有一片森林由于海拔很高，地形陡，留作用材林，主要用于建房。图3－1为双村佤族寨森林的功能划分。

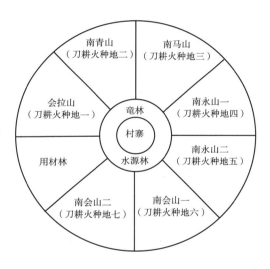

图3－1　双村佤族寨森林的功能划分

历史上，村寨森林都是公共的（The Commons），森林很少出现私人所有的情况。森林产权保持集体属性（所有权）的同时，个人具有受限制的使用权。各村寨围绕森林的使用，有一套地方的管理制度。

二　森林的地方管理制度

"国有国法，寨有寨规"，历史上每个村寨都有自己的乡规民约。乡规民约涉及村寨生活的方方面面。传统时期，当地社会有一套成熟且有效的森林管理制度可以保障森林使用的合理有序和可持续性。地方森林管理制度主要涉及森林的种类和功能划分，以及森林管理和保护的责任人、森林砍伐的惩罚措施等。如划定水源林、柴山、竜山等不同功能森林的范围，任命山林日常管理的责任人，制定乱砍伐的罚款标准等。每个村寨都基于本村寨的实际情况制定"寨规"，乡规民约灵活多样，与村寨的实际相契合。大部分乡规民约非常简单明了，依托于传统的地方首领制度，具有非常明显的效果。

历史上的村寨领地之间具有明确的界线。村寨之间的土地（包括林地）使用有严格的限定，主要是村寨在长期的历史互动中形成了相互认可的规范。外来者若要使用本村寨的土地和林地，需要经过本村寨的同意，并且缴纳一定的费用。这个规范保证了对于村寨所属的林地，本村寨有绝对的支配权以及对外人的约束力。20 世纪50 年代云南的拉祜族调查资料记载：

"各村寨的土地，均有村寨的界线，且村落的界线是很严格的。村寨成员都有村寨观念，不许越境开荒，若越境开荒应取得土地所属寨的同意，并缴纳地租。所以甲乙寨之间是允许发生租赁关系的。农民对村寨土地只有占有权，没有所有权。若迁移离开村寨，则失去原耕土地，群众称曰'来时领，去时丢'。"（云南省民族研究所，1963）

"村寨观念"本质上也是一种身份观念，即这种森林使用权是建立在一定身份基础上的，只有符合身份的成员才有使用森林的权利。因此，森林作为一个村寨的公地并不具有真正意义上的无限开放使用权（Open Access），而只是有针对特定人群的有限使用权。非本村人砍伐森林会受到惩罚，惩罚措施包括没收树木、罚款等。例如，人民公社时期那勒寨将属于本村所有的一块林地定为盖房子木料区，不准砍柴或从事其他活动，否则没收柴火，并罚款 12 元。邻县村寨村民越境来砍柴，受到了没收柴火和罚款的惩罚（《关于澜沧县东回公社卡扩生产队社员破坏我县景高公社那勒生产队森林的调查报告》，1981）。

村寨内部森林的使用方法各异。地方社会为了保护森林资源，避免森林的乱砍滥伐，有一套约定俗成的森林管理制度，未经允许砍伐森林会受到严厉的惩罚。一些研究发现，地方关于森林保护的规范通常以碑文、绘画等形式记载，涉及森林保护的村规民约内容简单而明确（徐晓光，2014）。傣族、佤族、拉祜族地区传统时期的村寨都有严格的森林管理制度。特别是在人均森林资源较少的傣族地区，森林管理制度最为严格。在勐村大寨，老人说，历史上用材林的砍伐需要向布改（村庄首领）申请，包括说明砍伐后木材的用途、砍伐数量等，并向布改缴纳一定的管理费。如果超量采伐，"多砍一棵，罚种十棵"，并且要保证树必须种活。木材只能在特定区域的用材林砍伐，其他林地不得砍伐。在拉祜族村，解放初期当地有"砍伐一棵竜林树，罚款一元"的规定（南芒县委调查组，1961）。在当时的经济水平下，一元无疑是一笔不小的数目，可见惩罚的严厉性。另外，很多村寨都设置了"看山人"这一职位，类似于今天的护林员，由一人或者多人轮流担当，看山人要具有责任心方能胜任，主要负责巡视本村寨的森林，发现火灾、盗伐等情况立即向地方首领汇报。传统的森林管理制度往往较为简单，但是非常有效。

除了森林管理制度的文本内容外，管理制度的实际运作以及实施效果更为重要。传统时期当地森林管理制度的执行是非常严格的。据老人说，以前惩罚措施相当严厉，违反规定就会受到处罚，村民一般不敢违反。历史上当地森林的高覆盖率与严格的森林管理制度有紧密的相关性。这种传统的森林管理制度在地方社会具有较好的嵌入性，同时依靠地方首领的传统权威和社会资本（如互惠、信任、关系网络），森林资源才得到了有效保护。地方森林管理制度的有效实施主要体现在以下三个方面。

1. 制度的多维嵌入

传统时期的地方森林管理制度是在长期的人与自然互动的实践中形成的，深深地嵌入地方的社会和文化中。与外来的自然资源管理制度相比，传统时期的地方森林管理制度具有更好的嵌入性（Cleaver，2002）。森林管理制度的目标是保证持续的木材供应和生态效益，保证生产和生活用水，防止水土流失，发挥森林在提供生产资料和生态保护等多方面的作用。因此，村寨的森林管理制度是与地方的自然、地理、气候等条件密切结合的，村民能够准确认知特定区域的森林在生产生活中发挥的作用。例如，为村寨提供生活饮用水源的林子会得到悉心保护；村寨背靠大山的林子可以防止水土流失和山体滑坡，因此会受到特别保护；能提供特定物产（蜂蜜、蘑菇、水果、藤篾等）的森林也会受到保护。总之，森林保护是因地制宜的。

森林管理的制度也嵌入地方社会中，与当地人群的生计方式密切相关。例如，传统上，在以刀耕火种为主，以狩猎、采集为辅的山地民族生计方式中，森林划分为不同的类型。轮歇地用于农业用地，非轮歇地则被悉心保护，除了可以满足山民的狩猎、采集需求外，更重要的是，非轮歇地树木是以后生产中重要的肥料来源，要"养起来"。而在坝区，由于当地人主要从事水田稻作农业，对水的需求非常大，水源林会受到严格的保护以保证生产用水的稳定性。同时，森林管理制度也是嵌入当地文化中的。当地文化如何界定森林以及森林的意义，会直接影响当地民众对森林的保护程度。例如，山民看待森林、牧民看待草原、渔民看待海洋等与外人是有差异的。在当地人眼中，这些不仅仅是木材、牧草和鱼类的来源，而且还被赋予了多元的社会文化意义。就森林而言，有风水林、寨神林、神山、神树等，这些森林都是物质和文化的结合体，会受到悉心的保护。地方的森林管理制度不仅可以保护自然资源，而且也是维系文化传承的重要方式。

2. 地方首领

地方首领统称为"头人"。传统地方村寨有一套领导制度，人们称为"头人制度"。实际上，"头人"是汉族对地方首领的称呼，不同民族对本民族首领有不同的称谓。例如，傣族村寨一级的首领一般是"布相""布改"，拉祜族地区是"卡些"。除了行政首领外，从事宗教事务的人员也算作"头人"。例如，傣族寺庙里的佛爷，拉祜族地区的摩巴。大多数村寨的头人制度是世袭制，但是仍然需要符合一定的条件。第一，能力。头人也是要经过选拔的，一些不符合村民期望的头人会失去权力。"旧社会"的"头人"在当地属于精英，具备较强的处理事件的能力，必须熟悉当地的"理"①，拉祜族有"老人知古理，卡些知断事"的说法。第二，威望。头人老去前会从几个儿子中选择最为出色的一个当接班人。头人的部分威望来自韦伯所说的"传统型权威"。第三，尽职尽责。头人要一辈子生活在村里，不能追求一己私利，要尽职尽责，管理好本村寨。综上可以看出，头人集能力、威望与责任心于一身。

头人是地方社会秩序的维护者，其作用类似于汉区传统地方社会的"乡绅"（吴晗、费孝通，1949）。头人拥有非常大的权力，普通村民一般都非常敬畏，不敢轻易违反头人定下的规矩。"什么都要听他（头人）的，这是民族的风俗"，一位傣族村民这样描述村民与历史上的"头人"的关系。张静（2000）指出，乡规民约的强制性来自行政权力的衍射。乡规民约的有效性往往在于村庄权威掌握的惩治手段很容易实现，如对村民权益的剥夺，而村民对其村寨"成员"资格及其享受的待遇又非常依赖。历史上，当地对于违反村

---

① "理"在当地有重要的地位，一般是指传统的社会规范、习俗等，具有广泛的认同力和约束力。

规屡教不改者，最严厉的惩罚是将村民驱逐出村寨。一位傣族村民回忆以前村寨的头人：

> 以前头人管得严。村民挖沟挡坝，哪里不合格，给他大烟①都不得，骂就给他骂。以前三个寨子一起挖大沟，每个寨子挖多少有规定。头人不挖，他负责监督我们。南麻河的水现在还不够以前放大沟的，以前水大，每年都挖。现在你看，大沟也没了，水也没了，就这么一点宽，水放不出去了。以前有竹筒，大沟的水放下来，头人就把水分配好。不简单啊，头人厉害啊！一切为老百姓好。我们傣族寨子的头人叫布相，旧社会做得好。（岩中，2012 年 7 月 27 日）

3. 社会纽带与村民参与性

地方森林管理的好处是显而易见的。与汉族自然村类似，很多傣族、佤族、拉祜族村寨村民之间也具有较强的血缘纽带。"佤族村寨最多为血缘组织，一姓即为一寨"（王敬骝，1990），这种血缘村寨的头人即为宗族、氏族的头领。本村寨都是一个姓氏，属于一个宗族，相互之间信任度较高。传统时期的地方森林管理情况与社区社会资本密切相关。社会资本涉及信任、规范和关系网络等（普特南，2006）。社区是一个熟人社会，社区社会资本是一个重要的纽带。村民们不仅自己遵守规范，同时，也相信其他人能够遵守规范，这是合作产生的基础。由于居住在一起，每位村民也都扮演着监督者的角色。

村民的参与性也增加了其对地方制度的认可与接受程度。当地传统中村民对集体事务有较强的参与能力，村寨村规民约的制

---

① 根据 20 世纪 50 年代的民族地区调查，1949 年以前当地种植鸦片现象非常普遍。鸦片是当地主要的经济作物并在某种程度上充当了货币的功能（中国科学院民族研究所云南民族调查组、云南省民族研究所，1963）。

定往往是村民协商的结果。《傣族文化志》中指出南芒村落社区组织的特点为：在基层的村落和社区中仍然保留着原始农村氏族公社的残余形式。村寨在重大事务的处理上，如分配村寨土地、水源管理和使用等方面，仍然要召开村社民众大会，征求群众意见（赵世林、伍琼华，1997）。历史上，傣族、佤族和拉祜族等当地民族村寨都有召开集体会议的公共场所。笔者调查时发现每个村民小组都建有会议室，用于召开集体会议，在重大事务上实行"一事一议"的制度，这也是当地传统的延续。当地村寨森林管理制度的制定需要经过集体商议，村民更易于接受认可度高的管理制度。

三　宗教、信仰与禁忌

傣族、佤族、拉祜族在历史上都是森林民族，以"采集 - 狩猎"为主要生计。后来随着生产力水平的提升，森林民族逐渐实现了向农耕民族的转变，但是文化深处依然保留了对森林的依恋，这突出体现在当地民众对森林的信仰以及禁忌上。与现代社会自然的"祛魅化"特征不同，传统上少数民族地区的森林是一种"魅化"的存在，具有多重社会、文化意义。传统时期，由于人类生产力有限，人们难以解释诸多自然现象，对自然的认知也有一层神秘感，因此，人们形成了万物有灵的信仰体系。佤族传统宗教是集自然崇拜、神灵崇拜和祖先崇拜于一体的原始宗教，山、水、林无不有神（赵富荣，2005）。拉祜族人民也是信仰万物有灵论，神话史诗《牡帕密帕》反映了拉祜族人民的信仰体系（张晓松、李根，2001）。在拉祜族人民的信仰体系中，茫莎是万物之神，掌管风、雨、电、树等小神。在村民的日常观念认知中，森林不仅是物质化的森林，而且是具有多种传说，富含历史性和故事性的文化承载物。傣族村寨中自然崇拜现象也颇为常见。以下是勐村大寨老人叙述的关于寨中神树菩提树的故事。

（菩提树）不是种的。以前听老人讲，可能在 100 多年前，有一个帮土司放牛的人梦见 7 个披着袈裟的菩萨，醒来就不见了。放牛人就记得地点是这里，于是用棍子做了记号，回来就跟头人说梦到的事情。头人就让放牛人带去看，放牛人把旁边的草拨开，发现有 7 棵小苗。头人就让他管理，浇水、拔草，后来小苗长得枝繁叶茂。景洪的土司知道了，就来求放牛人给他一棵小苗。给了后，小苗在那里活 1~2 年就死了。南芒的土司也拿去一棵小苗，也不行，最后死掉了。后来蔓朗（寨子）一个长老拿去一棵小苗，就活了 10 多年。但是"文化大革命"后长老就还俗了，宗教就灭了。村里安排他看地，看管菠萝。他当了三四十年大佛爷，有钱，有些人就去他家偷，他说你们不要来偷，一分钱都不在我身上。我的钱都埋在菩提树下。那些人不知道，以为他把钱埋在那棵树下，就把那棵树挖到底，最后树就死了，树底下只有很少的钱。（波罕罗，2012 年 7 月 26 日）

森林被赋予特定意义之后，森林的使用就受到了限制。文化与信仰禁忌客观上对保护森林起到了重要的作用。傣族的竜林禁忌最为突出，傣族人民把勐一级的水源林称为"勐神林"，把村寨一级的水源林称为"寨神林"。竜林就是寨神（氏族祖先）、勐神（部落祖先）居住的地方（高立士，2005）。竜林的树种一般要经过一定的选择，傣族人民偏爱菩提树、大青树等树种。竜林信仰可以视为一种图腾崇拜。此外，竜林还具有多种重要的生态功能。高立士（2005）对竜林的生态功能进行了细致的总结，包括：调节地方气候、防风火寒流、防滑坡泥石流等。直到 20 世纪 50 年代初期，傣族居住地区的竜林一般都受到了悉心的保护。图 3-2 为笔者 2010 年 4 月拍摄的当地傣族村民供奉的神树。

图 3 - 2　当地傣族村民供奉的神树
（笔者 2010 年 4 月摄于帕村大寨）

　　为了保佑村寨人畜平安、五谷丰登，每年各村都要进行祭祀活动，即"祭竜"，祭祀场面非常壮观。传统的傣族社区，竜山崇拜和竜林崇拜与生态保护的关系最为密切。"竜林、神树是万万砍不得的，砍了会得病"，这种观念已经深深植入当地人的意识观念中。韦伯（2005）指出，禁忌是宗教对在其之外的利益关系的领域最早最普遍的直接控制的例子，禁忌的合理化最终形成一种规范体系。一位当地村民告诉笔者，神树根本就没人砍，更不需要写在村规民约里，因为谁也不想遭报应，甚至在竜林里大声说话也是当地的禁忌。可见，核心资源中心和神圣中心的重合保证了特定生态空间中的社会整合（荀丽丽，2012）。除了传统的社会规范、社会组织外，这种信仰方式通过价值理念的内化，已经变成了当地人根深蒂固的自觉行为。对当地傣族人民来说，竜山上的菩提树是"神树"，大青树是"鬼树"。信仰佛教的傣族人会在特殊的节日去山上上香许愿，他们对竜山至今仍保持着绝对的敬畏之心。"别说在竜山上砍树，就是枯树枝也没人敢拿""砍竜山上的树会遭报应、会得病"是调查期间村民不断重复的话。在当地的傣文古籍中甚至有这样的记载："如果有人砍伐神树或神树根，致使寨子的人、畜和禽发生死亡的，砍伐者要赔偿损失（尹仑、唐立、郑静，2010）。"这表明人们对砍伐竜林遭到报应的说法的坚信不疑。村民自己种的菩提树也受到悉心保护，人们发自内心地敬畏心中的神。

问：竜山是不是头人规定不能砍？

答：以前头人没有规定不让砍。

问：那能不能砍？

答：不是能不能砍，是根本没人砍！这个大家都懂的，你在金塔、佛寺里都不砍。但是，在其他地方，你砍了，也没人管。得看你自己，有些人砍了不着（遭厄运，倒霉），有些人1~2年会着。6年前，我种了一棵菩提树。有人出4000元想买走，但我不想卖。

问：为什么不卖？

答：因为是我种的，我许愿了。我已经办了两次（仪式）了。栽树6年以后，如果树活了要办仪式。搞一套佛爷披的袈裟，还要买烟、酒、方便面，叫上寨子里的老人、亲戚、大佛爷、小和尚一起，把树周围的草铲得光光的，再滴水、许愿，祝福树长高，保佑我们幸福美满。我不会砍树，也不会卖树，如果砍了它，做柴火和木头都不行。（波罕罗，2012年7月29日）

除了村寨的竜林之外，还有区域性的神山。在勐安镇，当地神山在傣语里叫"安弄"，位于中缅交界的地方，离勐安镇20千米左右。神山海拔很高，无人居住。现在已划归国有林，属于腊村大黑山。山上是原始森林，树干直径达 1 ~ 2 米的树有很多，到处有绒毛飞来飞去。山上的动物很多，晚上在山旁边根本睡不着觉。当地村民都不敢砍山上的树。村民波罕罗表示，在山附近过夜，要守山上的"规矩"。第一，不能煮鱼肉、鸡肉。动物会闻到肉香，并发出吱吱的叫声。第二，不能同时挑柴火和挑水，必须一样一样做。第三，如果在那里过夜，需要将女人的头发包起来，放在一个小袋子里。第四，傣族地区举行宗教仪式的时候，需要会念"安弄"。当地人也很难理解他们的祖先为何会制定如此多的规矩，但他们不敢轻易违反，担心惹祸上身。这些信仰和传说体现了地方群体对自然的敬畏之情。

与竜林类似，坟地上的树也受到禁忌的严格保护。每个村寨都有一块山林作为坟地。当地民族丧葬风俗不一，有的采取土葬，有的采取火葬。傣族地区坟地里都有树，小鸟叽叽喳喳叫个不停。双村佤族寨子老生产队长告诉笔者："如果在坟山上砍树，鬼就来掐脖子，大家都不敢去。"在当地，只要是埋人的地方，如果没有特殊情况，人们绝对不会去砍伐树。每个村寨都有一个固定的坟地。腊村附近有一个地方叫"鬼岛"，鬼岛上的树也是不能砍的。一位腊村村民表示，"那地方以前种地，有一个部队的士兵死了，骨灰撒在上面，所以叫鬼岛。坟地上连小树都不能砍，如果砍了，人就会疯。你信就灵，不信就遭殃"。

竜林中的树木一般只有在作为特殊的用途时才可以使用，使用时需要特定的仪式。例如，佤族人民有制作木鼓的习俗。木鼓是佤族人民的象征和崇拜之物，只有在祭祀和重大节日时才敲打。佤族人民相信木鼓能够带来吉祥并得到神灵庇佑，制作木鼓的材料是从竜林中选择神树。在神树砍伐的过程中，祭司必须举行隆重的仪式，讲述砍伐的理由，求得神灵的原谅。邓启耀（1999）在《鼓灵》一书中详细描述了其亲身经历的一个佤族村寨砍伐竜林中的大树并制作木鼓的情节。整个过程佤族人表现得战战兢兢，如临大敌。首先，村寨头人选择了20多位精壮男子，每个人带着一件武器，"好像不是去砍树，而是去打仗"。在出行前，准备好水酒，行祭礼，祭祀鬼灵，祈祷出行顺利。开始砍伐前，用最初砍下的木屑占卜凶吉，只有抽到吉签时才可以砍。砍完后，摩巴和村寨头人在砍伐的树桩上放上几块红褐色的泥土和一竹筒水酒，祭献神灵，希望神灵不要缠住砍树的人，不要报仇，不要伤害人们。摩巴的祈祷词如下：

> 我们没有伤害你，而是想把你请到寨中供养；我们用土地和水酒赔给你，还要用血祭献你，你不要怪罪我们，不要伤害拿斧子的人，他们是爱你的人；不要伤害打枪射弩的人，他们是请你离开大树一会儿，不要摔着；不要伤害拉你的人，他们是为了把你请到村寨里供奉……

四　"公地悲剧"的本质

党的十八大以来，习近平总书记多次在公开场合强调"山水林田湖是一个生命共同体"，这是从生态系统内部各个组成部分唇齿相依的共生关系出发得出的科学结论。傣族先民很早就认识到了这种共生关系，人群中曾流传着这样一段古老歌谣（云南省林业勘探设计院，2000）：

> 没有森林，就没有树；
> 没有树，就没有水；
> 没有水，就没有水田；
> 没有水田，就没有粮食；
> 没有粮食，就没有人类。

　　这段歌谣深刻地反映了傣族地区"林—水—田—人"的复杂关系链，也反映了傣族人的生态认知。森林处在这条认知链的顶端，山一定是要有树的，否则只是荒凉的土堆。树绿化了山，避免了水土流失，为飞禽走兽提供了休憩的场所，也提供了源源不竭的水源。而水正是以种植水稻作为主要生计方式的傣族人最为依赖的资源，有了水才有了粮食的丰收和人的生活。水文化居于傣族文化的核心区域，傣族地区的泼水节反映了水之圣洁与万能以及傣族人对水的无比虔诚。

　　在传统的傣族村寨，村寨选址一般背靠大山，寨子的规划设计中一定要有潺潺不断的流水，精心设计的沟渠保证溪水可以一年四季不间断地从每家房前屋后流过。图3-3为笔者拍摄的当地傣族村民使用的沟渠。据老人说，流水主要是出于防火的考虑，因为以前木质结构住房的屋顶是茅草，而傣族人民做饭取暖用柴火，因此非常容易着火。傣族人民的这种生产和生活方式需要以繁茂的森林作为支撑。傣族人民对森林的保护具有很强的目的性，20世纪60年代的历史资料中这样记载，"傣族人对于山林是保护的，主要是因为傣族人民的生产方式较为先进，习惯于耕种水田，他们为了使农业生产大丰收，不缺水源，所以在管理森林方面做得较好"（《关于南芒县林权调查情况及会议处理意见的报告》，1962）。同样，佤族、拉祜族的村民也都对村寨所属的森林进行了严格的保护。

　　当地传统时期的森林都是村寨公有的。按照现代产权理论，不具有排他使用权的公共物的使用会遭遇"公地悲剧"的困境。"公地悲剧"这一理论最早是由美国生态学家哈丁在1968年《科学》杂志上首先提出的。他设想了一个经典的场景：有一个对所有牧民开放的公共牧场——公地，人畜数目与公地负载能力维持了大致平衡。然而，理性的牧民总是追求自己的最大效益。他们所想的是："牛群多添一头，对我有什么效益？如果我多养一头牲畜，正面效应是我个人可以从中获利，而负面效应是将多消耗公地资源，但损失是大家承担的。"

图 3 - 3　当地傣族村民使用的沟渠（笔者 2010 年 3 月摄于帕村大寨）

于是，牲畜数量越来越多，最终造成牧场的枯竭。哈丁认为在一个信奉公地自由的社会中，每个人都追求本人的最高利益，而整体的终点是走向毁灭（Hardin，1968）。在另外一篇文章中，哈丁通过大量案例证实了"公地悲剧"。1974 年，大众从地球的卫星照片中见到了"公地悲剧"。经过卫星探测，研究人员发现北非地区有一片被圈围的土地，里面绿草青壮，而圈围以外的地已被破坏（Hardin，1994）。为什么会出现这样的情景？因为圈围内的土地是私产，而圈围外则是公地。搭便车、逃避责任等都是公地悲剧的表现形式。公地悲剧的一个核心观点指出了个体的理性行为导致的是集体的非理性的后果。

从南芒县的案例可以看出，哈丁著名的"公地悲剧"理论的假设前提——"没有管理的公有地"（The Unmanaged Commons）在传统的未受外部力量干预的地方社区是不存在的。公地悲剧的主要根源不在于资源的公共性，而在于存在有效的社会规范约束资源使用者的行为。正是现代国家权力和市场关系日益破坏了传统地方社会的社会规范，才引起了"公地悲剧"。对于当地居民来说，传统时期森林不仅要纳入管理的范畴，而且这种管理是有效的。地方非正式的森林管理制度和信仰禁忌对森林保护起到了至关重要的作用。

第二节　地方传统遭受破坏与森林砍伐现象

20 世纪 50 年代后，南芒县森林在一段时期内遭到了史无前例的砍伐，县域生态急剧恶化，自然灾害频发。森林砍伐背后揭示的是传统的地方森林管理制度和信仰禁忌的失灵，整个社会处于失范的混乱状态。为何历史上运行良好并行之有效的地方传统突然间失灵，其背后的逻辑是什么呢？

一　森林生态演变

据相关资料统计，南芒县森林面积从 1959 年的 81 万亩下降到 1980 年的 40 万亩，超过一半的森林遭到砍伐，森林覆盖率不断降低，到 1980 年降为 34% 左右（《关于保护森林，发展林业的意见》，1981）。由此可见，南芒县森林覆盖率 20 余年下降了 30 多个百分点（20 世纪 50 年代中期以后森林开始遭受严重破坏）。大量的森林砍伐给生态带来的影响是难以估量的。《1962 年南芒林业情况总结报告》详细叙述了自 1958 年以来的森林破坏情况及其造成的影响，其内容足以让读者震惊。

从 1958 年开始，南芒县毁林开荒面积达 12 万亩左右，估计占全县森林面积的 20%。在建筑用材林上，村民也有很大的盲目性。木材资源的浪费很多，估计近几年来浪费的木材达 3 万立方米。由于村民未按照进程进行采伐，不注意更新，因此我县的树木越砍越少，越砍越远，木材蓄积量很少。基建部门反映，目前盖房的过梁已经砍不出了。近几年，城镇附近交通沿线的山林乱砍伐现象相当突出。拿子①越来越少，价钱越来

---

① 当地柴的计量单位，一拿相当于一捆。

高。过去一拿柴用一辆马车拉，现在三拿柴才够一辆马车拉。而且，公路那边大部分地区的山林已被砍光，只剩一些幼小树林。

　　由于近几年村民大肆破坏森林，给人民的生产和生活带来极为严重的后果。南芒县1961年的平均气温比1959年上升了0.6度，从雨量来看，南芒县1959年降雨量为1489毫米，1962年则为1092毫米，降雨量减少了400毫米。由于水源林遭受严重的破坏，河水流量大大减少。如南芒大河解放以前曾有木船渡口，现在早已消失，人卷起裤子就可以过河。据水文站资料记载，现在南芒河床比1959年提高6厘米，流量减少864立方。枯水季节，龙潭清可见底，连小孩也敢去洗澡摸鱼了。

　　以前芒弄、老干一带的稻田一到撒秧栽秧的季节，就有水灌溉。自从回旺一带的水源林遭受破坏以后，水源枯竭了，村民不能按时栽插。连勐梭、允脚一带大片旱田也受灾。今年南芒县因受旱，稻谷长得很不好。其他如灯盏河、南兔河在过去水量很大，现在连蚂蚁都可以过河了。可是，到了雨季，河水却泛滥成灾，淹没了两岸农田。勐安区南马大河，由于水源林遭受破坏，现在水量减少了，每到插秧季节就缺水，直接影响农业生产。雨水季节，山洪暴发，又往往形成洪灾。南芒县1961年的洪水冲走了勐安坝子上的几座木桥。腊垒区蚌丙小寨有20多亩田，1960年收割60亢谷子。南芒县的森林在未破坏前是保水田，1961年之后变成雷响田，仅收割40亢谷子，主要是因为没有水，8月份还栽不上秧。在山区，群众辛辛苦苦开出来的田，全靠附近的水源灌溉，可是水源一经破坏，水田也随之丢荒了。海东的森林遭受砍伐后，水源相当紧张，为了解决生活用水问题，海东寨子准备搬迁。

　　由于山林遭受破坏，南芒县山中的特产也被清除了。如勐安村附近的山林中出产藤篾，这几年因野火烧山全都烧光了，野兽也被赶跑了……类似的例子各区都有很多，就不一一列举了。"破坏森林容易，培育森林难"，现在的森林都是我们的先辈在几十年甚至几百年以前辛辛苦苦培育并遗留给我们的，可是我们在几年之内就破坏了。树木不比稻子，一棵树成材需要几十年，可是破坏掉非常容易，用斧子砍几刀或一把火就没了。对于这几年的森林破坏现象，我们感到非常沉痛，与会同志都深感到林业形势的严峻性。"山区开荒、坝子遭殃""山穷水尽"在我们县已成为现实，今后必须采取坚决措施，扭转这一林业形势。否则，前途将不堪设想（《1962年南芒林业情况总结报告》，1962）。

从以上材料可以看出森林遭受破坏的严重性以及造成的后果。森林遭受破坏的主要后果可以概括为以下几点。第一，水源短缺。森林发挥了涵养水源的重要功能，森林砍伐后河流水量减少；村民生活用水短缺，一些村寨被迫搬迁；农业用水出现困难，进而出现粮食减产、农田抛荒等现象。第二，木材减少。只砍不种造成可用林减少，森林质量下降。第三，生物多样性锐减。森林特产消失，动物也减少，导致生物多样性锐减。第四，自然灾害严重。水土流失加剧，河床抬高，水旱灾害频发。

二　森林生态演变的双重逻辑

森林的严重破坏短时间内影响了南芒县群众的生活，引起了当地群众的普遍不满，民众纷纷请求政府出面处理。云南省林业部门、县委县政府多次派出调查组进行调查。一份南芒县委调查组1961年对发生于帕村的"毁林"的调查报告揭示了森林破坏的部分原因。

解放以前旧政府对乱砍伐森林规定过罚款制度（乱砍伐一棵罚款一元），对于当时保护森林起到一定作用……，南芒县一共经历过4次大砍伐（包括部队营建、机关建设、修筑公路和大炼钢铁），如今这些松树已变成稀疏的山林，附近各个寨子的群众也开始了乱砍伐（南芒县委调查组，1961）。

勐村大寨是勐安镇坝子的中心寨，也是"街子"（集市）所在地。1949年后成为勐安区（后改为勐安镇）行政中心。各级区/镇机构、办公场所都是占用勐村大寨的土地，村寨的竜林、坟地也被占据，如世代保存的70余亩坟地就被镇级供销社和粮站所占据。坟地上几百年的古树被砍伐用作建房，村寨的坟地被迫重新选址，搬迁到200米以外的地方，面积缩小为10余亩。同时，政府派人砍伐了历史上从未遭到砍伐的大片茂密的竜林，竜林所在地用于建楼，树木作为建楼的木材。目前在镇政府大院内只剩下一棵大青树，树干直径有1米多，树高达10多米。勐村寨子中的一位老人表示，这只是其中的一棵，以前全是这样的树。

　　竜林从古到今都不准砍。我们寨子的竜林几乎都砍完了，现在只保留了一棵。（竜林）保留了几百年，以前土司时期就不准砍它，竜林主要起保护水源和风景的作用。寨子后面必须要有树，盖房子的树是人栽的。政府所在地是以前的竜林。以前全部都是大树，现在全都砍丢了。（刀正明，2012年8月15日）

另一份材料中有这样一句话：

　　特别是近年来部分小学教师没有尊重民族的风俗习惯，宣扬破除迷信，对竜林也进行了乱伐（《关于南芒县林权的调查情况及会议处理意见的报告》，1962）。

以上材料共同揭示了这一时期森林毁坏的复杂社会逻辑，笔者在下文将进行详细梳理。可以说，强大的外部力量的冲击导致的失范是森林砍伐的主要原因。

第一，国家权力下渗破坏了传统乡村的社会组织和制度，致使森林管理制度失效，出现严重的混乱现象与失范行为。20 世纪 50 年代，随着新政权的建立和国家权力的强化，政府有意识地弱化地方头人的地位。在 20 世纪 50 年代后的基层政权建设中，当地政府采取了一系列措施，边缘化头人，最终头人退出了权力舞台。基层政权整顿和加强的措施包括以下几条。首先，把村的范围缩小，削弱头人的势力范围，新划建的小村由积极分子当干部。其次，将影响较大的头人逐渐调入县、区工作，减弱其影响。最后，县政府、工委积极培养劳动人民出身的积极分子参加工作或担任基层政权干部，稳妥地把头人掌握的基层权力转移到劳动人民手中［《中国共产党南芒县历史资料汇编（第二辑）》，2008］。另外，历史上，地方头人的经济条件一般要好于普通村民。在政治不稳定期间，由于害怕受"清算"，南芒县曾出现大量的人口外逃缅甸的情况①。"文化大革命"开始后，南芒县农村"旧社会"的头人作为"阶级敌人"受到了批斗，取而代之的是以贫下中农为主的新领导层。新阶层强调政治出身②，与旧头人相比，新领导绝对服从上级命令。代表传统秩序的老权威日渐式微，被新权威所取代，传统秩序自然就失去了威慑力。传统社区的管理和组织体系一旦解体，依托于组织体系的森林管理制度自然也就失效了。

每个村寨都有自己的规矩，村寨头人是地方重要的权威人物。历史上的村寨森林管理制度的管理对象主要是村寨之间以及村寨内

---

① 1958 年，由于"大跃进""人民公社化运动""山区民主补课"等运动的兴起，南芒县人口大量外迁。据《南芒县志》记载，1958 年南芒县共有 1.5 万人外迁。此后，人口陆续回迁。20 世纪 70 年代，由于南芒县重新划分阶级，致使人口再次大量外迁。据统计，县内共有 2079 人外迁。

② 实际上，20 世纪 50 年代后的基层干部选拔强调政治出身，贫下中农由于成分好，往往成为地方的领导者。但是，这部分人极少接受教育，很多人目不识丁，因此缺乏一定的管理能力。

部的村民，这些群体也是熟知并且遵守当地规范的。传统的社会规范有效力的原因在于社会规范是嵌入社会结构和社会认知中的。所以，社会规范对当地人是非常有效的。另外，更重要的是，地方社会规范对外来群体是无效的。因为这一群体来自"先进地区"，有国家权力做后盾，所以传统地方权威和地方规范无法对这一群体进行制裁和约束，出现当地老人说的"没人管""没法管"的情况。外来群体没有按照当地村寨的社会规范利用森林，他们乱砍滥伐，严重毁坏了有形的森林资源①。

第二，地方信仰体系遭到破坏。传统的信仰观念对森林的使用进行了严格的限定。20世纪50年代后，政府极力推行破除迷信运动，竜山、竜林信仰被认为是迷信。地方大量的项目建设需要木材。但是对于从哪里弄木材，如何砍伐木材等问题，并没有统一的措施加以管理。外来人口如部队、农场职员、公职人员、小学老师等，大部分都是汉族人，对少数民族的信仰持蔑视态度，认为当地传统信仰"愚昧落后"。他们大肆突破当地禁忌，对森林进行乱砍滥伐。一份地方文件中记载了森林砍伐后地方政府和村民交锋的过程：

> 谁砍伐竜山上的树或枯死木，就会给谁带来灾祸。群众说去年有一户人家在竜山上砍了两株枯死木做柴烧，当晚就有豹子来吃他的猪，于是他发动全村群众打豹子，群众均未把豹子打走。

---

① 这一时期，外来群体成为森林毁坏的重要人群。文献记载：……调查，确有南芒农场滥伐松木的事情。伐木面积约有300余亩，砍伐树木达446棵。伐倒后未运回的树木达137棵，其中不能做木料的有20多棵。从砍伐的木料看，最高的伐根有一米，普遍在40厘米，这是违反采伐规定的。在伐区内不留母树，会影响森林的更新。农场在采伐时，帕各老寨的帅福再三要求他们，不能做木料的树不要砍，运不出来的树不要砍，而农场伐木工人置之不理，盲目滥伐。甚至将群众特别留在山地里的四棵好树砍毁，引起群众不满（《关于南芒农场滥伐松木的处理意见》，1962）。

另外，公高区政府砍了竜山几棵树用于盖房子，群众意见很大，一定要区政府买香纸烛去送鬼敬神，否则他们就不住此村了。结果，区政府买了香纸烛去敬神，群众也就息怒了（《关于南芒县山林权的调查情况及会议处理意见的报告》，1962）。

从林权工作组"说什么……"的语气就可以看出外来人口对当地传统信仰的蔑视和不屑。外来人口没有关于竜林的信仰和禁忌的意识。这些人大多打着"破除迷信"的旗号，干着砍伐森林的事情。在20世纪50年代初期的"国家-社会"力量对比中，国家尚对地方村寨做出了一定的让步，但是随着"除四旧（旧思想、旧文化、旧风俗、旧习惯）"、"文化大革命"等运动的深入开展，地方传统信仰体系被彻底否定。外来人口毁坏了无形的传统森林管理制度和村民传统的竜林禁忌观念，进而导致部分当地村民也"跟着"乱砍滥伐，从传统时期的森林保护者转变为破坏者。陈阿江（2007）在太湖流域水污染的研究中发现，从"外源污染"到"内生污染"的社会文化逻辑的转变是地方传统价值观的丧失。这一转变历程与南芒县的森林砍伐过程有一定的相似性。村民表示"鬼神走了，鸟也走了"。可以说，村民在抛弃传统、准备"与天斗""与地斗""叫高山低头，要河水让路"的过程中，大自然狠狠地惩罚了人类。村民简单粗暴地破除"封建迷信"，却导致了社会生态秩序的混乱。

三 动荡年代的精神慰藉

对于当地的村民来说，竜林禁忌是心照不宣的"秘密"，大家相信"因果报应"，相信砍伐竜林会遭受厄运。在"国家-社会"力量对比中，地方社会无力抵抗强势的外部力量。村民面对竜林被大量砍伐的残酷现实而无力制止，无可奈何，深感痛心。被砍的不仅仅是竜林，而且还有当地村民延续千年的信仰体系。震荡之后的心灵需要安抚和慰藉，村民通过对一些特殊事件、偶然事件的建构性解释寻求心灵的慰藉和调适。在笔者调查的每一个村寨几乎都能听到大量相似的关于砍伐竜林、神树而遭到"厄运"和"报应"的传闻。这些案例中，几乎所有砍伐竜林的人最后都遭到了"报应"。

> 20世纪50年代以后部队就过来了。部队盖房子需要木料，就找到一颗大青树。有的人还爬到树上砍。砍着砍着，其中一个士兵就从树上掉下来摔死了。用傣族人民的话来说，那是神树、鬼树，砍了要遭到报应的。后来，部队的人也不敢砍了。（波罕罗，2010年4月3日）

甚至在多年以后，在曾经的竜林所在的地方，当地人仍然心有余悸。

> 勐安镇政府大院的文化室是以前勐村大寨的竜林。有位朋友住在文化室楼上的房间，晚上睡觉时，电视没人碰突然就亮了，原来明明是关着的。他心里害怕，第二天就不敢住了。（相梅，2012年7月24日）

也有一些研究表明了类似的情况具有一定的共性。在云南西双版纳傣族地区，流传着竜林被砍伐后，砍树的人或死或疯的事例（郭家骥，2006）。可见，村民对砍树遭报应的说法笃信不疑。可以理解为，这一时期社会秩序处于极为混乱的状态。在竜林被大量砍伐、村民根深蒂固的信仰体系遭到破坏和否定后，村民于是将很多偶然事件与"报应"联系起来。其目的是让人们在动荡年代、在信仰被认为是"迷信"的年代寻求心理的平衡。改革开放以后，国家开始尊重民族风俗，传统信仰很快又"复活"了，于是村民更加坚定自己的信仰。

第三节　森林产权制度变迁及其生态后果

现代国家一直想把自然资源纳入科层管理的范畴。随着国家权力的下渗，国家的正式制度逐渐代替了地方的非正式制度，成为主要的森林管理制度。国家对森林产权制度进行了重新划分，林业产权成为影响生态的重要因素。

一　我国林业产权制度的演变

我国林业产权制度经历了几个较大的变化过程，1950～1955年国家确定了私人的森林所有权。人民公社时期，为了加大对资源的控制力度，国家又将森林所有权收归国有和集体所有。但是，森林所有权的过度集中严重挫伤了农民的积极性，国家开始逐步下放林权，林业"三定"是林权的初步下放，林权制度改革是林权的进一步下放。1949年以后，我国林业产权制度的变迁过程参见表3-1（樊宝敏、李淑新、颜国强，2009）。

表3-1　我国林业产权制度变迁

时间	主要事件特征
1950～1955年	私人森林所有权 1950～1952年，土地改革时期，农民协会将土地、森林等统一分配给农户 1953～1955年，政府兴办初级农业合作社
1956～1980年	森林集体所有，统一经营 1956年，农户加入高级合作社。山林、土地等并入高级合作社 1958年，山林从高级合作社并入人民公社 1961年，由于"大跃进"和人民公社运动的影响，林业损失惨重。林业政策进行了调整：林业使用权和管理权从人民公社下放到生产大队和生产队；零星树木归家庭所有；森林归集体所有，但是部分归私人所有，使用权和所有权分开

时间	主要事件特征
1981～2005 年	1981 年,林业"三定"时期,开展稳定山权林权、划定自留山、确定林业生产责任制的工作 1982 年,云南省实施"两山一地"政策,划定自留山、责任山和轮歇地
2006 年至今	林权制度改革,实施分林到户政策

资料来源:《世界林业研究》,2009 年。

二　南芒县森林产权制度及其变迁

在国家政策的影响下,南芒县森林产权制度也随之经历了多次变化。其中影响最大的是森林确权、林业"三定"与"两山一地"、林业产权制度改革。

(一)森林确权

地方政府看到了森林破坏的现实,希望采取措施加以解决。在相关政府部门的认知中,森林破坏与"林权"未确定造成的"公地悲剧"密切相关。

南芒县的林权从未正式确定过山林界线。除集体和竜山占有以外,仍有大面积森林无人管理(即国有林)。由于林权所有制未确定过,1958 年以来,交通沿线、河流两岸及部分竜山均遭受破坏,乱砍滥伐现象甚为严重。山区农民可以任意毁林开荒,大片森林受到人为破坏,荒山荒岭逐年增多,水源也逐年枯竭。建设用材及农民用烧柴的获取,也越来越困难……(《关于南芒县林权的调查情况及会议处理意见的报告》,1962)

在找到"病根"后,政府开始"对症下药"。政府以国家权力为后盾对森林的林权进行划分，并在此基础上建立一套新的"自上而下"的森林管理制度。森林的产权确定基于以下认知：产权清晰是自然资源有效管理的前提条件，确定林权是森林管理合法化的前提。南芒县政府在1961年制定的《南芒自治县护林育林实施办法》中将森林类型按照用途划分为五种：水源林、育才林、烧柴林、风景林、竜林。同时，政府还确定了三种所有权。第一，国有林。凡是集中成片的水源林、育才林、风景林以及大面积天然林和荒山荒地均归国家所有。第二，集体所有林。竜林、村寨的防风林，以及面积不大的天然林和荒山荒地，村寨集体对其进行抚育更新；在防火防虫等投资和劳力方面做得较好的林地，可确定为村寨集体所有。第三，私人栽培的零星树木、竹棚、果树、茶园等一律归私人所有。由于私人所有林地微乎其微，我国森林所有权主要分为国有林和集体林两种形式。

森林产权的确定及其管理将传统时期地方自主管理的权力收归国家所有，森林管理的权力逐渐上移，实现了国家控制森林资源的目标。按照制度设计的目标，在国有林资源的管理上，政策规定，国家有能力经营的森林资源就由国家经营，如设立国有农场、林场等机构，管理并使用国有森林资源。1970年，南芒县设立了一个国有林场——果木林场。根据上级指示，国家将采取如下措施解决无力经营的森林资源问题：国家规定县乡两级的人委会下设护林育林委员会，由护林育林委员会负责一切山林的维护和更新。国有林在没有国家林业专管机构管理的地区，由县委委托合作社或村寨代管。合作社或村寨成立护林育林小组，管理本村集体林木，维护国家要求代管的国有林。

人民公社时期，集体林的管理权力高度集中。"上级指示"压倒一切，人民公社和林业部门掌管森林的种植、林种选择、森林采伐等事项，生产大队和生产队只是服从上级的命令并执行任务，自身并没有决策权力（Liu and Edmunds，2013）。另外，南芒县还存在生产大队不愿意下放山林给生产队，导致生产队不积极管理山林的情况（《关于确定山林权工作情况和意见的报告》，1962）。这一时期的林业政策只考虑了国家和集体的资源需求，对农民自身的需求考虑不足。农民并不能从林业生产中获得收益，所以很少去维护森林。

（二）林业"三定"与"两山一地"

人民公社时期，由于森林砍得多、造得少，造成了生态进一步恶化。政府认为，生态恶化的原因是林权不稳、政策多变造成的。根据中共中央、国务院发布的《关于保护森林发展林业若干问题的决定》，从1981年6月起，政府将开展稳定山林权、划定自留山和确定林业生产责任制的林业"三定"工作。1981年，南芒县统计了山林权属情况。调查显示，全县国有山林面积达73.22万亩，其中，森林面积为25.25万亩，用材林为13.85万亩，薪炭林为10万亩，防护林为1.4万亩，其他为22.72万亩①。全县集体山林面积达70.18万亩，其中，用材林为11.13万亩，薪炭林为32.66万亩，防护林为24.63万亩，经济林为1.76万亩。当年填发集体林权证书480份（《国务院关于南芒县林改涉及的几个问题的调研情况报告》，2007）。

云南省结合林业"三定"方针和本省的实际，实行了"两山一地"政策，即划定自留山、责任山和轮歇地。南芒县政府希望借鉴农业家庭联产承包责任制的经验，采取"集体所有，分户经营"的原则，革除过去管理过分集中、农民得利太少的弊端（《关于划定社员自留山、承包集体责任山、固定农用轮歇地的试行规定》，1983）。南芒县政府从家庭联产承包责任制的成功中受到启发，认为如果农民能从森林管理中获得一定的收益，他们就会投入更多的时间、精力用于植树造林或者森林的日常保护、管理（Liu and Edmunds，

---

① 相关资料来源于《南芒县志》。

2013）。南芒县对以下四种林地进行了划分。

1. 自留山

在集体所有的宜林荒山、疏林、灌木丛中，凡是便于农户经营的，都可以划作自留山，用以发展经济林、用材林、薪炭林等。生产队农户有自留山的使用权，土地上种植的林木归个人所有，农户有森林生产经营（种植品种、种植方式、产品出售等）的决定权。如果国有荒山多，且附近生产队没有荒山的，也可以就近划出一部分自留山给生产队农户。南芒县共划出自留山82474.3亩，其中荒山40024.5亩，疏林13572亩，灌木林28877.8亩，户均6.36亩，人均1.2亩（《南芒县"两山一地"工作总结》，1983）。

2. 责任山

南芒县集体所有的成材林、中幼林、水源林、防护林、风景林、竜林等都保存较好。全县487个队都承包了责任山。承包者不得买卖、转让、租借、任意采伐。集体和承包者签订合同，明确双方的权、责、利。责任山总体面积达589577.1亩。其中，家庭承包47541.9亩；联户承包52082亩；专业组承包48899.4亩；集体管护419171亩；其他类型承包21882.8亩（《南芒县"两山一地"工作总结》，1983）。

3. 集体承包代管国有林

全县共有11处国有林，除三大片国有林国家设专职人员管理外，其余八片国有林全部承包给周围的生产队，职责包括签订合同，落实管理办法和受益分配方案，明确权、责、利。南麻河沿岸的14个队，平均每个队每年付给国家100元。其他队代管的，允许生产队社员每年进山砍一部分柴。全县承包代管国有林面积达177663亩（《南芒县"两山一地"工作总结》，1983）。

4. 承包和固定轮歇地

南芒县是用承包农用地的方法发展粮食和经济作物。为了保护生态，县里规定了农耕地和轮歇地的面积只能等于自留山和责任山的面积，一般农耕地和轮歇地每人只能划到10亩，剩下的划归自留山。县里共划出轮歇地300687.4亩。队均735.2亩，户均31.76亩，人均4.32亩。县里划出放牧区116片，共计42111.8亩（《南芒县"两山一地"工作总结》，1983）。

林业"三定"和"两山一地"政策的实施，极大地加强了地方社区的决策权。村民小组（生产队）和村民有了自身的决策权，可以经营一部分林地。在帕村生产队，村里和林业站合作种植了松树。这一部分集体林产生的经济收益也用于村庄公共设施的建设上，修自来水、接电、修路的费用很大一部分是通过集体出售木材筹集的。

（三）林业产权制度改革

为适应市场经济发展，盘活林业资源，激发农民的造林热情，南芒县林权制度改革应运而生。"林改"是森林管理权的进一步下放，需要实现"山有其主，主有其权，权有其责，责有其利"。2007年，南芒县完成了林权改革，实现了森林的再分配。南芒县林权改革的主要对象是尚未承包到户的集体林，采取"均山"到户承包经营的政策。如果是为了发展集体经济而经营的农户，可以"均股"到户；而留给集体经营，又进行拍卖、出租、转让的，可以"均利"到户。

南芒县林改工作于2007年1月开始，涉及34个村共423个组。2007年底，主体改革全面完成，全县共确权集体林116.28万亩，其中公益林59.08万亩，商品林57.20万亩，确权率达95.33%；集体林均山到户面积为110.90万亩，均山到户率达90.92%，其中公益林均山到户面积为59.08万亩，均山到户率达100%，集体商品林均山到户面积为51.82万亩，均山到户率达82.38%；全县共发放林权证15430本，林权证发（换）证率达100%；调处林权纠纷82起，调处率达 100%（《南芒县林业局关于上报南芒县"十一五"林业工作总结和 2011 年工作计划的报告》，2010）。

南芒县集体的林地产权进行划分后，均山到户的措施将森林的所有者从看不见摸不着的集体、国家变成个人。村民表示，"以前是社长有权力，现在是各家各户有权力"。村民们一致认同分林到户对森林保护是有好处的，以前是集体管理，但是常常陷入无人管理的状态。本队村民偷砍、偷卖集体林木事件不断发生，甚至还有别的队来偷砍树，集体管理效果不好。南芒县通过划清林权，减少了"公地悲剧"式的生态问题。

此外，"林改"的效果还需要进一步的考察。林地管理和经营权的明确化，使林地的使用产生排他性，可以避免类似"公地悲剧"的搭便车现象，但是依靠个人管理的效果仍难以令人满意。个人管理的方便程度与能力对资源管理效果至关重要，由于林木经济效益的不断提升，盗伐林木现象不断发生。林权下放到户后，需要林权经营者积极进行管理。在笔者调查的多个村寨中，村民表示自从林权下放后，每家每户通过挖沟、薅草确定四至界线，以前集体林权时期的乱砍滥伐现象已经减少很多，森林保护能力较以往有了提高。但是，如果森林经营管理者不能够积极参与到森林管理中，或者是管理不便，就会仍然存在监管不到位的情况。

三　林业产权制度变迁的生态后果

总体来说，与传统时期稳定的地方产权相比，1949 年以后，林权具有不稳定性。林业产权制度的多次变迁对生态产生了非常大的负面影响，主要体现在如下三个方面。

（一）产权制度不稳定与森林砍伐

制度的不稳定性对资源使用和生态保护具有负面影响。传统时期的森林产权和管理制度非常稳定，有的延续了数百年，如竜林、用材林的森林产权和管理制度，短期内极少发生变化，村民有稳定的预期。20 世纪 50 年代后国家多次对林业进行调整，林权制度几经变更。由于政策的变化较大，农民对林业政策持续时间表示怀疑，影响了政策的实施效果。从国家林业政策来看，1956 年农业合作化时期，根据《高级农业生产合作社示范章程》规定，除少量零星树木仍属于原社员私有外，幼林、苗圃、大片的经济林和用材林都归集体所有。1958 年，《关于在农村建立人民公社的决议》将山林全部划归集体所有。1961 年，私人所有林木又归还至个人。1966～1980 年，私人所有林木又被收回。

"两山一地"的政策实施后，森林遭受了严重的砍伐。在"两山一地"政策实施的初期，一些村民表示"反正两山是白给的，量又少，下苦力经营实在不划算。而且说不定什么时候又收回。不要白不要，不如趁现在还有几棵树，砍光了事"（何丕坤、何俊，2007）。农民担心国家政策再次有变，许多林农在一夜之间给山林"剃了光头"。这一时期，森林面临着全国性的砍伐危机。1981 年国务院紧急下发《国务院关于坚决制止乱砍滥伐森林的紧急通知》文件。文件中指出，许多地方存在乱砍滥伐树木、贩运倒卖木材的行为，对森林资源破坏很严重，必须采取有力措施，迅速予以制止。

南芒县在这一时期也面临着严重的森林砍伐问题。很大一部分原因在于农民对政策持续时间的不确定性的忧虑，担心林地再被"收回去"。生产关系调整使得生产队自留地面积增大，很多生产队认为可以自行处理山林，因而"大肆砍伐"。"包产到户"以后，南芒县又经历了一波毁林开荒的高潮（《关于贯彻执行〈国务院关于坚决制止乱砍滥伐森林的紧急通知〉》，1981）。另外，政策的变动期，往往是最为混乱的时间段。勐村大寨后山在"林改"期间出现多处集体林被私人侵占的现象。图 3－4 为勐安村小寨林地中私开的茶园。

　　勐安村后山有一块一块的地，是水库移民后开出来的。移民一来，就闹①。2006～2007 年，政府又搞"林改"。林子里都是竹笋。树木被大量砍伐，于是村民将此事反映到政府，政府就管起来了。那边有一条路，以前是用于砍柴的山，现在变成个人所有了。（波罕罗，2012 年 8 月 15 日）

图 3 - 4　勐安村小寨林地中私开的茶园（笔者摄于 2012 年 8 月）

（二）国家产权界定与地方习惯产权的冲突

　　在森林资源的管理、土地资源利用的长期实践中，地方社区往往有一套习惯产权的界定方式，如"祖业权"。祖业权具有人格化、象征性和社区化的特征，使得其具有较为完整的使用权，却不具备独立产权的性质，因此其明显区别于建立在西方市民社会基础上的私有产权（陈锋，2012）。集体的坟地、竜林、用材林的使用，特定对象对特定林地、土地的使用等都有一套习惯产权的界定方式。这套习惯产权受到当地人的认可和接纳，具有地方的合法性。已有

①　勐安村作为溪洛渡水电站的安置点之一，2004～2006 年共安置永善县近 2000 位移民。移民的生产用地由政府从当地村民的土地中调出并划拨给移民。但因长距离搬迁，移民故土难离以及对安置后生产和生活的不适应，很多移民开始要求返迁，最终通过自愿选择，90% 以上的移民都已返迁永善县。

研究表明，良好的产权界定是资源有效管理的前提。传统社区森林资源的生物物理边界（Biophysical Boundary）和社会经济边界（Socioeconomic Boundary）的一致确保了资源产权界定的有效性（Pagdee et al.，2006）。在森林资源的确权和划分中，林业部门设计了一套全新的森林产权制度，打破了历史上习惯的森林所有和使用制度。为了强化新的森林产权制度，林业部门要求村民"无论承包集体责任山还是划定社员自留山都不准认'根子'和'祖业'"（《关于划定社员自留山、承包集体责任山、固定农用轮歇地的试行规定》，1983）。

但是，习惯产权界定具有强大的影响力和生命力①。村民依然按照习惯性使用权对森林进行使用，因此造成了较多的林业纠纷、土地纠纷。习惯产权还包括历史上的利用权。森林、水资源虽然通过产权可以划分，但是产权所有者的利己行为往往容易造成"私地悲剧"的后果。鸟越皓之（2009）在日本发现了"产权私有性"和"环境公共性"之间的矛盾。他提出"共同占有权"这一概念，来表示居民对社区资源的习惯性"利用"的权利。"共同占有权"把有直接利益关系的群体纳入"利益相关者"的维度中进行考察。

水源林在当地是一个关乎生存的大问题。一般村寨生活用水采取的是低海拔村寨喝高海拔村寨的自来水、下游村寨喝上游村寨附近的水的办法。特殊的山地地形造成水的源头离部分村寨两三千米甚至更远。因此，南芒县产生的一个现象是村寨的水源林有可能离本村寨远，离其他村寨近，属于其他村寨的"地盘"。历史上，村寨之间相互尊重水源林的使用权。而现代森林产权则按照就近划分的

---

① 勐村村民波罕罗的爷爷1949年以前是当地村寨的"布相"（地方头人），拥有较大面积的私有土地。人民公社时期土地全部属于集体所有。刚实行家庭联产承包责任制时，波罕罗第一时间内就要求将南麻河边的一块约6亩的土地分给自己。他说这块土地在20世纪50年代前就是他爷爷的，而其他村民并没有表示异议。由此可见，祖业的观念根深蒂固。

原则，将甲村寨的水源林①划给乙村寨所有。乙村寨若对森林进行利用和开发则破坏了甲村寨的用水。市场化以后，村民为了获取经济效益，在山上村寨种经济作物的现象较为常见。另外，山上森林开发却造成山下缺水，此种情况也比较常见。造成这些现象的部分原因是习惯产权界定被现代产权所取代，而现代产权往往由林业部门确定，并没有考虑当地社区居民的生活和多样化的需求②。

（三）"私地" 悲剧

实施现代林权制度是为促进林业生产服务的。林权制度改革是建立在产权的激励机制基础上，即当其他人不能分享产权所界定的效益时，这些效益和成本才能逐渐内部化，才能对财产所有者的预期和决策产生造成完全直接的影响（何丕坤、何俊，2007）。产权的集体属性造成了森林管理的"公地悲剧"。陈阿江等人发现，在内蒙古草原地区，草场承包制将大空间的草原分散为小空间的家庭牧场，网围栏则使游动之牧业固化在小块土地上，在公地悲剧式环境问题解决的同时却引发了"私地"悲剧式环境问题（陈阿江、王婧，2013）。

森林管理权下放后，"私地"悲剧在林区也显现出来。有研究指出南芒县"两山一地"政策实施后林地出现了以下三个变化。第一，

---

① 令笔者吃惊的是，县林业局工作人员称按照国家森林分类方法，森林只分为两大类：生态公益林和商品林。生态公益林需要特别保护，商品林也可以开发。森林分类中并没有水源林这一类型，水源林只是当地村民因为生活用水需求而对某一块森林的自我界定。而水源林可能是生态公益林，也可能是商品林。如果甲村寨历史上的水源林被划给乙村寨，并且这块水源林被界定为商品林，那么开发的后果将是甲村寨水源的锐减。

② 类似的案例还有很多。据媒体报道，广西玉林市博白县那林镇佑邦村所属的扶禄水山冲有林地约2000亩，山冲的泉水是周边几个村庄的生产和生活用水来源。周边村民都将扶禄水山冲视为水源林并世代悉心保护，因此，山冲植被一直保存良好。但是2016年，山冲被个体老板承包后，承包者将林地砍伐一空，全部种上了速生桉树，村民生产和生活用水受到很大影响。村民抗议承包者却无果，因为山冲林地"既不是自然保护区，也不是生态公益林"。参见《玉林博白两千亩原始植被遭砍光 改种速丰桉》，http：//www.gxnews.com.cn/staticpages/20160621/newgx5768a7c6 - 15024866.shtml，2016年6月21日。

森林面积减少。森林在短时间内遭受大面积砍伐。第二，单一化种植。由于居民的经济理性，普遍种植单一品种的树木，形成了单一化的种植。第三，林地碎片化。本来是完整的一片森林，由于划分到户，变成一个个家庭所有的碎片化的林地。林地犬牙交错，南芒县政府未有效确定林地边界，这为以后大量的林权纠纷埋下了隐患（Liu，2001）。简而言之，"私地"悲剧表现为两种形式：森林砍伐和单一化种植。

自留山政策的出台是希望农民能够造林，但是由于林业投资大、周期长、见效慢，自留山政策并没有调动农民的造林积极性。林业投入收益至少需要10年以上，当时温饱问题还没有完全解决的村民很难有长远的投资目标。种树是温饱问题解决之后农民才会考虑的长期投资行为。自留山分配出现了与政策预期相反的结果，农民表示"当时连吃饭问题都难以解决，哪里顾得上种树，还老打主意把山上那几棵树砍下来，换油盐柴米钱"（何丕坤、何俊，2007）。"林改"后，森林砍伐依然严重。特别是个人理性的膨胀导致了集体意识的日渐式微。由于柴火的价格急剧上涨，分林到户后，一部分人开始将自己柴山上的木材出售给城镇人，以获取收益。在笔者调查的村寨中，偷卖自家林木的现象还比较普遍，特别是在农业青黄不接、需要用钱的时候。卖柴在一些村寨已成为一个产业。所以，在"林改"中，有部分村寨为了保护森林免受破坏而没有将集体所有的森林分到户。例如，朗勒老寨由于戒毒人员比较多，就采取集体管理的方式（《关于南芒县林改涉及的几个问题的调研情况报告》，2007）。

温饱问题逐渐解决后，农民开始关注林业投资收益。因此，20世纪90年代以后当地森林覆盖率迅速上升。在森林的构成比例中，天然林所占比例下降，人工林比重上升。单一化种植的人工林表现为主要集中种植生长速度快、收益高的品种，包括速生丰产林和经济林，当地普遍种植的品种有西南桦、桉树和松树。因此，南芒县又出现了生物多样性消失、农业面源污染等问题。

第四节 现代森林科层管理制度及其缺陷

随着森林管理机构和制度的建立，森林由历史上地方社区的自主管理转变为依靠正式法规和管理机构进行管理。正式管理制度对森林资源的管理起到了重要的作用，但是也存在缺陷，这些缺陷一定程度上影响了森林管理的效果。

一 科层管理制度与机构建设

现代国家对森林的管理依赖科层化的管理制度和机构。1949 年以后，国家的森林科层管理制度和科层机构逐步建立。

（一）科层化的林业管理制度

在现代社会，人们普遍认为理性合理、职责分明的科层制管理具有较高的效率。在自然资源的管理中，科层制管理制度逐渐代替传统的地方管理制度。1949 年以后，政府逐渐加强对森林的管理和控制，林业政策法规陆续出台，围绕森林管理的一套科层制管理制度逐渐建立起来。南芒县政府在 20 世纪 50 年代确定了国有林和集体林的范围，并分别制定了相应的管理制度。1984 年颁布的《森林法》标志着我国森林科层管理制度的正式建立。科层管理制度将森林的管理权从地方社区集中到官僚机构，机构通过颁布一系列的森林管理制度和条例对森林进行管理。森林科层管理制度涉及森林管理的方方面面，对森林使用影响较大的是林木采伐许可证制度。采伐林木需要严格的手续。在当地，林木采伐许可证的办理程序如下：林木所有者提出书面申请并填写林木采伐申请表；经村民小组、村民委员会、乡镇林业站、乡镇政府林业局的工作人员进行实地审核，审核通过的给予办理，审核不通过的不给予办理，并将申请表返还给申请者。

　　限额采伐制度是《森林法》规定的基本制度之一，是将一定时期内的森林采伐量限制在一定数量范围之内的制度。制定森林限额采伐的基本依据是用材林的消耗量低于年生长量，具体依据是森林经营方案所确定的合理年采伐量。其制定程序为：全年所有的森林和林木，以国营林业、农场、厂矿为单位提出本单位限额采伐的建议指标；集体所有的森林和林木，以县为单位提出本单位限额采伐的建议指标。逐级上报限额采伐的建议指标，由省、自治区、直辖市林业主管部门汇总，经同级人民政府审核后，报国务院批准，并抄送林业部。限额采伐一经批准，便成为编制年度木材生产计划和申请采伐的依据。超过限额采伐，或者滥发许可证，都属违法行为。全国森林限额采伐制度从 1986 年开始执行，每五年修订一次。

　　（二）科层机构建设

　　20 世纪 50 年代后，我国各级林业管理部门相继建立。在南芒县，1955 年建立县农水科，并下设林业站。改革开放以来，森林管理的相关法律、制度也在不断规范和完善，科层机构职能不断得到强化。1982 年，县农林水利站建立。《森林法》强调了森林管理和使用的制度化和规范化："各级林业主管部门依照本法规定，对森林资源的保护、利用、更新实行管理和监督；依照国家有关规定，在林区设立的森林公安机关负责保护辖区内的森林资源。"

　　1987 年颁布的《云南省施行森林法及其实施细则的若干规定》中强调了人员队伍建设，"各级人民政府应当建立和健全林政管理机构，充实管理人员，特别是要加强基层的林政管理工作队伍的建设"，"建立林业基金制度，增加对林业的投入，扩大积累，实现'以林养林'"。此规定一经颁布，陆续有一批"林校"毕业的学生加入森林管理队伍。

　　南芒县林业局内设办公室、计划财务股、营林股（县绿化委员会办公室）、资源林政股、天然林保护工程及退耕还林办公室、低效林改造办公室等。下属机构包括县森林防火指挥部办公室、县纸浆办公室、县森林病虫防治检疫站、县林业技术推广中心、县农村能源站、县森林资源监测站。

在南芒县林业局的官方网站上，列举了林业局的主要职责[1]。第一，贯彻执行国家林业法律、政策，制定林业发展计划，采取森林资源保护和建设措施。第二，制定造林绿化实施计划，对乡镇林业站的业务工作进行监督。第三，依法管理县森林资源。第四，负责全县森林防火和森林病虫害防治工作。第五，负责自然保护区管理工作。第六，负责农村能源降耗工作，降低森林资源的低价值消耗。第七，编制我县退耕还林实施方案，搞好全县的退耕还林规划。第八，负责全县林业科技推广及培训工作。

二　科层管理制度和机构的缺陷

科层管理制度和机构取代了传统森林管理制度，成为森林管理的主要执行力量。必须承认的是，科层管理制度在自然资源管理中发挥了必不可少的作用。但是新制度有其自身的局限性，导致了管理过程中出现一定程度上的"政府失灵"，主要体现在如下四个方面。

（一）"自上而下"的森林管理制度

很长一段时间内，新的森林管理制度仍然没有解决村民乱砍滥伐的问题。森林管理的失范除了与地方传统的式微有关以外，与新制度自身的特点也是密切相关的。正式的森林管理制度在实

---

[1]　资料来源：南芒县林业局政府信息公开网站，http：//www.stats.yn.gov.cn/canton_model23/newsview.aspx? id=929131。

施之初并未替代传统森林管理制度。地方和国家的森林管理制度可以看作是非正式制度和正式制度，将二者对比，可以进一步明晰二者区别之所在。诺斯（1994）总结了正式制度和非正式制度的区别。如表3－2所示，法律、习俗和规范分别代表了正式制度和非正式制度。正式制度一般有文本，通常是国家或单位颁布的法律、政策。正式制度是由一部分人有意识设计的，在运作中需要第三方力量监督和执行。正式制度通常需要专门的机构实施，如国家的各级政府机构，因此需要一定的实施成本。由于实际情况以及政策制定者变化等原因，正式制度变动性较大。与之相比，非正式制度一般没有文本，多通过长老、村寨头领等口头传承。非正式制度通常是一个群体自我实施、自我监督的，具有较低的实施成本。非正式制度具有非常高的稳定性，世代沿承，不易变迁。

表 3 – 2　正式制度与非正式制度的特征

特征	正式制度	非正式制度
法律	+	
习俗和规范		+
文本	+	
有意识的设计	+	
自我实施（Self-imposed）		+
自我监督（Self-monitored）		+
第三方力量	+	
实施成本	+	
难以变迁性（Hard to change）		+

资料来源：Ecological Applications，2000 年。

就森林管理制度而言，国家的强行介入破解了传统时期有效的森林管理制度。诺斯所谓的"第三方力量"（林业管理机构、部门）成为森林管理的主要部门，使得政府的森林管理权上移，日益呈现

"中心化"的趋势。森林"中心化"管理制度排斥非正式的村寨传统管理制度。地方传统森林管理制度逐渐失去效力，而新的森林管理制度将传统时期森林资源的保护者变成监管的对象。地方社区资源管理的优势，如对资源熟悉的认知程度、监管的便利性、因生计依赖具有的强烈保护动机均不复存在（Katon et al.，2001）。新制度自身的弊端逐渐显现，这也是森林管理混乱的重要原因。

历史上的森林管理制度是当地在长期实践中形成的传统，或是由村民集体会议讨论制定，或是根据本民族的文化传统和信仰体系沿袭下来，有非常深厚的群众基础。在制度的实施上，旧制度由头人、宗教首领等传统权威实施，与林业管理部门相比，更具有权威性。正如前文所述，传统森林管理制度具有更好的地方嵌入性。但是新制度是由政府制定，并且是"自上而下套下去的，没有深入发动群众讨论"，导致了村民对新制度的认可度较低，影响实施效果。在林权划分过程中，南芒县政府没有充分发动群众。有的地区界线不明，没有插牌定界，有的地区山林权属范围不明晰，群众意见大（《南芒自治县人民委员会农水科一九六三年工作总结报告》，1963）。村民表示，"现在的（指调查报告的时间——笔者注）领导和政策都很好，就是保护森林方面没有土司、头人管得好"（《关于要求解决南芒县景高公社土地被澜沧县东回、拉巴公社的部分小队越界毁林过耕的报告》，1981）。档案文献中的资料也可以说明：

　　1956 年以后，县上曾把国有林分片给合作社进行管理，但是这种管理办法是由上而下套下去的，没有深入地发动群众讨论，结果分片管理仍失效……过去群众管理山林的有效制度废除了，新制度不是从群众中来，结果造成了近年来我县森林受到很大的破坏（南芒县委调查组，1961）。

（二）管理人员缺乏地方知识

资源管理很大程度上是对资源特征、四至边界和资源功能的清晰识别，这是准确决策、有效管理的前提。历史上当地社区对森林的有效管理是建立在非常熟悉资源特征、功能的基础上，可以做到生产和生态的有机结合。资源特征的认知需要长期的生活和观察，受制于远距离、非本地化、任期制等多种因素，科层制下的林业管理人员对当地的资源特征、村寨的资源利用方式不够熟悉。林业部门的工作人员一般都是外地人且流动性大，村民普遍表示林业部门工作人员对森林感到"陌生"，一位村民表示：

> 那些人只是从地图上知道哪里是什么山，来了之后根本不认识。（扎不，2012 年 7 月）

地方知识的缺乏造成了很多决策的错误和不可逆转的后果。一位勐安镇政府的工作人员表示：

> 中低产林改造，如果种西南桦、水冬瓜等保水的杂树还可以，如果种桉树老百姓就会恼火。以前，政府工作人员不晓得哪里是水源林，于是就乱批，老百姓不得（不同意）。以前（出生在）大寨的一位老镇长，既不认得水源林，也搞不清楚山的名字，他在外面生活的时间太长了，就不记得了。一般老百姓反而认识。（石依，2012 年 7 月 22 日）

国有林划分也体现了技术人员地方性知识的缺乏以及对复杂情况的认知不足。南芒县国有林的划分一般是按照集中连片划分的方式，共划分了 62 块国有林，面积达 51.86 万亩。其中 13 块集中连片森林中面积较大的有：风吹山 16.35 万亩，昂良山 9.9 万亩，富石大黑山 7.6 万亩，上安山 4.4 万亩，通美山 3.34 万亩，允山 1.39 万亩等［《南芒文史资料（第三辑）》，2004］。但是，划分国有林主要依据森林的"集中连片"的特点，从管理方便的角度划分。为了追求"简单化"，国有林一般以整座山为基础来划分。划分很容易，但是南芒县政府忽略了连片区森林和周边村寨的关系以及村寨居民的历史习惯，致使划分后出现一系列社会问题。例如，一些村寨历史上的轮歇地被划为国有林，甚至一些村寨整个寨子被划分进国有林中。勐安镇贺水村贺莫寨 58 户共 314 人在划分森林权属时全部被划进国有林区（《关于勐安贺水办事处贺莫寨请求划给山地的调查报告》，1988）。划入国有林意味着森林使用必须纳入林业部门的管理范围，传统上有效的地方森林利用方式和管理制度被遗弃。但是，由于大部分村寨的刀耕火种农业需要大面积的土地轮歇，村寨土地使用面积减少，迫于生存压力和遵循历史传统的利用习惯，村民不得不"违法"利用国有林。虽然森林纳入国家管理的范畴，但是国家并没有足够的能力有效管理大面积的国有林，国有林常常处于没人管的状态。部分国有林破坏严重，政府实际上人为制造了森林的"公地悲剧"。

（三）管理机构执法力量不足

产权和实际的控制权很多时候并不是一回事，特别是国家力量无法实现有效管理的时候，国家的产权仅仅是名义上的（Rangan，1997）。森林法律的执行效果依赖科层机构的执行力量。但是，受制于财力、人力等因素，林业机构人员设置常常难以保证，单纯依赖林业部门的力量往往力不从心。从 20 世纪 50 年代到"文化大革命"结束的这段时间，虽然国家划定了国有林，做到了产权明晰，但是无力进行有效的森林管理。改革开放后，森林管理制度逐步完善，森林执法力度不断加大，砍伐国有林现象明显减少。但森林执法部门需要担负保护生态公益林、限额砍伐森林等任务，管理上仍然力不从心。例如，勐安镇林业服务中心执法人员数量严重短缺，7 名工作人员要管理 300 多平方千米的森林。执法人员的不足导致森林违法管理基本上是"事件－应急"式的末端处理。一般是有人举报出现违法事件，林业局才会去核查。森林管理常常处于"民不举官不究"的处境。市场经济制度实施以来，由于林木的经济价值不断提高，森林违法犯罪行为有所增加。据当地林业局介绍，随着交通条件的改善，公路沿线成为森林盗伐的重灾区，值钱的树都被砍伐一空。

科层管理机构面对点多面广的违法犯罪时也捉襟见肘，防不胜防。"猛猫难敌群鼠"，不断增多的森林违法犯罪行为迫使科层机构不断调整。2000 年，县"森林公安科"升格为县"森林公安分局"（副科级单位）。2011 年，县"森林公安分局"升格为县"森林公安局"（正科级单位），财力、人员编制等都有所增加，南芒县政府试图通过加强执法力量以应对日益严峻的森林违法活动。林业局一位工作人员介绍，按照标准配置，县森林公安局至少需要 30 ~ 40 人才能满足日常的执法需求。但是实际上只有正式员工 9 人，临时工 4 人，远远不够要求。目前，常用的执法行为是在公路设卡、巡查，查到非法运输的木材就采取对运输者物品进行没收、罚款等强制性制裁[1]，但是往往收效甚微。县林业部门每年都会根据上级要求编制森林采伐限额，通过颁发林木采伐许可证控制县域内森林采伐量。此举旨在将森林采伐控制在最高采伐限额内，以保证木材消耗量低于生长量。随着城镇人口的增加，县内木材和柴火的需求量也不断增长，价格也水涨船高。市场需求旺盛，加之林木收益颇为可观，一些比较贫困而森林资源丰富的村庄，靠山吃山，林木出售成为村民重要的收入来

---

[1]　社区自然资源保护方式是多样化的，其利用了传统社会规范、信仰禁忌、宗族组织等多种多样的社会机制。而国家自然资源管理的方式比较单一，最主要的就是采取强制性制裁，这得益于政府体系拥有得天独厚的合法使用权力（陶传进，2005）。

源。按照当地的林业政策，即使是自家分到户的柴山，山上的树木大部分只能自家使用，如若出售，需要办理林木采伐许可证，不准私自出售。但是，林木私下交易在当地俨然成为一种常态。实际上县林业部每年制定的采伐限额都是超标的。傣族村寨的一位村民描述了当地林木的私下交易情况：

> 一般联系了，说好价钱，他们会在晚上把树抬下来。8 个人就准备 8 个人的饭，10 个人就准备 10 个人的饭。吃完饭，收了钱，就回去了。林业局住得很远，很难发现。我家建房子就从拉祜族寨子买了 3 棵大树。

> 村民每天做的事就是拉木料、卖木头。政府也是管的，但是村民狡猾，白天不拉，8 点钟以后天黑了，就把木头拉过来，还用油布盖着。政府也不来你家，他们在路上查，见到拉木料的，就罚款。但是政府管不赢，寨子里也没人去汇报，大家做大家吃。再说，你（举）报了，别人也不给你多少吃的。你干还有得吃，卖一棵（钱）就是你的。（波罕罗，2013 年 12 月 27 日）

（四）管理机构的利益化取向

林业部门是国家设置的森林管理的专门机构。但是，本应该客观公正的林业部门自成立之日起也具有了自身的利益。在南芒县向市场经济转型的背景下，基层政府行为的逻辑也发生了转变，基层政权是从"代理型政权经营者"向"谋利型政权经营者"转变（杨善华、苏红，2002）。笔者认为林业部门呈现两种利益取向。第一，基层政权的整体利益。除了有国家的代理人的身份外，基层政权也有自身的利益取向。就林业部门而言，其隶属于地方政府，从而实现林业经济效益，可以为政府创造 GDP，提供税收。并且林业局官员也可以积累晋升的政治资本。第二，基层政权中的个体谋利者。林业部门管理人员有意利用自己的政治身份、背景、信息渠道等获取个人的利益。例如，部分工作人员加入营林造林活动中，这时林业工作人员身份呈现双重性，既是森林法律法规的执行者，又是追求自身利益的谋利者。可以说，林业局既是裁判也是运动员。森林法律执行常常是虚弱的（Weak），勐村大寨中一位曾在勐安镇政府工作的退休老干部表示：

> 现在的政策，说得好听，写在纸上，说在嘴上，就是不执行。上有政策，下有对策。前几天我们去镇上开会，我就跟镇长说："水源林都砍完了，还种桉树？"镇长说："是县里部门做的。"以前寨子里有小偷，被主人发现偷鸡后就惩罚他。把鸡挂到他脖子上，游街①。
>
> 现在有《森林法》，但是没人执行。以前盖房子、砍树，要经头人批准，要砍什么样的树，要交多少管理费。不能乱砍，草都不能乱踩。所以森林保护得好。以前砍树，比如我要砍3棵，如果多砍了，要罚种10棵，直到树活为止。现在林业站带头砍，把水源林砍没了，河就干了。（米共，2012年7月18日）

林业部门担负着发展地方林业经济的重任。以"中低产林改造"项目为例，云南省政府要求每年改造一批经济效益不高的林地，提高森林的经济效益。改造措施是将林地纳入招商引资的范围，引入社会资本参与林地改造。中低产林改造导致了天然林快速消失和人

---

① 游街是傣族地区历史上传统的一种惩罚违反地方规范的人的一种方式。犯规（偷窃、通奸、伤人等）者身着特别衣服，在身上写上字或者挂着东西，在一个公共街道游走，接受他人的唾弃和谴责。通过此方式，让犯错者意识到自己的错误，同时对未犯错者是一种警示。这一场面类似于福柯所描述的刑罚"公开展示效应"。

工林大量增加，森林的经济价值大幅提升，但是生态价值却急剧下降。2010年，南芒县共完成中低产林改造面积达2.50万亩，其中桉树0.77万亩，思茅松0.67万亩，西南桦0.86万亩，旱冬瓜0.20万亩（《南芒县林业局关于上报南芒县"十一五"林业工作总结和2011年工作计划的报告》，2010）。在巨大的利益面前，林业部门很难"独善其身"。林业局一位干部告诉笔者，按照"中低产林改造"的项目标准，南芒县的绝大部分森林是不需要改造的。因为本地的气候、降水等条件适合树木的生长，远远超过改造的标准。但是，政府还是想推动改造，发展林业经济，现在提法也变成"低效林改造"了。绿色和平组织的报告指出，在云南中低产林改造中出现低产林判定标准不科学、管理粗放和监管不严等问题（绿色和平组织，2013）。在村民看来，"国有林乱砍不得。不让老百姓砍，他们（林业局）自己砍"。可见，在发展经济的压力下，林业局也是地方政府这台"增长机器"的一个组成部分。

　　同时，在一些项目中，林业部门工作人员还可以获得私利。一位村干部告诉笔者，所谓"肥水不流外人田"，林权基本上都拍卖给了林业局内部人员或者熟人。林业局的一位工作人员透露，在南方一些森林资源较多的县，林业局局长"不出事"的很少，大部分都是因为在"低效林改造"过程中存在贪污、受贿、自身参与经营等问题。2013年3月25日的中央电视台《焦点访谈》节目以"管林？毁林！"为题报道了云南马关县低效林违规改造的案例，大片属于长江上游"天然林保护工程"的林木被以低效林改造的名义砍伐并改种经济林木，而承包林地者竟是县林业局的主要干部。这个案例具有一定的代表性，足以说明管理机构自身牟利行为的危害。

第四章

农耕知识外来化：农业生产变革的生态后果

社会主义不能建立在刀耕火种的基础上，不能建立在文盲的基础上。

——原云南省委书记闫红彦①

正如怀特（White，1967）指出的，生态危机本质上是文化危机，是特定的知识体系作用的结果。"知识是人类认知的成果和结晶……人的一切知识都是在后天实践中形成的，是对现实的反映"（辞海编辑委员会，1999）。在与自然互动的过程中，不同地域的人群积累了与自然相关的丰富的知识储备。就自然知识而言，有以下三点需要强调。第一，自然知识反映了特定群体对自然以及人与自然关系的认知。特定地域的群体有共享的自然知识，传统知识中大都包含了敬天、畏天的情愫，而现代知识则更多体现科学、理性的精神。第二，自然知识可以指导人对自然的利用方式。在不同的知识体系中，对水、森林、草原、土地等资源的功能认知是不同的，认知差异决定了人对自然利用方式的差异。第三，自然认知具有变异性。随着科技水平的不断进步，人类征服自然的欲望日渐增强。受到权力、资本、科学等现代性因素的影响，地方传统的自然知识日益被新知识所取代。

山地民族传统的刀耕火种农业富含地方性生态知识，与当地生态具有较好的匹配性。这种知识体系体现了当地人对人与自然关系的认知。但是，刀耕火种农业在1949年以后经历了一个"问题化"的过程。从生态角度看，它被认为是毁林、破坏生态的农业方式；从产出上看，它被认为是低效落后的农业。刀耕火种农业逐渐被政府禁止，政府致力于推行汉区精耕细作的农耕知识体系。20世纪70

---

① 资料来源于《中国共产党南芒县历史大事记》，2002年。

年代以来，特别是"包产到户"后，现代科学知识逐渐成为政府推广的主要农业知识体系。当地出现了农业知识体系外来化的趋势，汉区农耕知识、科学知识先后试图替代传统农业知识。下面笔者将梳理这一转变历程，并分析外来农业知识的推广给当地造成的生态后果。

第一节　传统地方知识与农业生产

本章中的农业生产主要是指种植业生产。南芒县传统的农业生产方式可以分为坝区的水田稻作农业和山区的刀耕火种农业两种典型方式。20 世纪 50 年代后，国家开始对农业进行全方位的改造，传统农业耕作方式发生转变。特别是以刀耕火种为代表的山区农业方式的转变最为明显，这种转变对生态造成了极大的冲击。笔者将梳理作为一种传统地方知识的刀耕火种农业的运作机制和其蕴含的生态知识，展现传统时期人对自然的认知与适应情况。

一　刀耕火种农业及其运作

（一）文献中的刀耕火种

刀耕火种农业是一种传统的农业类型，在中国古代称之为"火耕""畲田"。

明清以后的西南史料中广泛称之为"刀耕火种"。有两个英文名称，分别为"Swidden"和"Shifting Agriculture"（尹绍亭、耿言虎，2016）。从空间来看，在全球范围内，刀耕火种农业主要存在于热带、亚热带等气候区；从地理位置来看，刀耕火种农业主要存在于东亚、东南亚、南亚、中美洲、非洲等地区的山地地形中，与低海拔平原的水田稻作形成鲜明对比。在我国，刀耕火种主要分布在南方地区，包括云南、海南、广西等省、自治区。从时间上来看，刀耕火种在历史上一直是山地地形的传统农业生产方式，延续时间达数千年之久。诸多文献中对其有记载。隋、元时期的文献中有对刀耕火种的记载，但是大都是只言片语。宋朝大中祥符四年下了这样一条诏令：

> 火田之禁，着于礼经。山村之间，合顺时令。其或昆虫未蛰，草木犹蕃，辄纵燎原，则伤生类。诸州县人，畲田并如乡土旧例，自余焚烧野草，须十月后方得纵火（罗之基，1995）。

明代顾岕《海槎余录》对海南黎族刀耕火种做了较为详细的描述：

> 黎俗四五月晴霁时，必集众斫山木，大小相错。更需五七日皓冽，则纵火自上而下，大小烧尽成灰，不但根干无遗，土下尺余亦且熟透矣。徐徐锄转，种绵花，又曰具花。又种旱稻，曰山禾，米粒大而香，可连收三四熟。地瘦弃置之，另择地所，用前法别治。大概地土产多而税少，无穷之利盖在此也（顾岕，1993）。

历史上的刀耕火种农业"地跟山转，人跟地走，寨随山跑"（杨毓才，1989），村寨常处于迁移状态之中。20世纪30年代初尹明德所著《滇缅北段界务调查报告》中对景颇族刀耕火种的描述如下：

> 其人多山居，迁徙无常……种植多杂粮，旱谷、稗子、小米、芝麻、薯芋、苞谷、荞豆之属。无犁锄，惟以刀砍伐树，

晒干，纵火焚之，播种于地，听其自生自实，名曰刀耕火种。其法，今年种此，明年种彼，依次轮植，否则地力尽而不丰收矣（尹明德，1931）。

总之，已有文献对刀耕火种农业的描述证明了历史上刀耕火种的广泛存在。但古代文献中大多以外人的视角，对与汉区农耕方式差异较大的新鲜奇特的刀耕火种农业进行"素描"，缺乏从当地人的视角对刀耕火种进行解读，社会科学的田野调查则为"从内向外"解读刀耕火种农业提供了可能。

（二）刀耕火种农业的运作与类型

在主流学术界，长期以来对刀耕火种存在偏见，认为刀耕火种是一种粗放、生产力水平低下、破坏生态的"原始农业"（卢勋、李根蟠，1981）。在我国，自20世纪80年代末期开始，一批民族学家和人类学家经过大量的田野调查逐步否定了刀耕火种是"原始农业"的论断（尹绍亭，1990；庄孔韶，2006）。研究发现，刀耕火种是一种成熟、精密的农业体系，有其自身运作的一整套方法。刀耕火种农业以草木燃烧的灰烬作为肥料，以种植的空间转移换取森林的恢复生长时间。最大限度地模仿自然生态系统，保持生态平衡，从生态视角看有其自身的合理性。典型意义上的刀耕火种农业有以下四个步骤，具体情况见图4-1（Fox，2000）。

1. **设想有一片较为茂盛的原始森林或者次生森林，村民居住于森林附近**
综合各方面条件，有规划地选取一块或几块森林作为耕地。

2. **砍树与放火**

将森林的树木砍伐，按照一定的方法放火燃烧，将树木变成草木灰。用草木灰作为肥料，草木灰越厚，农作物生长越好。采取火烧的方式，还可以提高土地温度，驱除害虫和烧灭草籽。

3. 种植与收割

当地村民按照"号地"① 的方式（先到先得）对土地进行分配，在所烧的林地上种植农作物。根据植被、地力、土壤等不同情况，种植的年限有所不同，一般种植期限为 1～3 年。农作物一年一熟，当年即可收割。

4. 休耕与植被恢复

土地结束耕作后，需要经过一段时间的休耕。典型刀耕火种农业的休耕期较长，对生态系统的破坏较小。特别是在土地资源比较丰富的地区，轮歇地多，休耕时间可以保证。经过若干年的恢复，植被又枝繁叶茂。随着人口的不断增加，部分土地的休耕周期缩短。

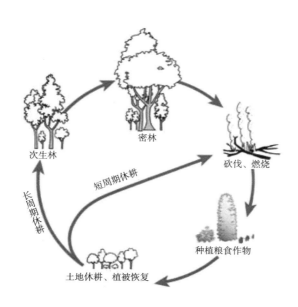

图 4 - 1　刀耕火种农业原理

---

① 村民在自己要耕种的土地四周做标记，"号"过的土地即被认为有主，别人不得再占有。

刀耕火种是一个复杂的农业体系，当地村民依据地表植被、海拔、土地状况的不同，实行形式多样的轮歇技术。虽然有一个统称为刀耕火种的农业方式，但是并没有形态完全一致的农业方式，在形式上的差异很明显。刀耕火种按照轮歇类型可以分为如下三种。第一，无轮作轮歇技术。种1年就抛荒，俗称"懒火地"。撂荒地休耕5~7年。此种类型需要人口数量控制在一定范围内，同时也需要有较大的土地面积。这是刀耕火种中最传统的，也是最具典型意义的轮歇方式。尹绍亭（2008）认为无轮作轮歇类型有以下五个优点，分别是：种植时间短，有利于树木再生；防止杂草蔓延；虫灾少；减少水土流失；保证地力长新。第二，短期轮作轮歇技术。当人口增加、土地资源日渐紧张时，传统的无轮作轮歇方式难以持续。无轮作开始向有轮作转变。其中，短期轮作一般是连续种2~3年，休耕7~10年，引入了锄和犁的技术以及撒播撒种技术。第三，长期轮作轮歇技术。一般是连续种植5年以上，休耕10~20年。这种耕作方式由于长时间耕种土地，对生态破坏较前两种更严重。部分地区已经演变为草地类型。刀耕火种按照土地休闲的方式，可以分为自然休闲和人工造林休闲两种。自然休闲一般需要比较长的休闲时间，以保证作物能够长期生长。人工造林休闲是指在恢复周期有限、人口压力大的情况下，通过挑选一些生长周期快的植物，以保证恢复土壤植被。通常种植的有黑心树、水冬瓜等速生林。

在南芒县，传统的刀耕火种农业在不同地区也表现了一定的差异，这种差异主要由特定区域的人口及自然资源状况决定的。拉祜族人民主要采取短期轮作轮歇技术。一块地种植2~3年后抛荒，休耕7~10年。笔者调查的帕村、腊村等都是采取类似的方式。佤族地区由于人少地多，采取无轮作轮歇技术，即所谓的"懒火地"。一块地种1年后便抛荒。所以，刀耕火种农业方式具有一定的灵活性。

（三）刀耕火种农业品种与农事活动

刀耕火种农业一般采取农作物轮种的方式，间种、套种技术发达（赵富荣，2005）。农作物品种具有的多样性是其显著特点。由于刀耕火种属于自给自足的农业系统，日常生活所需皆由农地产出。刀耕火种的农地被称为"百宝地"，种植的作物品种达到 20 余种。包括陆稻、玉米、荞等粮食作物，苏子、芝麻、向日葵等油料作物。尹绍亭（2008）指出，实行多种作物的间种、套种有以下六个优点，分别是：可以充分利用空间和阳光；可以提高土地肥力并充分利用地力；可以抗灾保收；可以满足生活的多种需求；可以节省劳力；单位面积产量比较高。

在一份 20 世纪 50 年代的拉祜族调查材料中有当地的农事活动时间表：1 月，砍种旱荞地和苞谷地的树；2 月，犁旱谷地，挖种旱荞地；3～4 月，撒旱荞、旱谷，种苞谷；5 月，蓐旱谷，锄苞谷地的草；6 月，犁种冬荞，锄苞谷地的草；7 月，开生荒地，撒冬荞，锄苞谷地的草，收旱荞；8 月，打猎，守庄稼，种蚕豆、豌豆；9 月，撒小麦、大麦；10 月，收苞谷，割旱谷，割麻；11 月，砍盖房子的木头、砍茅草和竹子，收冬荞；12 月，盖房子，打猎，驮柴（中国科学院民族研究所云南民族调查组、云南省民族研究所，1963）。

笔者在佤族村调查的材料显示：历史上，当地佤族村民 1 月砍树，全寨劳动力全部出动，集中砍伐，每家负责砍自家地上的树。2 月晒树，砍的树需要晒干才能烧，大概需要一个月时间。砍的树运回家一部分作为一年的柴火。3 月烧树，需要集体协作，挖防火道，从不同的方向分别点火，并且有人巡查。再重新点燃烧不完的树木。4 月种谷子，一般种陆稻、苞谷，还要种用于酿酒的小红米。5～8 月，主要是除草、打猎、采集。9 月收粮食，要收一个月的时间。10～11 月，打猎、采集，这是村民所食肉类和蔬菜的重要来源。12 月，房屋修缮，过节。图 4-2 为佤族村一年的农事活动安排。

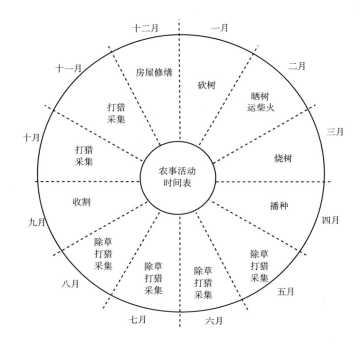

图 4 - 2　佤族村一年农事活动安排

（四）　刀耕火种与地方社会

特定的生产方式总是需要特定的社会制度与之相适应。例如，由于对水的依赖性，傣族地区的水稻种植围绕用水的协作与分配，形成了傣族地区特有的水利灌溉组织（郭家骥，2006）。蒙古族"逐水草而居"的游牧方式也有一套精致的社会组织体系（麻国庆，2001；王婧，2016）。实际上，刀耕火种并不是简单的、无秩序的游耕，而是有一套地方社会制度保证其运作的。主要起作用的是土地制度、地方首领制度等。

当地有一套关于土地分配和使用的制度。首先，每个村寨都有一定的领地范围，村寨和村寨之间的界线是分明的。一般村寨采用堆石头、挖壕堑的方法划定界线或者以特定的树木、山沟、河流等为界线。村寨不能私自越过边界耕作。由于人口密度不大，一般村寨的土地都可以保证足够的轮歇面积。其次，在村寨内部，土地以村寨公有为基础。1949 年以前，只存在极少数土地私有的现象。刀耕火种时期，村寨选择一块集体土地集中种植。但在具体的土地分配上，采取"号地"的方式，这种方式杜绝了因为土地引起的纠纷。当地的习惯法，在地方文献中有记载。

> 无论是祖上传下来，还是后来开垦的土地，只要有标记，其他人都不能种，也不能在人家无能力的时候去拨动标记，多占土地，这是违反习惯法的（尹仑、唐立、郑静，2010）。

刀耕火种还需要村寨作为一个整体集体行动。1949 年以前，当地有一套地方头人制度。头人是村寨的领导者，在当地的不同语言中称谓不同。以拉祜族地区为例，那里实行的是卡些制度，每个村寨都有一个卡些和一个副卡些。作为村寨的领导者，卡些对村寨的日常生活进行管理。刀耕火种是一项集体活动，需要地方首领领导，以完成集体协作，包括三方面的内容。第一，轮歇地选择与"号地"。村寨必须作为一个整体做出行动，决定耕种哪一片土地，哪些土地必须开始"养"着，这些通常都有惯例。一般而言，村寨的森林被划分为不同的利用类型，轮歇地有固定的区域。因此，当地村民绝对不能随意耕种，否则会出现混乱的局面。第二，刀耕火种农业中的协作。包括放火、清理防火道等工作。放火时，采用"大合烧"的方式。村寨中的劳动力必须全部参与，点火、清理防火道等工作需明确分工。这些活动靠单个力量无法完成，都是以村寨为单位，需要村寨内部的协调，熟悉传统并按照传统行事的头人具有充分的权威。第三，制度执行与惩罚。地方首领有权力对不听从指挥和命令的村民进行惩罚，从而保证传统地方规范发挥效力。

二　刀耕火种与狩猎、采集、放牧

从全球范围来看，进入现代社会以来，刀耕火种被认为是落后的农业方式而备受质疑（Brown and Schreckenberg, 1998）。主要的质疑分为两点。第一，产量低，效率低下。刀耕火种生产方式较为原始粗放，"种一箩筐，收一筐筐""种一土锅，收一箩筐"等批判声音不绝于耳。第二，刀耕火种毁林，不利于生态保护。在南芒县，政府的农业改造政策和生态保护政策也都是基于以上质疑而制定的。笔者在下文中会分别针对以上两点质疑做出回应，以期对刀耕火种有更加深刻的认识。

（一）刀耕火种农业的产量

据《南芒县志》记载，南芒县历史上刀耕火种的陆稻平均亩产约为 300 市斤，部分低产地亩产为 150 市斤以下。从刀耕火种农业平均亩产绝对数来看，确实产量较低。但是，如果仅仅从粮食产量对刀耕火种农业产出进行批判就忽视了刀耕火种农业的隐性收益。造成这种误差的相当一部分原因就在于我们把关注焦点放在耕地的农业产量和收益上，而忽视了休耕土地、森林的间接产出。这部分产出可以通过狩猎、采集和放牧获得，是刀耕火种农业的副产品。在我国大部分的汉族农业区，副业相对于主业（种植业）来说占的比重不大。但是，狩猎、采集等农业外的副产品在山地民族生计中具有极其重要的地位。

实际上，对刀耕火种农业的考察不能仅仅局限于种植业收益本身。尹绍亭（2008）指出，刀耕火种农业的产出系统可以分为两部分，另一部分是农地产出，另一部分是休闲地产出，如图 4-3 所示。在这种农业体系中，狩猎、采集、放牧等所谓的副业占的比例相当之大。狩猎、采集、放牧是建立在森林的基础上，所以说刀耕火种是以森林为中心的农业系统。

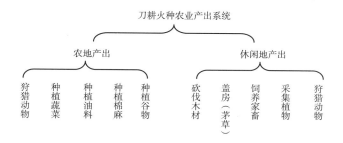

图 4 - 3　刀耕火种农业的产出系统

对农业收益的评估还需要考察农业的劳动力投入情况。与水田稻作相比，刀耕火种农业是"懒庄稼"。如果把劳动力投入算上，就难以评估刀耕火种与水田稻作的效率。对于刀耕火种的收益，有研究表明，西双版纳的轮歇地中旱稻低产地块产量低于 100 斤/亩，高产地块产量高于 500 斤/亩。刀耕火种单位面积产量绝对值不高，但是由于投入劳动力较少，单个工作日的产出并不低于属于劳动密集型农业的水田稻作。如果加上休耕土地、森林的产出，单个劳动力经济收入可能高于坝区农业（许建初，2000）。

（二）狩猎

由于有茂密的森林，野生动物种类繁多。狩猎分为两种：一种是地猎，主要是捕获陆地动物；另一种是天猎，主要是捕获各种鸟类。据《南芒县志》记载，历史上，集体捕猎的大型动物有麂子、马鹿、野牛、岩羊、黑熊、野猪、虎、豹等；一般猎物有穿山甲、水獭、刺猬、野兔、野鼠、竹鼠、野猫、黄猴、懒猴、乌龟、蛇类等；还有各种鸟类，如野鸡、斑鸠、野鸭、孔雀、鹌鹑、鹧鸪等。

打猎是山地民族日常生活中获取肉类的主要途径。佤族、拉祜族甚至傣族地区的人民都从事打猎活动，只要是农忙结束，村寨中的成年男性就进山打猎。拉祜族人民更是以擅长打猎著称。每年在拉祜族地区最隆重的节日"拉祜扩"（拉祜族新年）中都要举行祭猎神仪式，祈求打猎丰收。狩猎是山地民族的一项副业，同时，也是他们娱乐生活的重要组成部分。此外，狩猎还可以保护庄稼免受野兽的侵扰。

在佤族、拉祜族人民的狩猎生活中，一般都有严格的组织和技巧。拉祜族人民一年四季都可以打猎，但是大规模的打猎是在农闲时间，一般为6～7月，10月～次年1月。每个山地民族的男子都是打猎的高手。猎手有明显的分工，前有"堵截"，后有"追兵"。每家都有猎犬，打猎时猎犬是很好的帮手。狩猎工具有猎枪、弩等。在猎物的分配上，当地村民采用均分的方法，人人有份。长期打猎使当地民族具备了丰富的狩猎知识：

> 狩猎方法：由妻子吆喝、追赶，丈夫则隐藏伺机射杀。发现熊洞，妻子投石入洞把熊引出，丈夫持枪等待，在熊站立起来扑人的当儿，射其胸膛，一枪便可毙命。如果熊伤而不死，不可顺坡往下逃跑。因为熊下坡做滚动状，速度比人快，而要斜着跑。遇老虎打不死，须绕道而行。不可径直往回走，据说受伤的老虎会抄小路追上来进行报复。打野猪不能从正面打，要从侧面打。正面打不死，野猪会冲上来拼命。拉祜人熟悉动物的习性，动物也熟悉拉祜人的特征，只要一闻到拉祜人身上散发出来的烟草味，动物便逃之夭夭。因此他们伏击野兽要察看风向，只能在风尾不能在风头。（尹绍亭，2008）

（三）采集

森林是无尽的宝藏。当地民族历史上是从"采集－狩猎"演变到农耕的民族。虽然山地民族对采集的依赖性日渐降低，但是采集对刀耕火种生计依然是重要的补充。日常所需的蔬菜、药类都是通过采集获取的。在远离集市的地区，采集量更大。采集有明显的性别分工，一般妇女是采集的主体人群。当地可采集的品种非常丰富，主要包括野菜类、野果类、药材类。

　　野菜类：野芹菜、水香菜、鱼腥草、马蹄根、苦凉菜、刺五加、刺旱菜、野竹笋、香椿、臭菜、青苔、蕨菜、鸡爪菜、棠梨花、白花、野芭蕉心、石花、菌类（木耳、香菇、白参等）、野薯类（野魔芋）等。

　　野果类：锥栗、蔓登、多伊、橄榄、杨梅、火把果、干天果、羊奶果、斑鸠屎果、鸡素果、野枇杷、野桑果、野杜果、交籽果、黄泡、野生龙眼等。

　　药材类：玉京、莪术、黄草（石斛类）、半边伞、千张纸、刺黄连、橘皮、山乌龟、白芨、重楼、葛根、半夏、萝芙木、禅壳。①

　　轮歇地和森林是主要的采集场所。一些民族植物学的研究表明，山地民族食用的野生植物种类是多样的。沧源地区佤族人民传统食用的野生植物达到 105 种，隶属 52 科 78 属（刘川宇等，2012）。采集对贫穷家庭具有重要的意义，这些家庭每年都会有大量时间用于采集。20 世纪 50 年代的拉祜族调查资料显示，"有的贫穷人家每年采野菜数千斤，贫农立娜克三天采一背"（云南省编辑组、《中国少数民族社会历史调查资料丛刊》修订编辑委员会，2009）。有的村民直接搬到森林里居住，依靠采集维生，等到粮食收获时才回到寨子。笔者在当地调查时，经常在集市上看到山地民族出售的蘑菇、蜂蜜、白蚁等，很受当地村民的欢迎。这些特产的采集也需要丰富的地方性知识和高超的采集技术。

---

　　①　相关资料来源于《南芒县志》。

历史上南芒县没有现代医学技术，但是在长期的生活实践中，当地人积累了一定的医学知识，他们熟悉植物的药学用途。一些常见的疾病都可以找到对应的植物做药医治，一些村寨的医生也具有世代相传的丰富的医药知识。因此，森林是医生寻找药物的主要场所。此外，森林中还有很多特产。如南部的南双河、南麻河、北卡江等流域产木棉，北部的富石、南崖、景高等山区多产木姜子。

（四）放牧

放牧是山地民族维持生计的重要方式之一。村民表示，刀耕火种后休耕的土地、山林都是非常好的放牧场所。传统上当地少数民族没有饲养家畜的习惯，基本上都是散养在山上，当地人称为"放野牛"。一般都是需要杀的时候才去山上找牲畜。富裕的人家会饲养家畜，主要饲养牛、马等。传统时期，家畜往往并不用于劳动生产，佤族村民养牛主要是从事"镖牛"等宗教活动，最后作为可食用的肉源。20世纪50年代后，在政府的号召下，镖牛等活动慢慢消失，牛是作为生产工具使用的。历史上，饲养家畜的数量取决于家庭的经济实力。在人民公社时期，每个公社、生产队都有集体的牛群。

另外，捕鱼也是当地重要的生计活动。很多山地民族历史上也是"采集－渔猎"部落。由于历史上森林保持完好，溪流众多，溪水源源不断。每年5～6月是当地的鱼汛时期。佤族人民、拉祜族人民常常在山林的溪水边筑上小石坝，排干水用于捞鱼。有时候当地村民也会借助特定的工具捕鱼，捕鱼工具有渔网、鱼筐、鱼叉、竹矛等，一般是男子外出捕鱼。

三　刀耕火种与生态

盖尔·怀特曼和威廉姆·库帕（Gail Whiteman and William

Cooper，2000）是在加拿大魁北克克里（Cree）印第安人部落的民族志研究的基础上提出"生态嵌入"（Ecological Embeddedness）这一概念。他们通过案例研究发现，自然资源的管理者往往对土地非常认同，管理者积极收集生态信息，对生态怀有尊重的信念，并且将自身放置于生态系统中。从事刀耕火种生计的人群也将自身嵌入生态之中。刀耕火种农业的土地来自森林，肥料来源于树木燃烧后的草木灰，所以必须要砍伐植被、烧山。对一些不熟悉此类生计的人来说，看到熊熊燃烧的森林大火，必然认为刀耕火种、放火烧山对森林是一种严重的破坏①。但实际上，从全球范围来看，刀耕火种的农业方式已延续数千年，有些区域至今仍保持较高的森林覆盖率。可以说，刀耕火种农业是嵌入当地自然生态系统中的一种生计模式，是一个对自然生态系统进行干预、控制，使其根据人类的需要进行能量转换和物质循环的人类生态系统（尹绍亭、耿言虎，2016）。除了"靠山吃山"外，"养山吃山"的一套生态知识则不为外人所知。这些地方知识嵌入村民的日常生产和生活中，与之浑然一体。

（一）刀耕火种中的生态知识

南芒县山区的佤族、拉祜族人民在历史上一直从事刀耕火种农业②。20 世纪 50 年代后，国家对农业的改造使得刀耕火种农业急剧减少。但部分地区的刀耕火种农业仍然持续到 20 世纪八九十年代。佤族、拉祜族聚居的双村、帕村和腊村人民在历史上都从

---

① 20 世纪 50 年代以后，经典意义上的刀耕火种农业已经发生改变。南芒县的医疗条件不断改善，人口数量迅速增加，刀耕火种依赖的合适的人口密度被打破；有序的轮耕制度必须要保证一定的轮歇周期，为追求产出而缩短周期造成了林地恢复不足；依赖于地方首领制度的地方社会的管理制度逐渐式微；20 世纪 50 年代后林地确权，如划分国有林限制了农民轮歇空间，造成轮歇地面积缩小等。这些都改变了经典意义上的刀耕火种制度，从而造成刀耕火种"毁林"的现实。

② 在南芒县，也有部分傣族人民从事刀耕火种农业，主要是由于他们所住的地方没有水田或水田很少。

事刀耕火种农业。笔者结合田野调查访谈材料和文献资料，分析刀耕火种农业中蕴含的生态智慧。刀耕火种是利用与养护相结合的农业经营方式，森林、耕地具有较强的"转化－还原"能力。轮歇地休耕若干年后又恢复为森林，因此，经典意义上的刀耕火种是一种可持续的生计方式。山地民族具有一套"养山吃山"的地方生态知识和养护森林的策略。但是，这种生态知识往往是一种地方的惯性实践，当地人往往只知道如何做，却很难说出其生态意义上的道理。笔者从五个方面对其进行详细分析。

1. 对森林进行分类与利用

火是刀耕火种必不可少的元素。对一些山地民族来说，火具有重要的文化意义，"火把节"是很多山地民族的传统节日。已有研究发现，从事刀耕火种农业的社会大都对森林进行严格的类型划分。一般以村寨为单位，村寨所属的森林有明确的类型划分和使用规划。如 Delang（2006）对泰国北部喀伦族人（Karen）轮歇农业调查后发现，当地对森林有两套精确的分类：第一套是可以作为轮歇地的森林，这部分森林根据生长情况（Growth Condition）被划分为很多小类型，每种类型都有专门的称呼和用途；第二套是由于坡度、土壤构成等原因不可作为轮歇地的森林，这部分森林可以用作木材。经笔者调查发现，一般村寨森林在使用方面也可以分为两块：轮歇地和非轮歇地。轮歇地是可以放火并进行农业生产的林地，往往以地形、区域分为不同的地块。分类后的轮歇地的利用也是"有序"的。非轮歇地种类较多，用途多样，这些森林一般离村寨较近，对村寨安全和村民生活有直接的影响，一般不轻易砍伐。非轮歇地可以分为水源林、防风林、用材林、竜山、坟山等，这些都不能作为刀耕火种的轮歇地。因此，森林的使用受到严格的限制。

2. 土地的轮歇周期及其控制

刀耕火种农业中的休耕期是农业产量最重要的变量，休耕期越长，农业产量越高。当地人认识到休耕期的重要性，文献中也有相关记载："土地轮歇年限越久，地面树木杂草长得越多越高，砍倒烧光后，灰多地肥（田继周、罗之基，1980）。"保证一定时间的休耕期是关乎农业生产和村寨未来的决定性因素。在刀耕火种农业生计中，轮歇期是精确设计和控制的结果，不能太短，也不能太长。轮歇时间太短，生物量不足，燃烧后的肥力就不够。而轮歇时间太长，树木又高又粗，砍树和燃烧都很费劳力。因此，轮歇周期一般都控制在5～10年，轮歇地的使用也有严格的社会规范。双村村民在历史上将轮歇地森林分为大小相当的7块，按顺时针方向每块地种一年后抛荒，7年循环一次。经过7年的生长周期，撂荒地已恢复为树干直径为15厘米左右的密林。一般的村寨，在人口密度不大的情况下，耕种地与撂荒地之比不低于1:5，即种1块地，有5块地在休耕。在当地的气候条件下，可以保证森林有足够长的恢复时间以及农业产出的稳定性和可持续性。刀耕火种轮歇周期与植被恢复情况参见图4-4（Fox，2000）。

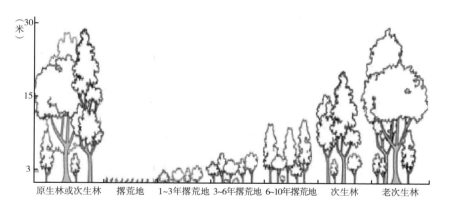

图 4 - 4　刀耕火种轮歇周期与植被恢复情况

3. 树木保护与植树造林

一般情况下，山地民族不需要自己种树，因为砍树时一些小树、大树树桩和根部都保留了下来。树木保护的目的是保证植被能够尽快恢复。砍树需要保留树木的根系，一般预留30~50厘米，有的甚至保留1米左右。这样做有两个目的：第一，以利于抛荒时树木迅速地再生；第二，由于树干及主要的根茎仍在，可以有效地防止水土流失。这与"剃光头"式的砍树方式有明显的差别。此外，在犁地和耕地时，尽量不深翻，以免破坏树根。并且在有的地方，用茅草遮盖树干可以防止被砍的树在烈日下暴晒而死。图4-5为帕村刀耕火种农业遗留的树桩。

图4-5 刀耕火种农业遗留的树桩（笔者2012年7月摄于帕村）

一些土地资源相对紧张、轮歇时间较短、植被自然恢复难度稍大的村落，都有种树的传统。森林民族对树木品种有充分的了解，他们一般挑选生长速度快的树种植，可以保证恢复植被。例如佤族人民在历史上种植水冬瓜，除了生长周期快以外，水冬瓜根部还有固氮的作用，能够使土壤变肥沃。在傣族地区的回江寨，当地村民在历史上从事山地农业时，每年都种植黑心树。当地的做法是选择一块土地，专门种植黑心树以作柴火之用，从而减少对森林的砍伐。

4. 放火管理制度

放火是山地民族农业生产的重要组成部分。熊熊燃烧的大火并不是随意燃放的，而是有计划的。"炼山"不能烧到非轮歇地的森林，这是佤族、拉祜族等山地民族的生产禁忌。如果烧到非轮歇地，意味着数年养林的成果毁于一旦，未来的农业生产必然受到严重影响。历史上，山地民族对放火、防火工作非常重视，有一套关于森林防火的管理手段。以下调查材料说的正是防火效果较好的山区：

> 在山区、半山区的护林防火工作是搞得好的，几年来火灾情况较轻。他们不乱放火烧山，但他们这样做的目的是使森林长得好，今后便于毁林、开荒种地。只有这样土地才能肥沃，稻谷才能生长得好（《关于南芒县林权的调查情况及会议处理意见的报告》，1962）。

在放火之前，当地民族一般都有一定的农耕礼仪，乞求平平安安，不要发生火灾。如果出现非预料的"着火"情况，说明"运气背"，要"杀牛""杀狗"，以求神保佑不会有灾祸降临。当地轮歇地放火有一套避免火势蔓延的方法，一般原则是"六不烧"：不经批准不烧、风大不烧、无人看管不烧、无"防火道"不烧、非轮歇地不烧、无打火工具不烧。由村寨首领和村民共同决定点火。放火前要把打火工具准备好，放火时一般选择晴天，风小的时候，要有专人看管和巡视，以免出现突发情况。一般从高处点火，然后从左右两侧分别点火，最后才从下点火。一般要使火从外往里烧（尹绍亭，2000）。不能点"顺风火"（与风向一致）、"冲天火"（从下往上烧）（赵晶，2009）。特别需要说明的是防火道，防火道是在已规划的、待烧的林地四周清理出一圈3～4米宽的人工界限，像一条道路，村民需要将这条界限内的可燃物完全清理干净。据老人说，连"一片树叶、一棵草"都不能有。防火道将点火区域隔绝开来，保证了放火时大火不会肆意蔓延到其他森林。

5. 撂荒地及土地保护

撂荒地也叫休耕地，是由于地力耗尽而暂时抛荒的土地。撂荒地并不是没用的土地，而是处于恢复期的土（林）地。外人很难认识到撂荒地的价值。在整个刀耕火种农业的规划中，实际上耕种的土地面积占总面积的比例很少，大部分土地都处于轮歇中。一般撂荒地与耕地的比例都在5∶1以上。撂荒地需要保养，以使植被丰茂。当地对于撂荒地上的树木都进行有效的保护。弃荒的轮歇地，需要把树"养"大。在此期间，尽量不要人为干涉，不能破坏其植被。禁止村民在幼林区放牧，砍小树也是不允许的。

山地地形树木砍伐后易造成水土流失。土壤保护的目的是避免水土流失，保护土壤养分。放火烧树时，仅烧一次火则很难全部烧完。在烧第二遍树时，需要更换地方，以免土壤被烧坏。在坡度较陡、洪水容易冲刷的地方需要挖排水的"防洪沟"。防洪沟可以减少大雨季节汇集的水流对地面的大范围冲刷，一般山地都会采取此种方法排水。同时，未烧完的大树要均匀地压在地上，防止雨水大时，地面径流把土地冲走，造成严重的滑坡和水土流失。

总之，传统时期的地方生态保护有其实而无其名，很多地方性知识并不为外界所知。刀耕火种能很好适应环境的原因在于它能够尽可能少地打扰景观和生态，在可能的情况下尽量模仿当地植物的共生关系（斯科特，2004）。森林保护是与当地人民的生产和生活紧密结合在一起的，保护森林是保证粮食丰收的前提。对于山区的民族而言，茂密的森林意味着肥沃的土地以及源源不断的粮食。

（二）利用与保护的平衡

自从环境社会学诞生以来，"人类中心主义"一直都是环境社会学者批判的一种价值观，如卡顿和邓拉普（Catton and Dunlap，1978）对"人类豁免范式"（Human Exceptionalism Paradigm）的批判，他们认为"人类豁免范式"过于强调人类独一无二的特殊性以及忽视了自然法则对人类的约束。随着环境保护运动的兴起，环境主义和深生态学主张减少人类活动对外部环境的干预，保留原生态的自然。比如，很多原生态的自然保护区就是建立在此理念上，但与纯粹的环境主义和深生态学主张不同。实际上，在很多较为传统的社区，生产、生活的安排都是以人、村落为中心，以人为中心的资源使用方式并没有导致严重的生态后果，反而实现了居民生产、生活和环境保护的持续协调发展。

在传统时期甚至更久远的前现代时期，当地居民并没有现代人的环境保护的意识，他们保护环境有自身的目的，即环境为自己所用，从而实现利益的最大化。功利性环保是可持续性的环境保护方式，因为其既考虑了人的生存，也考虑了生态的平衡。20世纪80年代，以鸟越皓之等（2011）为代表的日本环境社会学者在对日本琵琶湖治理的大量微观经验研究的基础上提出"生活环境主义"（Life Environmentalism）范式。鸟越皓之指出，在东亚地区人多地少、人口密度大的现实基础上，很难做到排除人的活动而纯粹保护环境。生活环境主义指出，与人相结合的环境保护范式是最有持续性的，也是最能达到效果的，而纯粹的自然科学和生态学的技术治理方式由于脱离群众生活，往往达不到显著的治理效果。

不顾人的生存和不顾生态限制的开发利用的生态保护方式都是不可取的。典型意义上的刀耕火种生产方式，可以兼顾村民生产、生活和生态保护的多重目标。当地居民与当地环境长期适应，形成了特定的地方性知识与实践。这些生态知识可以保证他们兼顾环境保护和生产生活，从而达到一种互利共生的状态。刀耕火种农业是可持续的。Brown 等人（Brown et al., 1987）指出，可持续性（Sustainability）需要满足以下两个要求：第一，有能力满足人类短期的需求；第二，有能力对长期的社会、经济和生态负责。刀耕火种生产方式可以很好地适应当地的地理环境，主要体现在以下三个方面：第一，山区灌溉不便，只能采取旱作农业的形式；第二，由于山体具有一定的坡度，大规模开发不注重植被保护，容易造成水土流失；第三，肥料资源较为缺乏。人要吃饭，必须要开发自然，但是应采取有效的方式，实现自然的有序持久利用。与固定不轮歇的耕种相比，刀耕火种将人类对自然的破坏程度降到了最低。

人口变量是刀耕火种农业中影响生态变化的重要因素。研究表明，从事刀耕火种农业的人口密度与生态呈正相关，森林耕作制（Forest-Fallow Cultivation）休耕时间较长，森林茂密，人口密度一般在每平方千米 8 人以下；灌木休耕制（Bush-fallow Cultivation）休耕时间略有减少，多为灌木，人口密度是每平方千米 10 ~ 20 人；短期休耕制（Short-fallow Cultivition）休耕时间较短，休耕内植被为杂草，人口密度是每平方千米 30 人（Boserup, 2005）。刀耕火种也叫游耕。历史上，当一个区域因耕地肥力丧失而无法使用时，往往也意味着生态遭受了比较大的破坏。这些村寨就通过迁移的方式，到森林资源丰富的地方耕种，撂荒土地的植被就可以慢慢恢复。

近代以来，村寨逐渐固定，整个村寨迁徙活动越来越少，分寨则成为另一种平衡生产与生态的方式。以往的研究仅从人口、村民关系等角度分析分寨现象（周新文、陶联明，1997），并没有注意到分寨的生态意义。由于南芒县人口的增加，在技术的限制下土地面积在短期内无法增加，只有通过扩大耕作半径才能增加耕作面积。但是，由于地形、交通条件的限制，耕作半径达到极限后，必须通过分寨的形式才能满足农业生产的需求。于是，南芒县将本村寨中的部分人口分离出去，重新建立村寨的方法应运而生。通过分寨，南芒县的人口密度得到稀释后，局部生态压力减小，生态平衡得以恢复。其过程可以用循环图来表示（见图 4－6）。在南芒县，新分出去的村寨一般都叫作某某新寨、某某小寨，对应的原来的村寨叫作某某老寨、某某大寨，还有大、中、小寨的三级村寨。由于人口压力造成的分寨迁移是西南地区的一个普遍现象，仅南芒县勐安镇就有 1/3 以上的村寨是 20 世纪 50 年代后新建的。帕村新寨就是典型的分寨后形成的村落，1974 年从帕村老寨搬迁而来。在搬迁以前，由于人口增加，帕村老寨耕作半径最大时达到 4 千米。最后不得不分出去部分人口。从生态意义上看，分寨是在生态承载力不足的地区，将人口疏散、稀释到无人或少人区，从而减少了人对局部生态的破坏，在小范围内重新实现了人口与资源的平衡。

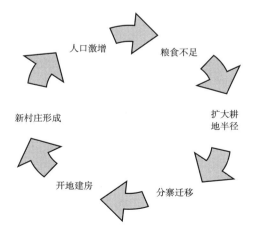

图 4－6　刀耕火种农业中的分寨平衡机制

第二节　汉区农耕知识与农业生产

近代以来，汉族移民不断涌入西南地区定居，与当地生态不相匹配的资源利用方式逐渐改变了西南地区传统的资源利用方式，造成了严重的生态问题（杨庭硕，2005）。在封闭遥远的边地南芒县，这一进程在 20 世纪 50 年代后开始出现。南芒县农业经历了一系列改造的历程。在从"原始农业""落后农业"到"先进农业"转变的过程中，正是汉区农耕知识推广和扩散的过程。刀耕火种农业与汉区农耕农业虽然都属于定居农业，但二者还是有明显的差别，汉区农耕知识对刀耕火种的取代本质上是以追求耕地面积和单产为目标的知识体系对"生产－自然"平衡的传统地方知识体系的取代。"以粮为纲，全面砍光"，这一时期农业产量得以迅速提高，但是农耕知识的扩散和汉区农耕生产方式造成了严峻的生态后果，山区生态问题愈加严重。直到实施"退耕还林"后这些生态问题才得以部分缓解。

一　汉区农耕知识内核

农耕知识体系有不同的类型，汉区农耕知识与刀耕火种知识是本质上不同的两种知识体系。为了说明二者的差别和主要特点，笔者在这里引入民族学理论中的"经济文化类型"概念加以说明。经济文化类型是指居住在相似的生态环境之下，并操持相同生计方式的各民族在历史上形成的具有公共经济和文化特点的综合体（林耀华，1997）。经济文化类型充分考虑了自然地理条件对社会生产力以及文化的影响，即一定的生产方式、经济形态与自然地理条件关系密切。苏联人类学家切博克萨罗夫和中国人类学家林耀华（1958）的共同研究指出，中国的经济文化类型组可以分为"采集－渔猎"经济文化类型组、畜牧文化类型组、农耕经济文化类型组。在农耕经济文化类型组中，山林刀耕火种型、平原集约农耕型是其中的两个不同的类型，产生在不同的自然地理条件下。本文中的汉区农耕知识大体上相当于平原集约农耕型。庄孔韶（2006）指出，游猎、游牧、游耕、农作四种类型占了中国版图面积、人口和民族的大多数，也都曾经历过"生物－文化"多样性系统失序的情况。本书对比的是经典意义上的游耕和农作这两个农业体系，通过对比才能更加清晰地认识农业知识体系的差别。

刀耕火种农业产生于人口较少、降水条件充足、森林资源相对丰茂的山地地形区。农业知识与自然环境相互配套，具有极好的适应性。在这套农业体系中，森林具有极为重要的地位。首先，森林是农业生产的必要条件。森林里的树木是刀耕火种农业重要的肥料来源。树木越粗，烧的肥料越多，庄稼就越茂盛。森林茂密是庄稼丰产的重要基础。其次，森林的副产品是刀耕火种农业的重要补充。副产品类型多样，包括蘑菇、野菜、蜂蜜、野果。最后，狩猎是村民肉食的重要来源。茂密的森林里生活着多样的动物种类。另外，源源不断的溪流也提供了丰富的鱼类。可以说，在刀耕火种农业中，采集、狩猎、捕鱼的地位非常重要。所以说，在这套农业体系中，森林孕育了一切，森林在刀耕火种中居于核心地位。刀耕火种中的文化内核是生产与生态的平衡，人主动适应自然，而不是剧烈地改造自然。

再来看汉区农耕知识。传统汉区农耕知识如烙印般印刻在"中原人"身上，甚至成为其思维方式的一部分。费孝通在《乡土中国》一书中借朋友调侃的话指出："你们中原去的人，到了这最适宜于放牧的草原，依旧锄地播种，一家家划着小小的一方地，种植起来，真像是向土里一钻，看不到其他利用这片地的方法了。我记得我的老师史禄国先生也告诉过我，远在西伯利亚，中国人住下了，不管天气如何，还是要下些种子，试试看能不能种地

（费孝通，1998）。"土地在汉区农业中受到高度重视，依赖土地的种植业在农业中所占的比重非常高。所以，可以这样理解汉区农业知识：在人口压力型的资源利用条件下，通过扩大耕地面积，增加技术、劳动力投入等以提高耕地产出。汉区农耕知识具有以下三个显著特征。

（一）重视耕地面积

土地是汉区农业系统的核心。俗话说，土地是命根子。面对不断增加的人口压力，历代王朝的政策都是开垦新地。传统中国农业（汉区）极为重视对土地的利用，农民积极开垦以扩大土地面积。所以，历史上不断增加耕地面积使其成为土地利用的主流（阎万英、尹英华，1992）。开荒具有悠久的传统和文化认同，农业社会的耕地和非耕地之间的界限是非常清楚的（马德哈夫·加吉尔、拉马钱德拉·古哈，2012）。从长时段的历史看，汉区农业系统形成后，不断与水争地、与林牧争地。例如，汉区开发沼泽湖泊，形成了圩田、湖田、柜田、渚田、涂田、架田等利用方式；还开发山地丘陵，形成了畬田、梯田等①。

（二）集约型农业

精耕细作的集约型农业是汉区农业的另一个重要特点，即在有限的土地面积内密集投入劳动力和技术，增加单位面积产量。在传统汉区农业知识中，农业产出的核心指标就是粮食作物的产量。外国人常常惊讶于中国的土地为何能供养如此多的人口。实际上，

---

① 黄土高原的环境变迁可以说明农业知识体系与环境变迁的关联。刘多森（2004）的研究指出，从公元220～1368年，全部黄土高原地区累计有859年在非汉族管辖之下，剩余289年中，部分黄土高原地区被汉族控制。在汉族和非汉族的交替控制中，黄土高原地区的生计方式呈现农耕与放牧业的交替状态。在农耕时期，为了开垦农田，很多天然林地、草地转化为农田，黄土高原环境开始遭受破坏。而在非汉族管辖时期，黄土高原土壤侵蚀程度则随放牧地的扩张而有所降低。

汉区农业的精髓体现在最大限度地利用农业要素上，如利用水、肥、土地等。农业需要灌溉作为保证，良好的水利条件是必需的，农业围绕水利灌溉从而形成了特定区域的水利共同体。传统汉区的农地很少休耕，比较重视种植的连续性，因此肥料供应是基础。土地需要施肥，垃圾（粪便、塘泥等）都变废为宝得到了有效利用。正如陈阿江（2000）指出的，传统农村社会是一个有垃圾无废物的社会，是一个废物充分利用的社会。为了追求农业产出，汉区比较注重复种。农业技术上，深耕也是土壤耕作中最重要的耕作措施。

（三）重粮食轻林牧

土地类型决定了资源的利用方式和手段。汉区主要的活动区域是平原和丘陵地带，并且历史上由于耕地面积的扩张，林地、草地、湖泊面积日益缩小。中国历史上有重农轻牧、重农轻林的传统（高言弘，1980），汉区农业知识中种植业居于绝对的优势地位，产出收益也是最高，狩猎、采集、畜牧等都是副业。但是，草原地区的畜牧业、沿海地区的捕捞业、林区的"采集－狩猎"等都是当地主导的生计方式。当地村民只看到林地在汉区农业知识中是提供木材的土地，是可供开发的耕地，而没有看到林地还可以依赖丰茂的林木而形成的多样的生计方式。

二　政府的农业改造

中国历史上有很强的垦殖传统。数千年来，西部地区开发的历史特别是农业史可以看作是农耕文明在西部扩张的历史。历史上国家主导的大规模屯田从秦汉时期就已开始。从元代开始，政府就在云南进行了大规模的屯田，到明代扩大了规模，包括军屯、商屯、民屯三种类型（李金池，1984）。在民间层面，中国历史上"闯关东""走西口""湖广填四川"等大规模人口流动的结果是汉族移民垦殖范围的不断扩大和汉区农耕方式的迅速扩张。从历史的角度看，20 世纪 50 年代后，政府在西部地区的农业改造可以看作是中国历史上农耕文明扩张延续的加强版，其规模、力度、影响远甚于历史上的屯田。

（一）农业改造的驱动因素

20 世纪 50 年代后，政府对南芒县的传统农业进行了大力改造。这种改造主要基于两点原因：第一，新政权在内外部压力下对粮食有着大量需求；第二，刀耕火种农业自身的粗放与低产出。

1. 内外部压力

20 世纪 50 年代后，国家直接介入农业生产领域。国家的农业政策主要表现为以粮为纲，主抓粮食生产（邹华斌，2010）。政府的农业政策有内外部的压力。在外部压力上，由于政治和外交道路的选择，政府与西方资本主义国家彻底决裂，时刻面临政治、经济制裁和军事威胁。在内部压力上，政府选择优先发展重工业的发展战略。农业作为工业的重要支撑，要积累资金，赚取外汇，为工业发展提供原材料。如果我们希望农业服务于工业的发展，必须尽最大努力追求粮食的产出。

同时，人口急剧增长也对农业生产提出了很高的要求。20 世纪 50 年代后，由于局势的稳定以及医疗卫生条件的改善，我国人口总量迅速增加，人们对粮食的需求也逐渐增加。提高粮食产量成为政府农业政策的首要目标。1957 年，毛泽东提出"想尽一切办法，争取今年粮食大丰收"的口号。资料记载，由于粮食短缺，南芒县政府号召农民开荒垦地［《中国共产党南芒县历史资料汇编（第二辑）》，2008］。20 世纪 50 年代，南芒县一位主要领导回忆道："我们不是崇尚'以粮为纲，全面砍光'，但是现实环境逼迫我们不得不拼搏。在短期内集中力量去解决最突出的问题［《南芒文史资料（第三辑）》，2004］。"

2. 刀耕火种农业的低效

我国少数民族地区的经济、社会、文化与汉族地区相比有较大的差距。20世纪50年代后，政府采取了很多措施缩短民族间的差距，在少数民族地区进行社会改革。在农业方面，政府指出少数民族地区的基本矛盾是"原始落后的生产方式及其上层建筑和各族人民迫切要求发展生产、摆脱贫困的愿望之间的矛盾"[《中国共产党南芒县历史资料汇编（第二辑）》，2008]。1965年，时任云南省委书记阎红彦专程视察南芒县，指出当地的社会现状是"三低两落后"—单产低、复种指数低、商品率低，生产技术落后、教育卫生工作落后。同时特别指出，"社会主义不能建立在刀耕火种的基础上，不能建立在文盲的基础上"（《中国共产党南芒县历史大事记》，2002）。政府对刀耕火种农业给予了彻底的否定。如果用现代的效率观念和经济利益最大化的理性观念来看，刀耕火种这一传统农业存在诸多的"不合理性"，这也是改造传统农业的重要原因。主要体现在以下三个方面。

（1）生产要素的浪费

传统的少数民族地区有一些风俗习惯不利于生产发展，用现代理性观念来看，存在资源利用效率不高的问题。比如，镖牛是佤族地区一种类似于"夸富宴"的习俗，杀得越多，就代表牛的主人越富有。因此，镖牛是显示财富、声望和社会地位的重要象征。佤族人民以镖牛为荣，很多村民以镖牛显示自己的财富，树立威信（赵富荣，2005）。所以，每年都有大量的牛被杀。此外，刀耕火种农业普遍存在，土地也没有得到高效利用，种植1~2年后就抛荒，也是一种"浪费"行为。

（2）技术水准低

与汉区精耕细作的农业相比，传统少数民族农业较为简单粗放，使用工具极为简单。当地村民使用锄头、长刀、夺铲挖坑点播，再用镰刀收割。粮食作物基本上是一年一季，没有复种。南芒县粮食作物的生产质量不高，农业产量很低，还存在施肥较少，肥料利用程度低的问题。在当地的农业中，人的粪便从来没有作为肥料用于农业生产。人们普遍认为人粪"不洁""脏"，要种"卫生田"。

（3）宗教仪式、禁忌限制生产

当地民族文化中有很多的风俗习惯限制人们对森林、土地、河流的利用。在万物有灵论的信仰体系中，山、水、树、石头都是有神灵的。人不可以随意进行农业生产活动，农业生产前必须要有复杂的仪式。另外，当地民族每年都有大量的时间用于宗教活动和仪式活动。佤族人民每年用于宗教仪式的时间要占到170余天，一年有将近一半的时候不能从事农业生产（赵富荣，2005）。适逢人去世，家庭甚至要休息一个月以上，全寨都要停止劳动数天。佤族地区每年都要举行"猎头"仪式，猎的人头被放置于广场，村寨村民跳舞祈祷，以求风调雨顺、农业丰收。

（二）农业"革命"

纵观我国农业的发展史，历史上农业技术大多是在人口不断增加的压力下自发地、渐进式地改进，政府极少参与，其在基层的农业技术推广和改进的进程中，影响也较为有限。而20世纪50年代后，政府的控制力量空前强大，我国的农业技术推广表现了明显的政府主导型特征。特别是人民公社制度建立后，社队很少有主动权，政府成为国家意识和利益的执行者和代表者（陈吉元、陈家骥、杨勋，1993）。农业生产上，大到粮食种植面积、开荒面积，小到农业技术的选取、农作物品种的选择等都是"政治任务"，体现的是"政治态度问题"（张乐天，1998）。国家的农业政策通过"人民公社"体系直接干预到农民的日常农业活动中。1958年，毛泽东提出农业"八字宪法"（土、肥、水、种、密、保、管、工）。这一农业政策在全国得到全面推广，成为地方农业改造的主导思想。农业"八字宪法"是我国几千年农业生产实践的经验总结，是精耕细作农业的代表，是我国农业特点的核心。农业"八字宪法"都是围绕一个目的——"提高单位面积产量"（中国农业科学院南

京农学院中国农业遗产研究室，1959）。在南芒县，地方政府希望
将汉区的农耕增产的成功经验移植到山区，提出农业工作的"四
大革命"：大搞农田基本建设大革命、大搞肥料大革命、大搞复种
面积大革命、大搞固定耕地面积大革命（《中国共产党南芒县历史
大事记》，2002）。下面将介绍与生态变迁较为密切的几个农业改
造措施。

1. 扩大耕地面积

历史上山地民族的开荒是有限度的开荒。传统时期，农业受到
很多禁忌和社会规范的制约。随意开荒并不是经常发生的事情，因
为当地民族相信山有山神、树有树神，不能随意触犯神灵。这种对
自然的敬畏之情在客观上保护了地方生态。独特的信仰与禁忌形成
了丰富的农耕礼仪。在当地，开荒之前要举行很多仪式，文献记载
拉祜族地区的开荒礼仪是这样的：

> 看中某块地后，必须在选好的地中心插上一根树枝，点上
> 香蜡，准备一碗米，一碗酒，然后人们一边往地上撒米，一边
> 祈祷道："我家生活困难，今年要砍这块地种粮食。请厄莎保佑
> 我家少种多收…荒地上的野物、雀鸟，你们快快离开吧！"然后
> 人们离开，到第二天再去看，如果小树枝不倒，香蜡燃尽，便
> 认为山神已同意砍种。相反就是不同意砍种，得另外寻找新地
> （杜巍，2006）。

同时在部分拉祜族地区还流传着一首《开山祝祷词》，词中唱
道：

> 啊！山神、水神、沙神、石头神，我给你献上大米和蜂蜡
> 烛，请你答应我开垦这块山地。啊！这个地方的神啊！请收下
> 我亲手奉上的贡献。从今以后我的家人要开垦这块地，保佑我

们一家人，保佑我们不受刀斧伤害，不要杀死我们，不要惩罚我们。啊！保佑我们吧！保佑庄稼长得好，保佑这块土地大丰收，保佑这块土地肥沃，别让我的家人分离，别碰伤我的孩子…啊！天上的神灵，地下的神灵，都来保佑我们，都来庇护我们这块土地（杜巍，2006）！

除了文化禁忌之外，还有一些地方社会规范限制随意的开荒。超出地理范围的开荒需要受到严厉的惩罚。20世纪60年代的一份调查材料这样记载："历史上，地方社会砍树、种地都是有一定的范围的，未经山林所有者同意，是不能砍树种地的。违者，要罚款、罚粮，还要罚交猪、牛、羊、鸡（《关于澜沧县东回公社卡扩生产队社员破坏我县景高公社那勒生产队森林的调查报告》，1981）。"但是，20世纪50年代后，开荒在地方社会演变成了突破地方社会的规范和制度约束的放任行为。政府大力宣传开荒，制定开荒计划，当时制定的农业政策是新开荒的政府免征三年税（《中华人民共和国农业税条例》，1958）。南芒县政府在人与自然的关系上过分强调了人的主观能动作用，强调人类征服自然，改造自然的观念对生态环境产生了严重影响（Shapiro，2001）。当开荒受到地方传统社会禁忌的制约时，政府号召"向神山开炮，向鬼神进军"，很多神山森林瞬间遭毁。旧的规范失去了效力，却没有产生出新的规范，造成了森林被毁的恶果。村民说："现在是毛主席的土地，想怎么种吃就怎么种吃（《关于要求解决南芒县景高公社土地被澜沧县东回、拉巴公社的部分小队越界毁林过耕的报告》，1981）。"帕村老队长表示20世纪50年代后，一段时期内的景象是"你种你的，我种我的，火到处放"。毁林开荒造成了南芒县耕地面积迅速上升和森林覆盖率急剧下降的现象。

1964年，政府号召山区"粮食自给"；1969年，政府号召"向山区要粮"；1978年，云南省设置"开荒办公室"。政府为了实现粮食增产目标，每年都有新开耕地的计划。在《南芒县1963~1970年年农业生产规划》中，南芒县 1962 年实际有耕地面积 141430 亩，按照计划，1965 年要达到 150000 亩，1970 年则要达到 175000 亩（《南芒自治县 1963～1970 年农业生产规划》，1965）。人民公社时期，生产队成为开荒的主体。扩大耕地面积则作为增产经验被政府宣传推广，下面是一个先进公社的经验汇报材料：

> 扩大耕地面积、搞好粮食生产、开展多种经营、提高社员收入。南崖区积极响应县委提出的"每人三亩粮"的号召，逐年扩大了耕地面积。1962 年粮食总面积达 727.2 亩，总产量达 260000 斤。扣除五大项外，每人平均分得 692 斤。1963 年粮食总面积扩大到 853.2 亩，总产量提高到 296000 斤，增长 15%。扣除五大项外，每人平均分得 762 斤。同时，在保证粮食作物增产的前提下，南崖区村民还因地制宜地开展了多种经营的方针。1963 年，南崖区村民种植了 7 亩黄豆，产量 1800 斤；种植了 10 亩油菜，产量 200 斤；种植了 5 亩蔬菜，现金收入 300 元。除此之外，南崖区村民还生产了两辆马车，现金收入 500 元。上述几项现金总收入达 5500 元，平均每人分得 23.10 元。而 1962 年现金收入为 3051.87 元，每人平均只分得 12.90 元……（《自力更生 奋发图强 艰苦奋斗 改变山区落后面貌——南崖区大芒竜乡南崖社先进事迹》，1964）

南芒县农业改造取得了非常明显的效果，耕地面积的增加和粮食产量的提高十分明显。全县耕地面积从 1958 年的 126000 亩增加到 1980 年的 253046 亩，面积扩大了一倍以上。表 4-1 是南芒县历史时期（1958～1980 年）农业产量、耕地面积和原生林面积变化情况。略加计算，我们就可以发现，从 20 世纪 50 年代末期到 80 年代初，农业单产并没有显著提高。农业产量的提高更多是依靠扩大耕地面积、毁林开荒实现的。

表 4 - 1　南芒县历史时期农业产量、耕地面积和原生林
面积变化情况（1958 ~ 1980）

时间(年) ＼ 指标	农业产量（斤）	耕地面积（亩）	原生林面积（万亩）	森林覆盖率（％）
1958	238359	126000	81(1959 年)	65(1959 年)
1963	283835	124236		
1965	365201	152028		
1970	300113	168859	48(1973 年)	44(1973 年)
1975	486555	174744		
1980	540685	253046	40(1980 年)	34(1980 年)

资料来源：《南芒统计历史资料（1949 ~ 1988）》，1989 年；《中共南芒县委、县政府关于保护森林、发展林业的意见》，1981 年。由于数据不完整，一些数据在年份上难以做到一一对应。

2. 固定耕地

历史上，山地民族在刀耕火种农业中的轮歇地绝大多数是不固定的，一块地耕种 1 ~ 2 年就要抛荒。水田是固定的耕地，但是在山区所占比重很小。据调查显示，20 世纪 50 年代初期佤族聚居区无水田，固定耕地面积只占全部耕地面积的 3%（杜巍，2006）。正如前文所述，土地轮歇是植被恢复和土壤肥力恢复的重要手段。当地拉祜族人民认为，"田和人一样，爬坡走辛苦了，要给它歇歇气"（廖国强，2001）。但是在国家的视野中，土地轮歇被认为是一种浪费土地资源的行为。"固定耕地" 政策成为 20 世纪 50 年代后政府在西南地区实行的主要农业对策。在划分国有林后，耕地与森林的界限逐渐清晰，村寨刀耕火种农业范围被严重压缩，很多地方难以继续刀耕火种农业。国有林的存在严格限制了当地村民种地，如合作社确实需要在国有林伐林开荒，要上报给上级主管部门，经批准后方可砍伐（南芒县委调查组，

1961）。政府希望通过固定耕地的方式，减少森林的砍伐。

　　凡新开旱地，必须严格限制在轮歇面积范围内，倘若人口增加，村民只能通过固定耕地、提高单产的方式来解决面积不足的问题，不得随意扩大。

　　关于砍懒火地①问题：除已明确规定的水源林、竜林、风景林、经济林、用材林不准砍伐外，也不允许村民随便砍伐群众用于烧柴的山林。对于大面积的天然林，也不能随便烧毁开荒。只能选择荒山宜耕地、灌木林等开荒种地。总之，应在不破坏森林的前提下开荒（《关于保护山林和发展林业若干问题的决议》，1961）。

以下两个措施促进了耕地的"固定化"。

一是开水田。水田粮食产量与旱地相比更高，且收益稳定，因此受到政府的鼓励。开挖水田是政府在山区推行的重要农业措施。政府组织人力修水坝、挖水沟，为水利灌溉提供了条件，具备了开发水田的基础。"农业学大寨"运动后，政府提出山区要实现"人均一亩田"的目标，南芒县掀起了轰轰烈烈的挖水田的运动，一直持续到"包产到户"以后。村民表示，"包产到户"以前是集体组织挖水田，"包产到户"之后是个人挖。很多坡度平缓、水利较为便利的轮歇地转化为长久利用的水田。南芒县水田面积从1955年的49379亩增长到1979年的65411亩（见图4-7）。

二是新开台地代替轮歇地。台地是旱地的一种形式，与轮歇地的区别是台地可以不轮歇而长久利用。台地的比例上升是这一时期的重要现象，当地政府和村民创造了多种固定轮歇的过渡形式。轮作、套种等农业生产方式逐渐得到推广，如多种轮作制、大小春轮

_____

　　①　也称"懒活地"，轮歇地的别称。

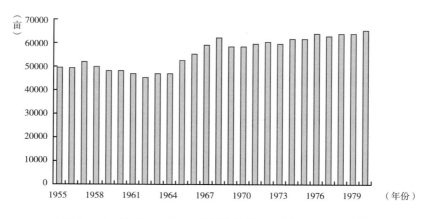

图 4 – 7　南芒县水田面积增长情况（1955 ~ 1979）

资料来源：《南芒统计历史资料（1949 ~ 1988）》，1989 年。

作制、间种与套种耕作制等。在多种轮作制中，根据土壤肥力的变化，当地村民第一年种植耐肥品种，如玉米、小麦；第二年种植中等肥力品种，如旱稻；第三年种植耐瘠品种，如油菜、黄豆等①。通过这些方式，土地资源得到更加充分的利用。

3. 改进农业技术

政府认为传统的刀耕火种农业粗放、落后，所以将汉区农业中的精耕细作的方法推广到少数民族地区，以实现增加粮食产量的目标。当地村民是通过施肥、复种、深耕等方式实现农业技术飞跃的目标。

（1）施肥

由于土地连续耕种，肥力必然衰退。为了保证耕地的持久产出，政府改变了当地民族历史上不施肥的习惯。提倡"人有厕""畜有厩"，积肥施肥。在低产土壤集中地区种植田豆、马料豆、小饭豆等作物，发动社队制作"绿肥"。"绿肥"对粮食增产起到了非常大的作用，一直到"包产到户"和化肥推广后，绿肥制作才逐渐终止。以下是一个合作社的先进经验材料：

---

① 相关资料来源于《南芒县志》。

当区委干部在社里参加劳动，用手捡粪并撒在地里时，还被大多数社员笑话，认为沾了屎的手洗了就来吃饭①，不嫌臭吗？经过区委的同志反复说明施肥对庄稼的好处，捡了粪的手洗洗就不臭的道理后，部分社员就效仿着去做，现在大家已经习惯捡牲畜粪便施肥，经常为施肥把寨子打扫得干干净净（《艰苦奋斗改变面貌的山区合作社——记回俄合作社的先进经验》，1965）。

（2）增加复种比

历史上南芒县农作物的种植都是一年一季。增加复种比例是政府大力推进的工作，部分水田做到了"两犁两耙"。播种面积的增加既与耕地面积有关，又与复种密切相关。从表4-2中可以看出，南芒县农业总播种面积从1962年的120091亩增加到1980年的297778亩，年均增加约5017亩，年均增长4%。小春播种面积明显增加，从1962年的2017亩增加到1977年的40294亩，虽然又下降到1980年的32670亩，但仍然明显增加。小春播种面积的增加，体现了耕地复种比例的上升。总体来说，经济作物种植面积变化不大。

表4-2　南芒县历年粮食作物、经济作物播种面积（1962~1980）

单位：年，亩

年份	总播种面积合计	粮食作物播种面积合计			经济作物播种面积合计
		大小春播种面积	大春	小春	
1962	120091	112040	110023	2017	6757
1963	130199	119673	118052	1621	8577
1964	144380	132643	131034	1609	9138
1965	157286	145290	141425	3865	10071
1966	174017	158429	146350	12079	13105

① 历史上，当地民族饮食习惯中很少使用筷子，很多非汤类食物主要用手抓，"手抓饭"是当地传统的饮食方式。20世纪50年代后，筷子的使用开始慢慢普及。但据在当地经商的汉族商人介绍，在20世纪80年代仍然有很多当地人没有用筷子吃饭的习惯。

年份	总播种面积合计	粮食作物播种面积合计			经济作物播种面积合计
		大小春播种面积	大春	小春	
1967	203290	187912	155683	32229	12911
1968	178945	168811	149436	19375	8954
1969	159954	151339	139326	12013	5205
1970	200524	190196	151063	39133	8163
1971	176704	166592	133773	32819	8515
1972	199844	186760	152435	34325	11214
1973	208233	195793	156455	39338	10467
1974	214661	199491	166527	32964	10696
1975	221753	208105	175830	32275	10193
1976	228077	212593	177698	34895	11615
1977	248762	232688	192394	40294	10978
1978	271752	254131	208883	45248	11399
1979	277512	259959	221243	38716	13276
1980	297778	279205	246535	32670	11209

注：大春、小春指一年的两次播种季节。大春主要种植水稻、旱稻，小春主要种植小麦、豌豆、蚕豆。经济作物包括棉花、油料、甘蔗。总播种面积等于粮食作物播种面积、经济作物播种面积和其它作物播种面积之和，其它作物播种面积未列入表中。

资料来源：《南芒统计历史资料（1949～1988）》，1989年。

（3）耕作技术的改进

精耕细作是汉区农业的特点，这种特点是建立在人力资源丰富的基础上。20世纪50年代后，耕作技术的改进也是政府农业改造的重要措施。历史上当地农业生产很少采用深翻技术，政府免费发给农民劳作工具，仅1953～1954年一年时间就从边境和内地调入钢锤4500把［《中国共产党南芒县历史资料汇编（第二辑）》，2008］。20世纪60年代政府开始推广旱地的犁田、深翻技术。

1964年，县委号召谷倒田翻身，大犁谷茬田。但是南崖社过去从没有做过这项工作，一场斗争又开始了。当干部传达县委的号召，并提出犁田任务时，有的社员说，我们从来没听说过犁谷茬田，也没有做过。有的说，谷茬高田难犁，田干犁不动。有的说，牛会犁死掉，犁了谷茬田不好，不会增产……这些都充分说明一种新技术在初推广时必然遭到习惯势力的反对。但是，当地村民若不能改变旧习惯、提高耕作技术，就不可能争取到更大增产。干部并没有灰心，而是召开了各种会议，进行宣传教育，反复说明犁谷茬田的好处。可是有些社员还是认为过去不犁田一样可以增产，有的社员怕冷不想出工犁田。这时候，团支部书记岩规同志并没有被困难吓倒，挺身而出，召开团支部会、青年会，把党的号召传达给团员，动员团员到党最需要、最艰苦的地方去……（《阿瓦山村面貌新——南崖合作社七年巨变》，1965）

通过以上改造措施，南芒县农业生产力得到迅速提升，客观上促进了本县农业技术的进步和粮食产量的提高。但是，山区一刀切式地推广汉区农业知识，使得各个公社层层加码，"大开水田""每人三亩粮""大干开挖台地梯田"等，表现了急功近利、相互竞争、争当典型的特点，这种竞争性开发类似于周飞舟（2009）所谓的"锦标赛体制"，造成了严重的负面生态后果。

三　汉区农耕知识的生态影响

20世纪50年代后，当地政府的农业政策体现了极端的农耕思维。传统时期，汉区农耕的扩张已经给森林、草原造成了严重的生态危机。生态史、环境史研究的成果已经证明了历史上农耕文明无限扩张的生态危害。阎万英和尹英华（1992）对山区农业开发进行了反思：

梯田与畲田一样，都是山上种田。而山区是应该发展森林的。缓坡也是宜于用作牧地或者栽种果林的。山区广泛地开垦成耕地，必然形成与林争地、与牧争地的局势。所以，我国传统农业很早就向以种植业为主的方向发展。客观原因使得我们的祖先早已不知道林业为何物，养畜业也被排挤到副业地位。其结果是形成一种失掉平衡的、单一发展种植业的农业。可是历史的具体情形又使我们不得不走耕地上山这条路。这一矛盾，在当时的情况下是无法解决的。

从南芒县的历史可以看出，以农业产出为标准评判"先进"农业与"落后"农业，进而以"先进"农业代替"落后"农业，造成了严重的生态后果。农业知识的替代对环境的影响是巨大的。费孝通（1988）在总结广西金秀大瑶山"文化大革命"期间的环境问题时指出，当地政府一味强调粮食自给，强制推行不适合当地情况的经济措施，忽视了少数民族地区建设的特点，其带来的教训是非常深刻的。所以，有学者指出"适应就是先进"的观点（蓝勇，2001），即农业要与当地的生态相匹配。所以，从文化角度阐释，林区生态危机深层次的根源是文化危机。在南芒县，汉区农业知识对传统地方农业知识的替代具有严重的负面生态后果，特别是在扩大耕地面积、固定耕地等阶段。这一时期农业扩张的一个突出的问题是忽视当地的生态规律性。正如罗康隆（2007）所说，我国各地水土资源复杂，客观上存在宜农区、宜牧区、宜林区，在非宜农区强行推广农田是一种不切实际的幻想。汉区农业扩张实际上演变成"扩大耕地、粗放经营、毁林开荒"的经营方式（南芒县委、南芒县人民政府，1985）。

此外，政府一味扩大耕地面积，将森林转化为农田。耕地面积的迅速增长与森林覆盖率的急剧下降是正相关的。为了强调增产，南芒县政府不惜一切代价毁林开荒，扩大种植面积，一度造成了森林覆盖率下降和水土流失问题（中共南芒县委党史研究室，2010）。虽然政府在一些政策中强调了农业开发中保护森林的重要性，但是并没有得到很好的执行。垦殖超过了土地资源的承受能力。随着当地政府对刀耕火种农业的批判，刀耕火种中有利于生态的部分也受到批判和抛弃。很多撂荒地转化为永久性的耕地。所以南芒县林地面积急剧减少，植被迅速下降。将适宜的林地转化为耕地需要漫长的过程，在山地地形中当地政府尤其要注意开荒与地形的关系，需要综合考虑以免造成严重的水土流失。

"过度耕地化"虽然表面上增加了耕地面积，但是却造成了部分地区高产的保水田以及一些新开的农田由于缺水而大面积减产的现象，有些甚至变成了低产的雷响田。在农田开发中，需要考虑到森林和水田的比例问题。在西南地区的"森林－水田"系统的农业中，森林是水田主要的用水来源，要"以林养田"。当地从事水稻种植业的傣族人民在传统上特别注重对森林的保护，因为他们熟知其中的规律。农业改造成功的经验是一味"扩大耕地面积"，因此，造成了森林面积减少的现象，"森林－水田"系统中也出现严重的比例失衡，一些新开的水田由于得不到有效的水源灌溉，实际上成为雷响田，产量难以保证。

强调土地的利用程度和工作效率同样造成了严重的生态后果。当地政府在农业改造中要求减少轮歇地，增加土地的耕种时间。因此，造成南芒县历史上种植1～3年的轮歇地种植了6～7年才抛荒。传统刀耕火种农业利用的地段不固定，所以其生态问题仅是人为的水土流失，而农耕农业利用的地段很稳定，其诱发的生态问题具有规模性和持续性（罗康隆，2007）。在当时，固定耕地很难取得成功，因为土地的肥力无法保证，特别是在化肥等新技术没有推广之前。虽然种植面积大，但是单位面积产量很低。另外，少数民族地区劳动力数量不足，难以做到汉区的精耕细作。新开土地的产量低到一定程度，所以不得不抛荒。

历史上的有序轮耕被打破，刀耕火种的一整套规范也被忽视。传统时期，由于有严格的社会规范和信仰禁忌，当地政府会在各村寨派遣专门的"看山人"负责日常的山林巡查，所以，刀耕火种造成森林火灾的情况并不常见。但是，20世纪60年代以来，社会规范和集体协作逐渐式微，政府实施鼓励开荒的政策，四处放火开荒，森林火灾情况严重泛滥。这一时期南芒县"每年山火发生的面积大约在10万亩以上，1958～1962年，仅森林火灾发生的面积就达50万亩左右。有的山区连年野火烧山，成为老火灾区"（《南芒县森林防火训练总结》，1963）。在云南全省，开荒过程中火灾一直"形影不离"。20世纪70年代，云南提倡"一户多开一亩地"，在农业局设立开荒办公室，当地刀耕火种、毁林开荒的问题十分严重，一年内全省火灾达1万多次，烧毁森林1000多万亩（侯学煜，1980）。火灾看似是刀耕火种的必然产物，但是有序的刀耕火种并不会造成严重的火灾。为了提高土地的利用效率，政府推广的新技术对生态也有负面作用。如深耕技术破坏了原有植被根系，损害了地表植被的恢复，造成了严重的水土流失。

第三节　现代科学技术与农业生产

如果说汉区农业知识的推广主要是从种植制度上对传统农业进行变革的话，那么，现代科学技术对传统农业的改造可谓是彻头彻尾。从20世纪70年代后期开始，特别是90年代以后，南芒县农业从粗放扩张的历史逐渐转变为依靠现代科学技术进行集约化经营的历史。随着现代科学技术的普及，农业工业化的特点逐渐呈现。农业技术推广主要以"两化"（化肥、化学农药）、"两杂"（杂交水稻、杂交玉米）为主要手段。政府、技术专家、普通村民对科学是执着与崇拜的，但是对潜藏的环境与生态危机却是"无意识"的。与全国其他地区类似，南芒县的农业生产逐渐转变为"高投入、高产出、高环境资源代价"的发展趋势。化肥和化学农药的使用促进了南芒县粮食产量的大幅度提高，与此同时，南芒县内也呈现生物多样性锐减、农业面源污染等特征。

一　农业科学技术的推广及其效果

我国农业科学技术短时期内在农村地区得到迅速推广。科学技术的推广与政府的大力推进密切相关，是科学技术和官僚体系合作的结果。

农业现代化主要是利用现代科技提高农业产量，提升农业效率。农业科学知识是一套系统的专业知识。作为"专业知识"的科学在地方社区中的实践与相应的国家专业技术的发展不可分割（荀丽丽，2012）。农业科学知识体系的推广是在政府主导下进行的，是农业现代化的重要组成部分。现代科学知识往往借助现代科层体系推广。在南芒县，农业技术推广系统主要依赖机构设置、科技人才和推广方式。

第一，机构设置。包括设置农业技术管理机构、研究和推广服务机构、群众团体。1960 年，思茅专员公署成立了科学技术委员会办公室，后来经历了科学技术办公室、科学技术委员会（科委）的名称变更。1971 年，南芒县成立科技办公室，开始成立时只有4 个人，至 1990 年约 10 人。各级政府都有农业科技推广部门，就县域而言主要包括县农业技术推广站、公社农业科技站、大队农业科技队、生产队农业科技组。此外，地区、县、镇分别成立了科学技术协会，地区级和县级的协会包括水利水产电力学会、农学会、林学会、茶叶学会。

第二，科技人才。1949 年以后，基层的科技力量不断提升。南芒县政府通过以下六种方式吸纳科学技术人员：从部队转业；从社会吸收；从外地分配高校毕业生；地区专业学校培养；在职培训；从区外招聘（思茅地区科学技术志编纂委员会，1993）。国家每年都派遣一些科技人才支持边疆建设，同时南芒县所在的市先后创办多所学校培养技术人才，如农业学校、卫生学校、师范专科学校（内设物理、化学、生物等理科班）、省农垦局办的热带作物学校等。资料显示，1989 年，各地区和各县积极培养少数民族科技人员，少数民族科研人员比例达到 28.2%。南芒县所在的市的农业技术人员数量在 1965 年为 233 人，1971 年为 155 人，1979 年为 727 人，1985年为 1062 人，1990 年为 2007 人（思茅地区科学技术志编纂委员会，1993）。

第三，推广方式。农业技术推广的主要内容涉及作物良种、肥料施用、病虫草害防治等。在农业科学技术的推广措施上，南芒县采取实验、示范推广的方式。例如，水稻品种就进行了三次比较大的实验。20 世纪 60 年代全县推广"白壳矮"，70 年代推广"博罗矮"，80 年代中期起开始推广杂交水稻［《南芒文史资料（第三辑）》，2004］。在农业技术的推广方式中，省、市、县下派的工作队发挥了重要的作用。最初农业技术推广具有一定的强制性，一位老生产队长描述了当时推广杂交水稻的情景：

> 分田到户后，工作队分给每家三斤杂交品种，老百姓却不想种。工作队说必须要种。试种起来，他们（老百姓）都说产量高。就去南芒（这里指南芒县城）买。（岩中，2012 年 7 月27 日）

杂交水稻推广前粮食作物的品种是多样化的。据《南芒县志》记载，南芒县内有陆稻品种 124 个。每个村寨都有七八个陆稻品种，其中必须有耐瘠、耐肥、耐冷、耐热品种，早熟、中熟、晚熟品种，以及饭稻、糯稻等（尹绍亭，2000）。这些陆稻品种是经过上百年筛选而保留下来的，粮食品种要与降水、气温、海拔、土壤等自然地理环境相适应。村民拥有丰富的种植经验，包括对土壤质量的判断、对陆稻品种产量潜力的判断等，这是传统农业知识的重要组成部分（伍绍云等，2000）。尹绍亭对从事刀耕火种农业的基诺族人民调查后发现，当地的农民将土地分为不同的类型，如一类、二类、三类，每种类型的土地又分为一年、两年、三年的耕作年份，不同的地又分为阳坡、阴坡，分类后的土地种植不同的作物品种（见表4-3）。此外，传统陆稻地里都种多种杂粮，村民在种粮食的同时也种蔬菜。一般的山地农业，套种作物从六七种到二十余种不等，其中有禾本科的龙爪稷、粟、高粱，豆科的黄豆、饭豆、四季豆，茄科的茄子、辣椒、苦子，葫芦科的南瓜、黄瓜、葫芦、辣椒瓜、苦瓜，十字花科的青菜、萝卜、白菜，天南星科的芋头，菊科的向日葵，姜科的姜，百合科的葱、韭菜、菇头，唇形科的苏子、薄荷，芸香科的打棒香（尹绍亭，2008）。

表4-3　基诺族人民陆稻种植情况

地类品种耕作年份	一类		二类				三类			
			阳坡		阴坡		阳坡		阴坡	
	肥地	瘠地	肥地	瘠地	肥地	瘠地	肥地	瘠地	肥地	瘠地
一年	各种糯谷	勐旺谷	紫糯谷 黄糯谷	勐旺谷 烂地谷	黄糯谷 紫糯谷	大红谷 小红谷	黑节巴谷 细白谷	烂地谷 细红谷	黑节巴谷 黑亮谷	小红谷 烂地谷
两年	大白谷 小白谷	烂地谷	长毛谷		长毛谷 长谷		细白谷 小红谷	长谷 长毛谷		
三年	勐旺谷		勐旺谷	黑亮谷	烂地谷		烂地谷	烂地谷		

现代科技造成了农业生物多样性的锐减。随着高产稳产的水稻品种的推广，多种多样的陆稻品种消失了。技术推广的结果是种子的选择权从农民变成了科学家。在第三世界国家，20世纪50年代"绿色革命"的推广也造成了水稻品种的大量消失。据统计，"绿色革命"前菲律宾大约有4000多个水稻品种，之后减少为3～5个水稻品种，这些品种由国际水稻研究所（International Rice Research

Institute，简称 IRRI）培育。Conklin（1957）在菲律宾民都洛岛（Mindoro）的刀耕火种农业调查中发现有超过 280 种食用作物，其中光水稻品种就超过 90 种。而在"绿色革命"前，印度尼西亚有 14000 多个水稻品种，孟加拉国有 7000 多个水稻品种，之后都消失了（Shiva，1991）。南芒县内较好的陆稻品种包括扎罗、扎罗普、扎波尼、苦谷、大白谷、俄归等。20 世纪 60 年代，南芒县政府开始进行穗选或片选，提纯复种。推广杂交水稻后，多种多样的陆稻品种也消失了。1983 年，南芒县政府试种杂交水稻成功，单产达 600 斤以上。随着杂交水稻的推广，南芒县的粮食作物也变成少量的杂交品种，如德农 2000、冈优 305、宜香 3003、两优 2161 等品种。

肥料使用上的变化也非常明显。1962 年，南芒县开始使用化肥，化肥大范围推广则始于 20 世纪 70 年代。在计划经济时代，南芒县农业生产所用农药，统一由县商业局供应。1985 年以后由县供销社供应。南芒县肥料使用的变化可以分为三个阶段。

1. 第一阶段，1949 年以前，人畜粪便的低效利用阶段

按照当地的风俗，南芒县一般不建厕所，对人类粪便收集利用较少。傣族文化中认为人粪不洁，要种"卫生田""栽白水秧"①，所以不利用人粪。傣族地区的水田农业生产需要的肥料主要依靠动物粪便、草木灰等。富裕人家养了牛、马、猪等，一般自己储存牛粪、马粪、猪粪。穷人家没有牲畜，就在路上、寨子附近捡一些牛粪、马粪做肥料。同时，捡一些树枝、叶子、稻草，放火烧完后用草木灰当肥料。

2. 第二阶段，人民公社时期，人畜粪便的大规模利用和推广阶段

人民公社时期，南芒县各村寨都建立了厕所，作为收集肥料的一个重要来源。政府机关、学校也都建起了公共厕所。政府号召人的粪便也要利用起来，村民就到单位的公共厕所排队抢粪，甚至多次出现学校员工与外面的村民争抢粪便的事件。同时，政府发动村民制作

---

① 相关资料来源于《南芒县志》。

"绿肥"以提高作物产量。一位村民介绍了"绿肥"的做法：

> 从山上采来解放草等植物，在空地上挖一个大坑，将草放入坑中，上面浇上人畜粪便，然后把土盖上。放上一个月左右，就可以当肥料了。如果底下流出的是黑水，说明肥性很好。（波罕罗，2010 年 3 月 18 日）

3. 第三阶段，"包产到户"以后，化肥使用逐渐普遍，农家肥使用逐渐减少

村民表示化肥就像吃药一样见效快，田里化肥用少了，稻子就矮小、稀疏。因此，化肥使用逐渐被村民接受和认可，农家肥不再是抢手的"香饽饽"。一些村民表示，不使用农家肥的原因多种多样，有的人怕被笑话、嫌农家肥味道难闻；有的人做生意，没有时间收集处理农家肥。总之，在村民的理性选择下，农家肥的使用使来越少。科学种田必须要使用化肥的观念已经深入人心。

化学肥料的使用使粮食产量明显增加。2006～2011 年，南芒县所在的市测土配方施肥玉米、水稻、小麦、陆稻的"3414"试验表明：1kg 化肥养分平均可增产粮食 7.4kg；1kg 氮肥（纯 N）可增产粮食 10.6kg，1kg 磷肥（P_2O_5）可增产粮食 7.4kg，1kg 钾肥（K_2O）可增产粮食 6.0kg（武广云，2013）。一位村民表示，现在一亩水稻可以收获 1000 多斤粮食，这在以前是不可想象的。"包产到户"以后，温饱问题在南芒县很快得到解决，这与化肥的使用也是密切相关的。通过农业技术的推广，农村粮食单产迅速提高。以水稻种植为例，勐安镇 1978 年水稻播种面积为 23979 亩，水稻总产量达 5268吨，平均亩产达 219.69 千克。到 2011 年，勐安镇水稻播种面积为17810 亩，水稻总产量达 7387.5 吨，平均亩产达 414.80 千克[1]。

---

[1] 资料来源于《勐安镇志》，平均亩产由产量除以播种面积计算得来。

化肥的使用量也在急速上升。据统计，南芒县所在的市 1971 年化肥使用量为 3098 吨，2011 年化肥使用量为 69465 吨，使用量增长为以前的 22.42 倍，以平均每年 9.94% 的速度增长（武广云，2013）。南芒县在 20 世纪 60 年代使用化肥 440 吨、农药 104.5 吨；70 年代使用化肥 5016 吨、农药 339.8 吨；80 年代使用化肥 14201 吨、农药 730 吨。由此可见，南芒县化肥、农药的使用量迅速增加[①]。

二　现代科学与生态变迁

政府在推动技术推广的过程中发挥了极为重要的作用。在以政府官员、农业技术专家为主体构成的农业推广部门中，常常有一些基本的假定。第一，传统农业知识是落后的。因为在传统的农业知识的指导下，传统农业的效率低下，农业产量很低，所以农民的传统农业知识是现代农业发展的桎梏。农民是无知的，农民是保守的，农民是懒惰的，农民不愿意改变。正如发展理论所指出的，发展本身在制造"无知"（Ignorance），无知并不仅仅是有知的对立面，而是包含了一种道德意义上的评判（Hobart，1993）。农民是"无知"的，所以要想方设法改变农民的习惯。粮食产量的对比也使农民逐渐认识到自身的"落后"，认为自己"不懂科学"。农民或是主动或是被动地放弃了传统农业知识，而传统农业知识中有自身的合理部分，例如对森林的保护，追求利用与保护平衡的思想等。这些传统农业知识中有益的部分也随之被抛弃。第二，科学种田体现了农民对科学的充分信任。发展必须依赖现代科学技术，只有现代科学技术才能维持农业的高产。吉登斯（2000）指出，所有的脱域机制（象征符号和专家系统）都依赖于信任。对现代科学的强烈信心是农业技术推广的重要动力。这种信任不仅体现在技术推广人员身上，

---

① 相关资料来源于《南芒县志》。

而且体现在普通的技术受众身上。一位农民告诉笔者，"飞机都上天了，还不信科学吗？"

人们及其迷信科学，但是对科技的后果却"无意识"，现代知识强调科学的重要性，但是人们没有认识到科学本身的局限性。科学有其自身的缺陷，现代科学技术呈现以下四个特点。

第一，"脱嵌"的科学技术。就农业知识而言，传统的农业知识无疑具有深刻的"地方性"，农业方式、农业技术等深深嵌入地方气候、土壤、地形等自然地理条件和社会组织之中。在地方的自然、社会、文化土壤中发展起来的传统农业知识在特定区域内具有极好的匹配性。但是，传统农业知识无法推广和复制，即甲地的成功经验移植到乙地往往不适用。而科学技术则表现出根本性的差异。吉登斯（2000）指出，现代性以"时空分离"和"脱域"为主要机制。科学技术强调的是标准化的操作和普遍的适用性、可复制性和推广性。在这种过分强调"一般"和"共性"中，特殊性和差异性往往被忽视了。科学技术决策只关注技术本身，突出地表现为一种技术理性主义（Technical-rationalism），而传统知识决策则是一种综合的考量。

第二，现代科学与官僚体系联系紧密。知识是权力的一种工具，权力通过将传统知识"问题化"进而用现代知识加以改造。因此，我们不仅要关注技术本身，还要关注是"谁"在推广技术，"谁"可以从技术的推广中受益。国家权威是科学技术推广的合法性基础，现代科学发挥效力是官僚体系推广的结果。官僚体系特有的"国家的视角"的简单化、清晰化的实用主义逻辑与现代科学的追求是一致的。作为理性化的现代体制，官僚体系往往成为科学技术推广的主体，是科技下乡的主导推动力量。

第三，自然客体化与资源化的知识体系。科学把自然作为纯粹的物和研究对象。现代科学的发展造成了一种韦伯（2016）所谓"祛魅化"的世界。科学的世界里没有神。自然的奥秘被揭开，神从地球消失了。掌握了现代科技的人类成为地球的主宰，人类走入了"人类中心主义"的怪圈。随着科学技术的进步，人类征服自然、统治自然的野心逐渐膨胀。在科学看来，自然完全是一个客观存在的物质实体，它等同于有价值的资源。同时，在追求效率的目标下，现代科学已成为财富增长的工具，如科学种田、科学林业等。

第四，现代科学具有先天的风险。传统知识是一种综合性的知识体系，但科学是一种简化的、碎片化的知识。科学往往用于某一种特定的目标，例如，化肥用于提高产量，农药用于杀灭害虫。科学研究所遵循的是简化论（Reductionism）的原则，即将研究对象分解为具体的"部分"，再对这些组成"部分"加以分析，并通过对"部分"的解析来达到对"整体"的预测（荀丽丽，2011）。如果说现代社会意味着理性从伦理、规范、道德和禁忌中解放的话，不可控制的"现代性后果"（吉登斯，2000）也是现代性的一个组成部分。人类过分地信任专家系统具有严重的危害性，这也是吉登斯的"反思性现代性"（Reflexive Modernity）的体现。风险社会的风险已经不是传统意义上的自然风险，而是一种人造的风险，如现代社会严重的工业污染、农业污染等。

三　化学农业的生态影响

（一）化学农业的生态后果

马克思对大量使用化学肥料的资本主义农业生产方式持批判的态度，他指出这种生产方式破坏了人与土地之间的物质交换关系，土壤养分循环的断裂造成了土地肥力的下降（福斯特，2006）。中国在传统时期的农业模式具有较好的生态可持续性。美国农学家富兰克林·金（2011）在100多年前创作的《四千年农夫》一书中，对与欧美现代农业模式迥异的东亚传统农业模式进行了高度评价，他指出这种小农农业最大限度地利用了农业生产的废弃物，在生态方面具有可持续性。而美国的大规模农业则使用化学肥料，对土壤、环境已经造成严重危害，是不可持续的。然而，令人遗憾的是，在中国，现代农业技术的推广基本上已经终结了传统农业模式和传统农业知识，而农民大规模使用化学农药不过短短三四十年，就将以往吸纳城市污水、创造正外部性的农业，肆无忌惮地改造为创造负外部性的农业。

化学农药对农业生态系统的破坏是触目惊心的，造成了农业生物多样性锐减、农业面源污染等后果。20 世纪 60 年代，滴滴涕（DDT）发明后在美国大面积使用，广泛应用于农业领域，带来了农业产量的迅速提高，但是却出现了非预期的后果。美国环保运动先驱蕾切尔·卡逊在《寂静的春天》里描写了滴滴涕等杀虫剂的大量使用对自然环境、人类健康造成的巨大危害，引起了人们对现代技术副作用的深刻反思。

　　然而，一场诡异的疫病悄然笼罩了这片土地。随后，一切事物都开始变得面目全非。某种邪恶的诅咒似乎赖在这里不走了，鸡群成片染上了怪病，牛羊也生病了，然后死去。四处都笼罩着死亡的阴影，农夫们在谈话间都提到自己的很多家人生病了，城里的医生看着病人出现了各种新疾病，也变得越来越迷惑不解了。另外还发生了几次无法解释的猝死现象，受害者中不仅有成年人，也有儿童。这些孩子们正在玩耍的时候，突然发病，然后几个小时后就夭折了。

　　周围变得异常死寂。比如，鸟都不见了，他们去哪里了呢？很多人说起小鸟，大家心中都是一片茫然，也非常不安。家家户户后院里的喂食台都荒废了，人们看到的鸟儿都已经奄奄一息了，它们颤抖得厉害，而且无法飞翔了，这是一个没有声音的春天。曾经，这里的早晨，每当破晓时分，知更鸟、猫鹊、鸽子、橿鸟、鹪鹩，还有其他各种小鸟，它们一起发出的各种啁啾，让空气中弥漫着热闹的合唱。但是，现在一点声音都没有了，田野间、树林里和沼泽中，到处一片静默（蕾切尔·卡逊，2017）。

在中国的西南地区，现代科技造成的后果丝毫不容乐观。当地村民眼中最为显著的变化是农业生物多样性的毁灭。传统时期的水田是一个小型的生态系统，在这个生态系统中，除了人工种植的水稻外，还有多样性的物种。有田螺、各种鱼类、青蛙、螃蟹、鸟类、蛇、老鼠等。这些物种本身构成了相生相克的多组食物链，能够减少水田的病虫害，如鹰吃蛇、蛇吃老鼠、青蛙吃昆虫。一位傣族村民描述了化肥农药使用前农田的生态情况：

> 泼水节过完后，开始下雨了，村民就从坝子里放水，水一直流到田里。村民还把牛粪泼到每家每户的田里，水就变成红色了。几天以后，水更清更亮了。这时候，田里就冒出很多螺蛳，周边村子老百姓都拿着小箩筐去捡螺蛳。犁田、耙田的时候，有很多黄鳝、泥鳅、鱼，村民就用笼子去收。秧栽完了，村民晚上拿着火把去田地里，到处都是青蛙和虫子的叫声，咿咿啊啊……这就是我们民族（过去）的生活，它就是生态的。（波罕罗，2013 年 1 月 5 日）

具有生物多样性的水田的产出也是多样的，除了水稻外，还有很多副产品。田螺是南方水田传统的特产[①]，每亩水田每年的产量都

[①] 曾经有一位下放的城里知青回忆说：那时候无人养鱼，鱼都是捕自江河、溪流中……放田水时也可以收获一些鱼。冬天田里无水，黄鳝都集中到有水的泥潭中，这时刨开泥潭便可以捉到很多黄鳝。田螺也是夏秋季节傣族人民餐桌上的常见菜，一般都是由小姑娘腰系一个筐到田间来拾。所以，当某家生了小孩，碰到的人会问'来呗的桑？'（傣语：生了个什么）若回答'呗借怀'（捡田螺的），指生了女孩。若回答'呗林海'（傣语：放牛的），就是生了男孩。从中可以看出捡田螺是村民重要的生计活动（张开宁、门司和彦、邓启耀，2012）。

有几十斤。每年村民种植水稻后，在水田里捡田螺是当地村民特别是女性村民的一个重要生计活动。一问起田螺，每个村民都在回忆以前抓田螺的场景以及对田螺消失的惋惜之情。作为食物的田螺有很多种做法，炒田螺是当地非常美味的食物。由于农民不用化肥、农药，水田的灌溉用水里有很多鱼苗，水稻开花时正是鱼收获的时候，"稻花鱼"普遍存在于南方水田系统中。在云南很多地方，稻田的鱼在短时间内大量丰收，因此，为了尽快消费这些鱼类，很多地方形成了"长街宴"的习俗。水稻和鱼的双丰收本身就蕴含着高超的智慧。自从施用化肥、农药后，田螺、鱼类、螃蟹等物种基本上消失了。水田病虫害愈加严重，农民不得不施用更多的化肥农药，形成恶性循环。

（二）生态破坏的原因

现代科技的推广引起的生态问题受到了学界的关注。无可否认，政府主导的技术推广措施极大地提高了粮食产量，使当地在很短的时间内就解决了温饱问题。农民对化肥、农药的依赖性越来越强。新推广的高产粮食品种也对化肥农药有较大的需求。传统时期的粮食品种经过多年培育，对当地的气候、降水、土壤等有较强的适应性。而新品种则显现出"水土不服"的特征。村民表示，老品种不容易生病，而新品种病虫害比较多，经常需要治病、打药。化肥大面积使用后，农家肥在有些地方变得无人问津了。原因在于农民收入水平不断提高，有能力购买化肥。但是，现代技术造成了地方传统的农业知识的进一步衰落。在现代科学技术的作用下，与其他地区类似，南芒县的生态也在遭受极大的破坏。

现代科学技术对环境的破坏的原因表现在两个方面。一方面，现代科学技术本身的破坏性。正如环境问题"技术派"代表人物巴里·康芒纳（1997）所指出的，正是环境破坏性技术代替环境友好型技术造成了严重的环境问题。大量使用化学肥料、农药对环境本身就具有严重的破坏性。如农民使用农药杀灭了害虫，却也将其他生物一起消灭，破坏了生物多样性；农民大量使用化肥，透支了土壤的肥力，造成了土地的板结。农民的农业生产过度依赖科技产品，出现哈贝马斯的"生活世界殖民化"的倾向（杨立雄、杨月洁，2007）。

另一方面，科学技术使用中的"专家缺席"。在化肥、农药的使用上，往往出现"专家缺席"的状况，这更加重了环境危害。首先，村民环境保护的意识较低，特别体现在对化学肥料污染的认知上。大多数村民并不知道化学肥料的使用会造成严重的环境问题，如水体富营养化、重金属污染等，他们表现了一种"无意识"状态。其次，体现在施肥方法的培训上，农民并没有得到专门的培训。农民使用化肥的信息来源主要是个人和其他村民以及农药经销商等渠道。农民施肥主要是凭经验和随大流，肥料养分投入失衡现象较为突出。"3414"农业试验表明：南芒县所在的市的化肥平均利用率分别是：氮肥为 31.55%，磷肥为 12.72%，钾肥为 11.7%，平均仅为 18.66%。而世界发达国家的肥料利用率在 60% 以上（武广云，2013）。在南芒县的山地地形中，化肥的污染程度更加严重，因为坡地地形加剧了肥料的流失。近年来，南芒县实施"'兴地睦边'农田整治"项目，其目的是对山地进行改造，将坡地改成台地以减少跑肥现象。但是在坡地大规模改造之前，肥料流失非常严重。坡地化肥的大量使用不仅使肥效丧失，也造成了面源污染等后果。

第五章

自然过度资本化：经济
林产业及其生态代价

把山当地耕，把树当菜种。

——南芒县林业局宣传材料

20 世纪 80 年代以来，政府工作重心开始转向经济建设。随着社会主义市场经济制度的确立和完善，市场作为一种资源分配手段，其发挥的作用越来越突出。市场因素逐渐成为生态演变的重要变量。与其他发展中国家的森林变化状况类似，南芒县也出现了所谓的森林转型（Forest Transitions）的历程（Rudel，1998），即人类在经历一段时间的毁林（Deforestation）后，由于林木的经济效益日益增加，进而大量造林（Reforestation），森林覆盖率又大幅回升。南芒县经济林产业规模逐渐壮大，市场导向的经济作物种植促进了经济的迅速发展。自然经历了一个快速资本化的过程。在市场力量的影响下，政府、企业、农民都表现了何种行为？他们的行为如何造成自然过度资本化的现实？下文笔者将分别从政府、企业、农民三个利益相关者的角度入手，进行细致分析，尝试回答以上问题。

第一节　政府与经济林产业发展

一　经济林产业总体概况

党的十一届三中全会以后，经济建设成为中国各级政府的中心工作。南芒县也开始了经济发展的新阶段。20 世纪 50 年代后，长期"以粮为纲"的农业政策造成农村产业结构过于单一，粮食生产占绝对比重的后果。在"决不放松粮食生产，积极发展多种经营"的方针指引下，依托于资源优势，南芒县提出发展"绿色产业"① 以带

---

① 这里的绿色产业主要指经济作物的种植，而非一般意义上的清洁、无污染的产业。

动加工业富民富县的目标。为了发展经济，从而使农民更好地利用热区资源，南芒县政府提出优先发展"胶、糖、茶"的农业政策。通过早期的政府主导开发，到后期的民间自主开发，以橡胶、咖啡、甘蔗、茶叶为主的"绿色产业群"极大地支撑了南芒县的经济发展。30多年间南芒县经济林产业发展迅速，很多经济作物产业经历了从无到有、从小到大的发展阶段。在经济作物产值中，橡胶、甘蔗、茶叶、咖啡分别居前四位，且增长速度十分惊人。详细内容见表5-1，图5-1。

表5-1　南芒县经济林产业产值增长情况（1989~2010）

单位：年，万元

时间	第一产业总产值	橡胶产值	甘蔗产值	茶叶产值	咖啡产值
1989	2885	508	21	51	1
1992	5375	1156	1950	220	20
1995	7229	3099	2589	391	154
1998	10394	4270	3506	333	132
2001	12042	4466	3027	277	761
2004	16743	5994	4825	463	1630
2007	21137	9232	5523	3818	2139
2010	35036	15605	6350	3164	2628

资料来源：《从数字看南芒改革开放30年》。

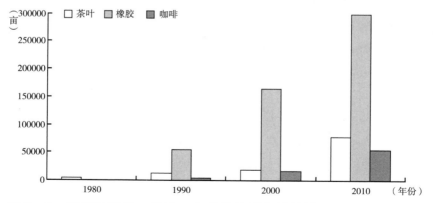

图5-1　南芒县茶叶、橡胶、咖啡种植面积增长情况（1980~2010）

资料来源：《从数字看南芒改革开放30年》。

与经济作物产业发展密切相关的是经济作物"生产—销售"产业链的形成和完善。随着交通、通信等基础设施的完善，南芒县与外界联系日益密切。经济作物产业链的构成主体包括农民、小商贩、大收购商、大型企业等。当地农户的农产品销售较为便利。小商贩机动灵活，可以深入农户家中进行收购。他们收购后转售给县里或市里的大收购商，大收购商再向上级收购商销售，最终这些原材料汇集到企业。例如，南芒县生产的咖啡豆最终主要被雀巢公司收购。在这一开放的市场系统中，经济作物的价格不仅受到区域内和全国供需关系的影响，而且受到全球供需关系的影响。由市场决定的价格机制日益成为影响农民生产行为的最主要的因素。

二　地方政府与经济林产业开发

政府在经济林产业发展之初发挥了主导作用。在经济林产业中，橡胶产业是非常重要的一种经济作物类型。橡胶产业在南芒县开发最早，种植面积已达到 30 余万亩，远远超过茶叶、咖啡和甘蔗的种植面积。同时，在经济林产业中，橡胶产业的产值所占比重最大，对经济贡献也最大。下文笔者以橡胶产业发展为例，分析政府主导下经济林产业的形成过程。

橡胶作为重要的战略资源，在 20 世纪 50 年代一直受到西方国家的封锁和禁运。为了打破封锁，支持国家的经济建设，周恩来和叶剑英指派专家到华南以及西南等地区进行考察，考察结果证明这些地方的气候、土壤、雨量很适合种橡胶。因此，国家开始在国有农场试点种植橡胶，并获得了成功。从此，我国开始大范围的种植橡胶，特别是在海南岛、云南南部等热带、亚热带地区。

南芒县最早的橡胶种植地是南芒农场。20 世纪 60 年代植物学家蔡希陶到南芒县考察，考察结果表明"勐安下半乡芒蚌村以下南麻河流域直至勐可北卡江边的广大地区的 4 万多亩坡地属低热河谷地带，气候炎热，雨量充沛，常年无霜，很适合橡胶生长"[《南芒文史资料（第三辑）》，2004]。1963 年国营南芒农场的主管部门从南芒县调整到思茅区农垦局，健全了党组织工作机制，为发展橡胶产业创造了优越的条件。国营南芒农场种植的橡胶获得了很好的经济效益，1965 年种植橡胶达 50 余亩，后来种植面积不断扩大；"文化大革命"期间，南芒农场的橡胶种植业受到冲击；截至 1982 年，南芒农场种植的橡胶达到 11032 亩；1990 年，南芒农场种植橡胶 17509 亩，产值达 600 余万元①。

为了开发热区资源，使自然优势转变为经济优势，1982 年南芒县政府开始大力发展民营橡胶生产。政府在人力、资金、技术等方面做了大量努力，"集中力量办大事"，有力地推动了橡胶的大开发。政府组织的橡胶种植一直持续到 20 世纪 90 年代中期。由于这一时期的橡胶种植是由政府和橡胶公司主导的，所种的橡胶也被胶农形象地称为"公司胶"，与之相对应的是，之后市场化条件下胶农自己开发的橡胶被称为"私人胶"。

（一）发展规划和动员

20 世纪 80 年代初期，南芒县政府请专家对县内的宜胶地进行了勘查。结果显示，南芒县的勐安、公高两区的班文、公高、公良、双村、勐可、勐安等村在地理位置上都位于县的西南方，位于北纬 22°08′～22°25′，东经 99°18′～99°30′，全长为 60 千米；海拔为 500～1000 米；属热带半湿润气候，年平均气温为 19.8℃～21.7℃，最冷月均温 14℃～16.7℃；每年大于 10℃的积温为 7689℃；年降水量为 1330mm～1440mm，年均相对湿度为 80%；全年日照时间为

----

① 相关资料来源于《南芒县志》。

1882 小时～2000 小时。根据考察，有宜胶地 64328.8 亩（《总结经验，开拓进取——南芒县 1980～1986 年民营橡胶生产发展总结和奋斗目标》，1987）。

南芒县橡胶开发采取的是"集中连片"式的开发政策。橡胶林涉及的土地包括轮歇地、集体林地、自留山等。1982 年全县开始了轰轰烈烈的橡胶大开发，开展橡胶种植成为政府这一时期的工作重心，橡胶开发被赋予了极高的意义。双村二组老生产队长岩明回忆道：

> 副县长说要组织经济大开发，为了国家需要而发展科学。加工汽车轮胎、飞机轮胎都需要用到橡胶。国家科学发达了，橡胶也好卖。农村的经济来源以后也要靠橡胶，政府要改进农民的生活条件。副县长姓蔡，还是南芒县的劳动模范。（岩明，2012 年 8 月 2 日）

20 世纪 80 年代的橡胶种植热是在当时国家鼓励乡镇企业建设的更大的社会背景下开展的。为了扩大橡胶的种植，政府鼓励村民集体种橡胶。双村一组老生产队长岩满介绍道：

> 当时国家提倡社办企业，民办企业，乡镇企业。不是国家搞，是老百姓搞（企业）。比如民办企业，都是由国家提供技术支持和补助，老百姓负责种植橡胶。（岩满，2012 年 8 月 3 日）

（二）橡胶开发的组织方式

橡胶种植前期的投入很大，收益很慢。橡胶树通常要种植 8 年后才可以割胶。在这 8 年中每亩橡胶（每亩按 30 棵计算）的人力、肥料投入折算成现金约 3 万～4 万元。在当时的经济状况下，一般村民无力承担相对高昂的费用。通过探索，南芒县开创了一个新型的橡胶种植模式：公司＋基地＋农户。通过对劳动力、粮食与现金三者进行比较，确定了得到认可的比价关系：10 个劳动日＝50 千克原粮＝20 元＝1 股。新型橡胶种植模式包括以下三个方面。第一，公司。处于宜胶区的每个镇都成立了橡胶公司，双村所在的勐安镇成立了勐安橡胶公司。公司主要负责提供橡胶苗、资金、肥料、技术、炸药以及完善种植区的种植规划、道路建设等。这一时期也被村民称为种"公司胶"时期。第二，基地。本镇或者其他乡镇的村寨作为后方基地，为专业胶农提供橡胶树从种植到开割前所需要的粮食。第三，农户。首先，农民要投入劳动。另外，在土地流转、政府的宣传政策上，农民要利用"荒山、荒地"种植橡胶，采取"所有权不变，有偿转让承包经营权，统一规划，定期使用"的方式。初步计划的土地管理费为每亩 100 元，使用年限为 50 年。土地所有权仍然归农业生产合作社（《总结经验，开拓进取——南芒县 1980～1986 年民营橡胶生产发展总结和奋斗目标》，1987）。

橡胶公司的橡胶种植可以分为三种形式。第一，全村（办事处）与公司专业队合作。全村统一组织劳动力集中开挖好台地，请公司派专业种植队负责种植和管理。在橡胶管扶期，专业胶农的口粮由各合作农民入股分担。胶园归全村（办事处）集体所有。第二，合作社与公司专业队合作。合作社统一组织劳动力集中开挖好台地，请公司派专业种植队负责种植和管理。在橡胶管扶期，专业胶农的口粮由各社农民入股分担。胶园归合作社集体所有。第三，兼业农户与合作社合作。规划范围内的合作社在公司适当扶持下，统一组织劳动力，集中连片开发种植，并按公司统一要求，集中管理，独立经营。胶园归合作社集体所有（《总结经验，开拓进取——南芒县 1980～1986 年民营橡胶生产发展总结和奋斗目标》，1987）。

（三）组织胶农队伍

在橡胶产业发展过程中，人力也是不可或缺的。政府通过一系列措施，吸引了县内县外一大批农民从事橡胶生产。在橡胶种植的前2～3年，南芒县委派了一位副县长和镇里的领导驻扎在双村。双村二组老生产队长岩明回忆道：

> 县长来了之后，双村所有的干部在一起开会。统一意见，决定要集中精力发展橡胶，决定搞多种经营，开展经济大开发。（岩明，2012年8月10日）

经过村里讨论后得出的统一意见，决定种植橡胶。但当时双村一组和二组共计有轮歇地3万余亩，而本村人口只有三四百人，人力不足，无法在这么大的面积上种植橡胶。于是，政府就组织了一大批外村的人来种植橡胶。双村二组老生产队长岩明说道：

> 一些附近村庄的村民来种橡胶，原因是他们居住的地方不适合种橡胶。而双村适合种橡胶。政府认为，双村是国家的土地。一个国家的同胞，一个社会的公民，要互相考虑、互相帮助。政府这样说，我们就不得不听政府的了。因为他们那是冷的地方，不适合（种橡胶）。（岩明，2012年8月10日）

通过政府的积极动员，双村所在的勐安镇的其他村都派出了一批人来种植橡胶，每个村约有几十人来到双村种植橡胶。除此以外，一大批外镇、外县的人经亲戚朋友介绍，也来到南芒县种植橡胶。这些人就组成了专业胶农队伍。墨江县距离南芒县100多千米，从

墨江来的移民非常多。一位专业胶农是 20 世纪 90 年代初过来的，
而在之前的 20 世纪 80 年代，她的妹妹就从墨江来这里种植橡胶了。
她表示：

> 我妹妹有个亲戚是南芒县的，那个亲戚说可以来这里种植
> 橡胶，于是她就过来了。来这里后，发现收入比家里好，就介
> 绍我也过来了。

正是通过这种亲戚、熟人的介绍，使得越来越多的外县人来到
南芒县种植橡胶。据统计，在 1986 年，南芒县橡胶专业户达 634
户，共计 1065 个劳动力；兼业户达 381 户，共计 854 个劳动力
（《总结经验，开拓进取——南芒县 1980～1986 年民营橡胶生产发展
总结和奋斗目标》，1987）。外地人当时来的时候户口没有迁入当地，
2000 年以后户口逐渐都迁到南芒县。

（四）资金与技术

资金是产业发展的必要条件。南芒县采取多种方式筹集橡胶产
业发展所需资金，资金来源可以分为国家资金和村民自筹资金两种
方式。1981～1985 年，国家通过各种途径，采取有偿无息的方式共
投资扶持约 206 万元。其中，民委系统边境事业建设费 117 万元，
财政扶持生产基金 55 万元，农垦部门扶持资金 29 万元，乡镇企业
周转金 5 万元。已发展的 19068.6 亩橡胶平均每亩投入 108 元。生产
合作社社员自筹资金 135 万元，其中现金 16 万元，以粮代资 48 万
元（240 千克），以劳代资 71 万元，平均每亩投入 70 元（《总结经
验，开拓进取——南芒县 1980～1986 年民营橡胶生产发展总结和奋
斗目标》，1987）。

在橡胶产业发展初期，技术人才非常缺乏。南芒县主要采取
"学中干，干中学，请进来，送出去"的方式培养了大批橡胶技术人

员。在橡胶公司成立的最初 6 年，南芒县政府选派 67 人到橡胶种植较早、技术较成熟的景洪学习，后来又选派 23 人到云南省乡镇企业局在景洪举办的热作培训班学习，最后选派两人到海南参观学习。根据农业生产需要，南芒县政府请农场技术人员举办的各类培训就达 39 期，共计 780 人参加；此外，南芒县政府还建立了 6 所夜校，参加培训人员就达到 170 余人（《总结经验，开拓进取——南芒县 1980～1986 年民营橡胶生产发展总结和奋斗目标》，1987）。参加技术培训的准胶农一般都有一定的文化程度，或是小学、初中毕业，或者有过当兵经历。而这些人往往都是在生产队担任一定的职务。在双村，老队长、老副队长都是 20 世纪 70 年代当兵退伍回来当上村领导的。他们也都是橡胶技术培训和学习的骨干，掌握技术之后再教授给普通村民，形成了"技术培训人员—队长、副队长、村技术员—胶农"的技术传播序列。

三　地方政府林业开发的深层动力

在地方政府的主导下，橡胶产业迅速发展。地方政府表现出充足的动力，充分体现了"集中力量办大事"的特点。1980～1986 年 6 年间就种植橡胶达 3 万亩，种植面积陆续增加。地方政府为何如此热衷于发展经济林产业呢？下文两份材料或许可以说明部分原因。在一份《南芒县南崖乡政府准备征用南崖村贺布社薪炭林种植茶叶》的报告中这样写道（《关于征用南崖乡南崖村贺布社集体用柴林的请示报告》，1989）：

> 茶叶是我乡的主要经济作物之一。已列入我乡"七五"规划的一个重点骨干项目，在党和几次代表大会上通过。加速发展我乡茶叶生产，对促进我乡经济建设、增加我乡财政税收、增加农民收入、实现脱贫致富都有重要意义。
>
> 经南崖乡四套班多次研究决定，为满足 XX 两个精制茶叶加工厂的原料供应，在原 1987～1988 年贺布社已发展 200 亩连

片的基础上，为便于集中连片，计划 1990 年再新植 400 亩……
因此征用贺布社集体用材林 30 亩左右用来发展茶叶。

　　此报告若无不当请批复！

南崖乡人民政府

1989 年 11 月 22 日

南芒县林业局回复：

　　我局在接到南崖乡人民政府征用集体薪炭林地种茶叶的
报告后，派出局所属森林资源管理股人员实地调查落实。林
地面积为 56.3 亩，最高的树为 16 米，胸径为 40 厘米，平均
胸径为 14 厘米，现有森林蓄积量为 249 立方米。根据区行署
多次在林业会议上讲，茶叶、咖啡、甘蔗只能在荒山、丢荒
地种……我局不同意毁掉这片薪炭林种茶叶（《关于南崖乡
人民政府征用集体薪炭林地种茶叶的报告》，1989）。

　　从征用"树高 16 米，胸径 40 厘米，平均胸径 14 厘米"的茂密森
林种茶叶可以看出，南崖乡人民政府应该知道相关的森林保护法律和政
策，为何"明知"违法却还"故犯"呢？从申请的第一段就能看出政府
发展经济林产业的动力。"促进经济""增加财政税收"等目标与今天的
各级政府追求的 GDP 增长何其相似！林业局依照相关规定，没有同意南
崖乡人民政府征用集体薪炭林地种茶业的请示，体现了其作为林业执法
机构保护森林的立场。但是，一位县林业局办公室的工作人员告诉笔者，
"很多时候林业局反对，但是乡镇政府不听，该怎么弄还是怎么弄。因为
那时候法律法规的执行也不是那么规范。"在地方政府的开发冲动中，地
方林业部门和环保部门一样，权力常常被虚置（陈涛、左茜，2010），
因为保护森林、保护环境意味着阻碍经济发展。在南芒县的经济林
开发浪潮中，森林被大量砍伐种植经济作物。从勐安镇经济林调查

情况统计表中可以看出，该镇总计有 74048.29 亩经济林，有多达 65524.14 亩经济林是从林地中开发而来，超过总林地面积的一半。其中，从林地中开发出来的橡胶、茶叶、咖啡分别为 63547.24 亩、1685.6 亩、291.3 亩。只要是自然条件适合种植经济作物的林地，都已经进行了开发。这也可以印证林业局工作人员的话。当然，我们很难知道其中有多少林地是以绿化 "荒山"[①] 的名义开发的。表 5 - 2 为南芒县勐安镇经济林调查情况。

表 5 - 2　南芒县经济林调查情况 （勐安镇）

单位：亩

项目	总经济林面积	林地被开发为经济林面积			
		橡胶	茶叶	咖啡	合计
贺水村	1978.7	—	1276.3	291.3	1567.6
勐安村	1472.6	—	356.3	—	356.3
芒每村	5613	5560	53	—	5613
勐可村	37401.74	37401.74	—	—	37401.74
双村	27582.25	20585.5	—	—	20585.5
总计	74048.29	63547.24	1685.6	291.3	65524.14

注：资料来源于南芒县档案馆。除了在林地上种植的经济作物外，剩余经济作物都是在农地上种植。

20 世纪 80 年代以来，政府对财税制度进行了改革，地方政府逐渐成为一个独立的利益实体，从 "代理型政权经营者" 开始转变为 "谋利型政权经营者" （杨善华、苏红，2002）。戴慕真则提出 "地方政府法团主义" 这一概念，指出为了推动经济发展，政府与地方

---

① 笔者一直怀疑政府对 "荒山" 的界定。在当地与多位人士交谈得出的 "共识" 是，在南芒县的温暖、湿润的热带、亚热带气候条件下，真正意义上的 "荒山" 是没有的。有一些经过砍伐尚未恢复的林地或者是撂荒的轮歇地都被定义为 "荒山"，而这些 "荒山" 本身只要人为不干预，一般 3～5 年后就会恢复为森林。将一种 "临时状态" 界定为 "永久状态"，并以绿化 "荒山" 为由种植经济林木，这样的行为背后的逻辑值得反思。

社区、企业结成了法团化的组织，成为一个利益共同体（陈家建，2010）。总之，政府在做出某项政策安排时，不仅仅是在执行上级的决策，而且是有选择地追求自身的利益。从橡胶种植中更能看到政府经济开发背后的动因。勐安橡胶公司的总经理曾经是勐安镇政府的书记，因此，勐安橡胶公司处于垄断地位。橡胶公司"改制"前，胶水的卖出价格并不是市场定价，而是勐安橡胶公司自己定价。村民表示当时橡胶公司压价现象非常严重，国际市场橡胶价接连升高，但是勐安橡胶公司却丝毫不涨。另外，在干胶含量的测定上也存在"压干含"的情况。由于胶水出售时是按照胶水中的干胶含量计算价格，而测定干胶含量需要特殊的仪器，这种仪器只有橡胶公司有。公司经常将胶水的干胶含量人为压低。后来随着信息逐渐透明，胶农不愿意再低价出售胶水，胶农就与橡胶公司发生了冲突，最终形成了震惊国内的南芒"7·19"事件。由此可见，橡胶公司从中受益最大，而橡胶公司与政府有千丝万缕的联系。现在我们可以理解，为何政府有如此积极的冲动进行经济林产业的开发。

第二节　资本下乡与"政经一体化"格局

20世纪90年代以来，农业领域的资本下乡呈现加速趋势。资本进入后，通过在土地市场中的买卖和交易，资本控制了越来越多的土地资源。就自然资源的使用权而言，一方面，土地的使用权逐渐被外部力量所控制，另一方面，很多当地人或主动或被动地失去了土地使用权。普遍发生于发展中国家市场化阶段的"土地攫取"（Land Grabbing）（Borras et al.，2012）过程深刻地改变了南芒县的生态环境。

一　林地流转与"三光"经营

我国社会主义市场经济体制逐渐确立后，市场作为一种外部力量对南芒县经济林产业发展的影响越来越大。笔者认为，市场对于当地社会来说有两层意义。第一，市场经营主体和资本进入当地社会。表现为商业资本、商人的进入，土地大量流转，经济林种植面积迅速增加。第二，以"成本－收益"、理性经济人为主导的价值理念应运而生。市场激发了当地人的经济理性，促进了市场导向的农业生产行为。在市场交易中，经济人的目标就是要实现资本的增值和收益的最大化。

（一）"炒林"的驱动因素

按照彼得·桑德斯（2005）的理解，资本主义式的生产体系需要三个根本性的条件：财产的私人占有、利润和市场。财产的私人占有决定了财产所有者合法的使用权、收益权和处置权。利润是经济活动的最主要的动力，经营活动围绕利润这一目标自然组织起来。市场相对于利润处于从属地位，是实现利润的一个手段。而现代资本主义有一套货币体系，市场可以赋予产品一定的价格，产品可以在市场中进行交换，从而实现生产者和消费者的分离。在南芒县，林业开发也具备了以上的条件。近年来，"老板"不知何时成为当地的时髦用词，凡是来投资做生意的人都被称为"老板"。"老板"寻觅出了商机，资本越来越向林业集中，因为资本在自由流动中有利可图。投资需要的是配套的政策支撑。政策为资本向林业集中创造了条件，有力助推了资本下乡。与经济林扩张密切相关的政策有如下三个。

首先是集体林权制度改革。集体林权制度改革的主旨是"明晰产权、分山到户、放权让利、规范流转"。集体林权制度改革将集体时期相对混乱的林权明晰化，通过下放农户的经营管理权，农户获得了"70年不变"的承包权，增加了农户经营林业的积极性，被誉为林业上的"家庭联产承包责任制"。集体林权制度改革赋予了农户长期而稳定的森林使用权、收益权和处置权。从权力体系的角度来看，农民事实上享有的已经是一种"准私有"的产权了（郭亮，2011）。"老板"们通过租用林地，支付一定的费用，进而享有林地的使用权、收益权和处置权。林权制度改革与市场经济是相互配套的。"林改"激发了农户经营林业的动力，刺激了资本下乡和林业开发，"把山当地耕，把树当菜种"日益成为现实。

其次是云南省出台的"中低产林"改造政策。集体林权制度改革后，如何盘活林业经济成为政府的工作中心。在市场经济条件下，经济价值一度成为林业的重要关注点。云南省森林资源丰富，但野生杂木林居多，森林质量低，经济价值不高。云南省政府于2010年在《关于加快推进中低产林改造的意见》中明确提出实施中低产林改造。政府提出的"中低产林"改造项目，是受到"中低产田"改造项目的启发。政府希望通过种植人工林替代野生杂木林，提高森林质量，通过"科学林业"① 促进林业效益的增长。南芒县现有林业用地面积约178万亩，占全县土地面积的62.7%。其中，公益林有90万亩，占林业用地面积的51%；商品林有88万亩，占林业用地面积的49%（南芒县林业局，2012）。商品林是中低产林改造的主要林种。2009年，南芒县完成中低产林改造0.8万亩，2010年完成2万亩，2010～2014年规划实施中低产林改造22万亩，占商品林面积的25.5%（云南省林业厅，2010）。

最后是地方政府为林业的招商引资出台优惠政策。南芒县为了招商引资，实行"八不限政策"。第一，行业不限。凡属有利于南芒县发展的企业，一律欢迎。第二，规模不限。无论企业的规模是大还是小，都持欢迎态度。第三，所有制不限。只要有投资，无论谁主导、谁控股、谁受益都可以。第四，合资方式不限。独资、参股、购买、流转都欢迎。第五，投资对象不限。国内、国外都欢迎。第六，资金来源不限。第七，引资形式不限。内资欢迎，外资更好。第八，区域不限。可以投资林木，也可以利用林地（《南芒县林业局关于上报南芒"十一五"

①　科学林业本身是知识和社会实践的复合体，是关于资源控制的一套政治经济系统。它迎合国家利益而非地方利益，强调森林作为工业原材料而非其他用途，森林毁坏、伐木、失火、放牧都是被阻止的（Klooster，2002）。

林业工作总结和 2011 年工作计划的报告》，2010）。

利润是资本最为关心的内容。资本向林业集中是因为林业自身具有投资价值，能够促进资本增值，实现利润。一些相对保守的研究表明，在现有的技术、自然、社会经济条件下，林业投资的平均年收益在 10% 以上。但如果缩短轮伐周期和控制风险得当，收益率将大幅提高，甚至可以超过 50%（曹建华、沈彩周，2006）。显著的"投资－收益"比则吸引了手握钞票的老板们前来投资。林业投资的高收益率甚至还引发了"炒林"的热潮。一些人表示，"股市不稳定、楼市在下降，只有林地里的树木投资是稳定的，搬也搬不走"（王静怡、郑育杰、张路延，2012）。

（二）"炒林"的老板们

在南芒县，引进的资本来源包括三个渠道。一是外地的大企业，包括国内以及国外的大企业。例如，印度尼西亚的明佳集团，欧洲的雀巢集团等，这些企业通常实力雄厚。二是本地的机关单位、企业。机关单位种树在当地是一种普遍的现象，种树收入往往成为机关单位、企业的"小金库"，如县里某酒厂就承包土地种植桉树。三是个人。主要是本地或外地有一定资金的人。当地流传着这样一句顺口溜，"正科、副科，不如橡胶树栽几棵；正处、副处，不如两棵老茶树。"个体投资包括本地的商人、政府部门的官员和其他投资者。20 世纪 90 年代中后期国有企业员工大量下岗后，很多下岗工人也加入林业投资的行列。个人一般投资金额相对较少，承包的土地或林地面积也较小。

在"林改"之前，老板通过整体承包的方式获取土地。外地老板则通过"一家一户购买"的方式承包林地。因为土地资源紧张，所以承包成本逐年增加，土地也越来越少。投资林业、土地的方式主要包括以下四个方面。

1. 承包林地

老板承包村里的集体所有的林地或个人所有林。集体林权改制前，老板采取与群众谈判的方式；集体林权改制后，则采取与个人谈判的方式。国有商品林也是转让的一个重要部分，林业局往往采取公开竞卖的方式转让国有林地。一些资本雄厚的老板通常一次性承包上千亩林地。老板承包林地后将原有林木全部砍伐，改种经济林木，如桉树、西南桦等。林地承包期限一般为50年。

2. 承包耕地

种植经济林的耕地主要是山地。南芒县适合种植热带经济作物，山地可以种植茶叶、咖啡等。很多外来资本是通过从村民手中承包租用耕地的方式种植经济林木。在勐安镇，2010年左右山地的承包价格为数百元一亩。由于老板给的价格已经超出村民种植粮食作物的收入，很多村民很乐意将土地出租。

3. 经济林木买卖

经济林木已成为一种商品，在当地，橡胶树、咖啡树、茶树等经济林木的买卖已经成为常见的现象。由于经济林木大面积种植，林木所有者因无能力经营或者急需用钱而出售经济林木的这类交易有很多起。2013年，笔者调查时，一棵已开割的橡胶树的价格达到400元。一些外来老板购买了大量的经济林木。经济林木的自由买卖也造成了村庄内部农户个人所有的经济林数量的差异。

4. 与村民合作种植

农民提供土地，老板提供树种，二者合作种植，再按照一定比例分成。例如，老板拿来一些树苗，让当地人在自家的地里种植。若干年后树苗成熟，砍伐出售后按一定的比例分成。帕村老队长就和一位老板合作种植2亩的西南桦，20年后成熟，收益后各拿一半分成。

资本承包的林地，既有国有林地，也有集体林地和家庭的承包地。村民告诉笔者：

> 南芒的一个酒厂在山上种了桉树。种好了就卖，赚钱了就分，是在国有林上种的。林子很老，在古代作为寨子用。现在

不能乱砍国有林，它是由林业局承包的。（波岩东，2012 年 8 月 27 日）

林业局通过林木拍卖的方式将林木所有权出售，南芒县林业局的一则竞卖公告如下所示：

南芒县林业局林木所有权竞卖

公　告

南芒县林业局现有一批杉木主伐材，将面向社会公开竞卖，现公告如下：

一、目标物：勐安大路山国有林林木所有权

山场基本情况：山场四至界线东至防火瞭望台，南至防火公路，西至贺格新寨农地，北至公益林界。山场总面积为 1595 亩，林种为用材林，树种主要是人工杉木林，预估出材量为 4780 立方米（仅供参考）。山场界线以双方到实地勘界为准，如有异议，须在竞卖前向出让方提出。所有林木必须在 2011 年 1 月 30 日前完成采伐，完成林地清理后交还出让方。

二、报名条件：

1. 具有一定林木采伐经营管理经验和有相当经济实力的社会各界人士均可报名。

2. 报名时一次性交纳林木所有权竞卖保证金 5 万元。中标后，林木所有权竞卖保证金转为伐区清理保证金。如不中标，当场退还林木所有权竞卖保证金。

3. 起拍价为 150 万元

三、竞卖时间：2010 年 10 月 21 日上午 8：30

四、竞卖地点：南芒县林业局大会议室

五、咨询报名时间：即日起至 2010 年 10 月 20 日下午 4 时整

（三）经济林的"三光"经营

资本都有增值化的天然属性，资本投资林业的目的是为了获取利润。对最大化利润的追求决定了老板们"贪婪"的经营方式，林地仅仅是老板们获取收益的工具。在当地，林地被承包后，村民都采取了这样一套"三光"经营方法，此方法共分为三步。第一步，由于原生林没有多少经济价值，村民一般采取皆伐的方式将林地的林木全部砍光。被雇佣的工人用专门的电锯，几分钟可以把一棵树锯掉。锯树采取"剃光头"的方式，从树根的最底部开始锯。如果承包面积大，一般老板会在林地修一条简易公路，方便卡车进出。砍伐的林木中较好材质的可以卖掉，没有经济价值的林木、树枝和树杈等统一放火烧掉。用当地村民的话就是"砍光、烧光"。在山地开发的高潮期，一些山林一夜之间就被"剃了光头"。与村民小规模的砍树相比，这种大规模的工业化砍伐方式无疑更具生态危害性，这也引起了当地村民的极大忧虑。第二步，村民动用机械设备将大的杂木树根刨出，平整土地。按照规划，在光秃平整的林地上挖坑。第三步，全部种植新的树种，不留空地，俗称"种光"。在树种的选择上，为了尽快收回成本，追求最高的经济效益，村民普遍种植的都是速生丰产林，如桉树、西南桦等单一树种。每亩桉树一年的生长量约8立方米，每立方米约300元，6年可砍伐，每亩毛收益可达14400元（王钟，2014）。西南桦需要20年方可砍伐，收益较桉树次之。

粗看"三光"经营方式和传统刀耕火种农业有一定的相似性，但其实有本质的区别。首先，刀耕火种只是暂时性地利用土地，还需要撂荒、休耕，若干年后森林可以恢复，而速生林则是永久性占用土地。其次，刀耕火种农业对原生林破坏程度较小，如"砍树留桩"、不破坏根部等，保证树木可以重生，"三光"经营方法则是永久性消灭原生林。

实际上，"三光"造林方式与我国的森林政策是相冲突的。按照我国的森林分类体系和政策，商品林可以用于经营和改造。但对于天然商品林，采伐方式是有严格限制的，只能间伐，不能皆伐。同时，还需要有林业部门的采伐许可证。但是，老板们往往从经济利益的角度出发，基本上都采用将天然商品林进行皆伐，然后转换为人工林的方式再进行"改造"。绿色和平组织（2013）的调查报告指出天然商品林的三个皆伐原因：第一，可以降低采伐成本，间伐要比皆伐人工成本增加 33 元/立方米；第二，可以回收改造成本，皆伐后所获得的天然林木材在市场上可以以一个较高的价格卖出；第三，可以节省营林和交易的费用，皆伐后新种植的人工林可以统一管理、采伐和销售。但是，大面积皆伐往往会带来较为严重的生态后果，对局部生态造成恶劣影响。

为了追求更高的利润，村民对速生丰产林采用了"科学"的种植和管理方法。桉树、松树等树种的种植密度很大，且全部采取单一化种植方式。一亩林地规划种植桉树 111 棵，村民统一采取集中连片的种植方式，不浪费土地资源。此举是为了提高速生林的生长速度、保证速生林的质量。桉树生长的前 2~3 年必须大量使用化肥，老板会雇佣当地的村民种树、施肥，并支付一定的费用，一天50~80 元不等。同时，村民需要定期打农药除草，以减少草类对养分的吸收。农药的使用使得森林中生长的蘑菇、野菜无法食用。由于除经济林之外的植物被清除，桉树林的生物多样性与天然林相比是极低的。

二　"政经一体化"格局与桉树种植

在林业领域的资本下乡过程中，出现了资本与权力的结合。正如张玉林（2006）所指出的，地方政府追求 GDP 和财政收入的冲动与企业追求经济效益的冲动常常使二者结为同盟。"政经一体化"格局往往造成的是环境执法的疏忽以及企业环境成本的外部化。在南芒县，政府与企业的联合加剧了对自然的掠夺性开发，大量天然林被砍伐，速生经济林木的种植则造成了天然林的快速退化。

明佳集团"桉树事件"可以看作是资本与政治结合的一个典型案例。明佳集团①是印度尼西亚最大的财团，拥有超过 200 亿美元的资产。造纸业是明佳集团的主导产业，下属的亚洲浆纸业有限公司（以下简称 APP）是世界纸业三强。明佳集团 APP 主要采取"林浆纸一体化"生产方式，建立"速生丰产林基地—纸浆厂—造纸厂"一整套产业链。2000 年以来，明佳集团"林浆纸一体化"项目迅速在中国扩张，涉及海南、广西、云南等省、自治区。云南省森林资源丰富，但在当地政府看来，云南省一直是"大森林、小产业"，资源优势一直没有转化为经济优势。因此，云南省依靠森林资源发展经济的愿望非常强烈。明佳集团的进入，可以促进"林浆纸一体化"经营体系发展，实现政府和企业利益的"双赢"。明佳集团"林浆纸一体化"项目是云南省政府主持的重点招商引资项目，有"省长项目"之称。为了吸引投资，2002 年，云南省政府开出了多项极为优惠的条件，特别是土地转出价格。其与明佳集团签的协议是每亩土地流转 50 年，转出价格共 40 元，即每亩地每年 8 角钱，不论土地位置、质量如何，"全省一个价"。明佳集团在云南省共圈地 2750万亩（绿色和平组织，2004）。之后，省里将任务下达至思茅区（现已改名为普洱市），以及文山、临沧等州市，各州市分别与明佳集团签订了协议。从计划用地可以看出，77% 以上的桉树种植区域都是林业用地，且有林地占到 42%。表 5 - 3 为明佳集团云南拟造林地各类土地面积统计情况。

---

① 作为明佳集团的主导企业，APP 现拥有 20 多家制浆、造纸公司及 100 多万公顷的速生林，分布于印度尼西亚、中国等地，总资产达 100 多亿美元，为世界纸业三强之一，亦为亚洲地区（除日本以外）规模最大的浆纸业集团公司。目前，APP 在华总资产达 1203 亿人民币，在中国的江苏、浙江、广东、海南等地共投资建立了 20 多家现代化大型制浆造纸企业和林场，年加工生产能力达 1100 万吨，2012 年在华销售额约 368 亿元，拥有全职员工近 4 万名。参见：http://www.app.com.cn/about/index/id/61。

表 5 - 3　明佳集团云南拟造林地各类土地面积统计情况

单位：万亩

统计面积	总面积	林业用地						非林地
		合计	有林地	疏林地	灌木林地	未成林地	宜林地	
思茅项目区	1091	831.6	720.7	2.6	44.5	23.8	40	259.4
文山项目区	550	320.2	55.4	11.4	60.9	6.2	186.3	229.8
临沧项目区	1000	900	332	26	211	39	292	100
总合计	2641	2051.8	1108.1	40	316.4	69	518.3	589.2
比例（%）	100	77.7	42	1.5	12	2.6	19.6	22.3

注：2003 年 6 月明佳集团和思茅区行署签约时，将林基地面积增加到 1200 万亩，明佳集团在云南的桉树"林浆纸一体化"项目总面积为 2570 万亩。

资料来源：《关于对明佳集团在思茅建设"林浆纸一体化"项目的报告》附件二，云南林业厅，2004 年 7 月 20 日。

与明佳集团签订协议的州市再将任务下达至各县。由于签订合约时，各州市并不清楚本地有多少荒地可以开发。其盲目签订了合同，最后发现本地实际有荒地数量远远低于规划数，任务难以完成。2003 年，明佳集团与南芒县签订建立 50 万亩速生丰产林基地的协议［《南芒文史资料（第八辑）》，2009］。由于南芒县的橡胶、茶叶、咖啡等种植较早，可供调出的土地不多，最后实际种植桉树约 7 万亩。桉树种植区域普遍处于当时较为偏僻、经济作物开发较晚的村寨。由于是"省长项目"，县里不敢怠慢。桉树种植成为"政治任务"，通过层层压力传导，采用"一级压一级"的方式实施，"市—县—镇—村"构成了压力传导的序列。村一级土地转出由镇一级政府所迫，镇政府则被县政府施压。村民必须要完成"上面"交代的任务，村干部面临着巨大的压力。一位村干部表示，如果完成不了任务，镇政府对村干部的处罚方式就是"扣分""扣奖金"甚至是"让位"。

南芒县勐安镇腊村是县内明佳集团桉树种植项目规划的主要

行政村之一，整个腊村（行政村）种植面积约 17000 亩。腊村大寨则种植了 5000 多亩的桉树。腊村大寨位于海拔 1700 余米的山上，紧靠县里海拔最高的大黑山，主体民族是拉祜族，现有村民 600 余人，有土地 1 万余亩。行政村主要是当时村寨的轮歇地，还有部分集体林所在地。原腊村村主任刘先生的父亲回忆了当时的情景：

> 当时是任务，家家地都被占了。自己也不想（被）占。老百姓就拿棍子和刀去闹事。我家儿子在村上干事（村委会主任），被上面压着，完成不了任务就下台。县长、镇长一级一级压下来。（刘义，2012 年 8 月 10 日）

行政村让每位村民小组组长、副组长负责劝说本村村民同意让出土地，但是仍然有部分村民小组不配合。腊村有 2 位村民小组组长、2 位村民小组副组长因为反对种桉树被"拿下"，丢了职位。有的村民在种植桉树以后偷偷地把桉树苗拔掉，搞"破坏"，但是不久后又种上了，零星的抵抗没有起到作用。腊村大寨原村民小组组长回忆了大寨当时种植桉树的情景：

> 2003 年，明佳集团开始种桉树。每亩地 0.8 元/年，腊村共有 5631 亩地，（租用）50 年，就签合同了，是上面压制下来的。当时我丈夫是（腊村）书记。老百姓不签字，只有村干部的签字。有很多种桉树的林地是分田到户没有分下去的轮歇地。老百姓帮挖坑、施肥、种树。种上桉树以后，老百姓的地就要退给集体了。不做不得（"不得"即"不行"的意思）。（娜红，2012 年 8 月 10 日）

在桉树种植上，明佳集团采取集中连片的种植方式。前期明佳集团派人进行现场勘查，在腊村规划了桉树种植区。明佳集团对土地有严格的要求：海拔1800米以下；坡度35°以下；连片的土地；土壤厚度在60厘米以上（《南方周末》，2005）。如果哪片土地被规划上，只有自认倒霉了。当地村民说，桉树种植的土地都是好地，平整、没有陡坡、土厚且肥。以前种粮食产量高，旱谷都有好几百斤产量。在明佳集团的规划图上，被圈上的不仅有地、田，还有当地的集体林甚至是国有林。几千亩的规划地需要"清场"，将林木全部砍尽、烧光。由于是连片划区，每一家被占用的土地数量也有差异，有的家庭被划去几十亩，有的被划去几亩。

村民反对种桉树的最重要的原因是明佳集团的补偿标准：每亩地0.8元/年。村民表示，8角钱只能买一斤菜，居然用来承包1年的地。这个价格看似不可思议，然而却是无法改变的事实。明佳集团有政府撑腰，补偿标准都是上级定好了的，下面必须遵守，没有议价空间。村民没有讨价还价的权力。村民得到的最大的好处就是给明佳集团打工，挣劳务费，这正是明佳集团宣传的"带动村民致富"。明佳集团将种植桉树的任务承包给专门的种树公司，一般都是私人老板。老板负责找工人砍树、涮草、挖坑、数苗、发苗、种树、施肥等。腊村大寨的村民基本上都去帮明佳集团种树了，当时（2004年左右）村民一天可以得到20元。明佳集团有几个长年驻扎在腊村的工作人员，这些人前期主要是对私人公司种的桉树进行验收，必须要达到95%的成活率才付钱。最后，规划用地全部种上桉树。

然而，村民很快就发现了种植桉树带来的一连串的后果。这些后果严重影响了村民日常的生产和生活。种植桉树的影响可以分为如下两个方面。

1. 种植桉树对当地农业用水的影响

因为大面积原生林被桉树替代，森林涵养水源功能严重下降，所以村民的生产用水短缺。以前山沟里都是有水的，村民表示以前

"山有多高，水有多高"。种植桉树以后山沟都干了，水少了一大半。水田灌溉时期严重缺水，村民必须推迟插秧时间，水保田又沦为靠天吃饭的雷响田。村民一致认为桉树"吸水"，一位村民表示：

> 桉树对老百姓伤害大。种桉树200～300米的地方谷子不多，水易干掉。桉树太吸水，插秧的水不够了，都不能种谷子吃。我家占了100多亩地，以前种稻子、苞谷。现在有6、7亩田，有些是国家给开的，有些是古代开的。种上桉树后，插秧时，水都紧张。以前3月20号就能种，现在要4月20号左右种。村里大部分田都缺水。桉树有些是在地上种的，有些是林子里种的。（刘义，2012年8月11日）

2. 种植桉树对村民生计的影响

种植桉树对村民的日常生计有非常大的影响。传统时期，靠山吃山，农民的很多生计方式依赖轮歇地与森林。例如，轮歇地是放养家畜的主要场所，很多村民以前在上面放牛。同时，轮歇地也是村民采集的主要场所，蘑菇、蜂蜜、野菜等都是重要的森林副产品。种植桉树后，由于需要施肥、打农药，导致草类、蘑菇都含有毒素，村民们不敢再到桉树林里了。一位村民说道：

> 我们寨子的牛死了，草也有毒！村民不在桉树林里面放牛了。（因为）打农药，一家死了8头牛。牛死了，肉就不能吃。菌子也不能吃，有毒。菌子出的漂亮，人吃了会死。老百姓帮他们（明佳集团）施肥，用好几种肥料。（种植桉树）前三年，农药、肥料需要得多。牛死了，就应该找他们赔。老百姓胆小，不敢找。（刘义，2012年8月14日）

2012年夏天笔者调查时，第一批种植的桉树已经到可以砍伐的阶段。但是村民迟迟不让明佳集团砍伐，事情陷入僵局。村民们逐渐开始觉醒，认为桉树不是"国家的"，每亩0.8元/年的价格让他们无论如何也不能接受。南芒县政府的态度也发生变化。村民表示，"副县长说，当时这样搞好，外国人来投资。现在你们（村民）拿回去就得了。我看，（明佳集团）你补点钱，老百姓不会说什么。"但是，明佳集团却不愿意额外支付村民费用，目前还处于僵持阶段。桉树"后遗症"有两点颇值得寻味。第一，政府态度的转变。在桉树种植之初，各级政府充当了桉树种植的先锋，为明佳集团"保驾护航"。政府层层施压，保证了桉树种植任务的完成。当地村民表示，在种植桉树之初，当地的电视台经常宣传种植桉树能够"富民"。在政府领导变更后，情况随即又发生了根本性的转变。在双方利益发生冲突、陷入僵局时，现在的地方政府又选择从中抽身。有多位地方政府的干部告诉笔者，政府现在可以居中调解，撮合企业和村民谈判，但是明佳集团却不拿出谈判的"诚意"。第二，村民"反桉树种植"的态度。村民逐渐变得经济理性。他们反抗明佳集团，并不是由于种植桉树造成的生态危害，他们也没有要去恢复原来的生态，而是为了追求足够的经济补偿。

在整个"桉树事件"中，我们可以发现"政经一体化"格局的强大力量不仅轻易突破了试图抵抗资本和权力的本就弱小的社会力量，更使国家法律成为一纸空文。正如黄宗智（2009）所说，旧体制与市场化结合造成的国家体制既造就了中国的经济奇迹，也产生了中国的社会危机和环境危机，奇迹与危机产生于同一根源。明佳集团的"桉树事件"受到媒体、非政府组织的报道，媒体的持续报道引发了社会关注。2005年，国家林业局的调查结果显示，明佳集团在云南种桉树存在以下严重的问题（陶勇，2005）：第一，存在"毁林造林"现象；第二，明佳集团的土地流转欠规范；第三，当地各级政府与明佳集团签订的协议，非常仓促、草率；第四，一部分国有林地和一部分生态公益林地曾被划入明佳集团用地范围①（《云南省林业厅有关明佳纸业在云南省营造原料林的调查报告》，2005）。每一个问题的出现都是国家的相关法律和政策没有得到遵守的结果。相关法律和条例如《森林法》《中共中央关于做好农户承包地使用权流转工作的通知》《天然林保护条例》等没能起到应有的作用。以国家为后盾的法律无法保护森林，"政经一体化"格局造成了严重的生态后果。

第三节　资本逻辑与农民生计

伴随着社会主义市场经济制度的确立，市场作为一种基础性的力量不断发挥其调节资源分配的作用。在市场的场域中，资本逻辑发挥着巨大的威力。资本逻辑改变了村民传统的生计方式，进而对环境造成深层次的影响。这一逻辑是：市场经济下的村民成为理性经济人，不断追求效益的最大化。在经济理性的刺激下，为了获得最大化收益，村民不断调整其生计方式，加大土地的利用效率、种植最有经济价值的树木、使用大量的化肥和农药，最终对生态产生了不可低估的影响。

一　金钱的拜物教

韦伯（2017）指出，现代社会与传统社会相比的一个典型特征是理性化或合理化（Rationality）。韦伯将人的理性分为价值理性与

---

① 对此，云南省林业厅的回应是：当时，为了争取国家补贴，便把部分轮歇地、自留山也划为公益林。根据国家林业局、财政部《重点公益林区划界定办法》和《云南省林业厅关于抓紧调整地方公益林紧急通知》（以下简称《通知》）的精神，经澜沧县政府报经思茅市政府批准，结合该县实际，于2004年调整了全县的公益林面积和布局。《通知》所指明佳纸业在公益林区营造的2031亩原料林，实际上已经从原公益林地调为商品林地。

工具理性。价值理性意指为了实现某种目标采取行动，强调动机纯正和结果的正当，不必多考虑工具问题。而工具理性则是为了实现某种预定目标，通过精确计算，选择最有效的手段和工具，实现效益的最大化。现代社会的理性特征在人的行动上的体现是工具理性的不断膨胀。工具理性受到很多批判，在于其往往过分看重手段和工具，甚至把手段作为目标，而忽视了内在的价值追求。金钱本质上是一种工具和媒介，是一种等价物。但是，金钱却成为很多现代人行动的终极目标，成为现代人的"拜物教"①。在人类学家看来，"理性"是文化的产物，特定的理性是被特定的文化所建构的（Callon，1998）。资本主义世界特有的文化滋生了经济理性的"金钱拜物教"的萌芽。正如波兰尼（2017）所指出的，"19世纪，文明就有独特而鲜明的意义，它选择了图利作为文明的基础。而图利在人类历史上从未认为是有效的行动，这种动机从未提高到作为人类日常行为和行动标准的高度。"

"金钱不是万能的，但没有金钱是万万不能的"，这句话凸显了钱的重要性。这种现代社会的金钱文化也在日益侵蚀当地人的日常生活。2011年南芒县农民人均纯收入仅为3355元，低于云南省的4722元和全国的6977元（《南芒县统计年鉴2011》，2012）。在调查地，笔者深刻感受到当地人对金钱愈加狂热的获取欲望。一位在南芒县打工的外地农民告诉笔者，"在家做农活只能吃饱饭，余不到钱，现在最需要的是钱。"当笔者在勐村的房东波禾家吃饭时，一位老人从房东门前经过。见到房东与村寨中的老人打招呼，笔者问房东村里是不是老人比较受尊敬，房东的回答让人惊讶不已："现在有

---

① 马克思在《资本论》中指出，在私有制的商品经济中，商品体现的是人与人之间的社会关系。商品具有一种独特的魅力和神秘的属性，可以决定和掌控商品生产者的命运。马克思称之为"商品的拜物教"（马克思，1975）。与之类似，金钱在现代社会中也具有独特的魅力，使人趋之若鹜，沉迷其中不能自拔，可以称之为"金钱的拜物教"。

钱别人就尊敬你!"① 房东告诉笔者,他现阶段最重要的任务是"苦钱"② "有钱"是他的人生理想。他现在是勐村大寨的村民小组组长,这一职务可以保证他每个月有几百元的收入。三年的任期将至,他不想再谋求连任了,因为收入不高,而且事情繁杂,占用太多时间,现在主要是想着怎么"苦钱"。他的行为也践行了他的"苦钱"哲学:开挖鱼塘养鱼;买汽车拉货;到河里采沙;种植优质稻米出售等,整日奔波忙碌。

在金钱欲望的驱动下,赌钱和买彩票成为很多人生活的一部分。勐村小寨一位90多岁的离休干部刀正明告诉笔者,他小时候,当地很少有赌钱的,而且以前是死人(葬礼后)才赌钱,而现在几乎每天都有人在赌钱。老人不断感叹世风日下。笔者在村寨的一次宗教活动后,也亲眼看见了村民赌博,几十人围坐在桌前,庄家熟练地发牌,十多个参与赌博的人员围成一圈,外面则是几十个看热闹的村民,场面很是壮观。当地流行的一种赌博扑克,5分钟就能完成一次"发牌—看牌—比点"的过程,一次最多赢几百元,最少也是几十元。由于地处边境,还有一些村民经常去外国赌钱。在几十千米外的缅甸佤邦,就有多家赌场,这些赌场的主要顾客就是中国人。在调查中,笔者认识的村民中有好几位定期去那里赌钱,基本上都是输多赢少。勐安镇上唯一的彩票点生意火爆,一到每天的开奖时

---

① 论及当地人的"金钱崇拜",还有一个重要事项不得不提及,那就是当地大量傣族年轻妇女非法进入泰国从事性服务行业。据当地统计局工作人员告诉笔者,傣族年轻女性外出已经严重威胁当地傣族人口的再生产。早期外出女性中很大一部分比例是未婚女性。后来政府加强控制力度,外出未婚女性比例有所减少。但是,据当地人说,基本上是"结过婚,有了一个小孩后,立马就出去"。据笔者了解,当地女性赴泰国"务工"开始于20世纪80年代,起初是有一些境内外利益团体参与其中,以利益诱惑当地女孩外出。后来,外出女性回国时大多"衣锦还乡",没多久家里楼房便拔地而起,形成了某种"示范效益"。勐村一村民为笔者指出了其村中的两处"泰国风格"的楼房,暗示建楼房的钱都是由家中女性从泰国带回。于是,女性自愿外出成为无法控制的"风气"。更让笔者吃惊的是,外出女性和家庭并没有表现出"羞愧",反而以此为荣。一位父亲甚至责备好吃懒做的女儿"为什么不去泰国"。综上所述,足见金钱崇拜风气之盛。

② 云南方言,挣钱的意思。

间总是人头攒动。笔者认识的勐村的一位村民，1~2 天就去买一次，一次买 10 元，等开奖时就跑到彩票点或者用电脑、手机上网查询中奖号。偶尔能中几十元或几百元的小奖，但他对此有点不屑，幻想着某一天中大奖。

金钱成为一种身份、地位的象征，也成为炫耀的手段。当地傣族村寨，无论是结婚、建新房还是老人去世，请本村和邻村的成年女性来跳舞是传统的习俗。跳舞时，傣族女人们统一穿上民族服装，欢快的音乐配以娴熟的舞步，婀娜身姿非常好看。而主人则会对前来"捧场"的舞者表示感谢。一般主人都会换很多 1 元纸币，舞者跳一次舞，主人发 1 元。一晚上一个舞者能收到十多元。主人一个晚上通常散出去几百元，多的达数千元。而当地一个大老板的老婆去世，老板就发给舞者 10 元一张的纸币，每位舞者能收到 100 多元。老板请来多达数百位舞者，散出去好几万元。散金让主人得到了面子和满足感，阔绰的主人甚是风光和得意。

金钱关系也日益充斥人们的日常生活，将人际关系金钱化，改变了传统上互帮互助的熟人社会交往方式。在拉祜族和佤族村寨，很多当地人表示他们"以前不会过日子"，自从汉族人民来了之后，与他们交往使得自己也变得会过日子了，有了"经济头脑"。帕村的一个上门女婿告诉笔者，现在到镇上赶集要坐村里人的农用车，虽然是熟人顺路，但是坐一次都要收 5 元钱。在咖啡场的改制中，一位汉族咖农说：

> 改制①要补偿 200 元一亩地给村民。最后算下来，一亩咖啡
> 地合算成 2 亩了。村民把大片的摊下来，田埂、河流、寨子都

---

① 咖啡场是以"公司＋基地＋农户"的方式建立起来的，咖啡收益三方按一定比例分成。土地是以咖啡公司的名义，以极其低廉的价格从当地村寨中租赁而来。由于利益分配不均，村民意见很大，最终不得不进行改制。做法是让农户即咖农支付给公司和附近村寨各一笔钱，买断咖啡所有权。

算了。10 亩地算成 20 亩，住的房子也算成钱了。来了之后，他们也变精了。以前的地没人要，都是荒地、树林。现在开发了。（杨三，2012 年 8 月 10 日）

　　支撑起强烈的金钱欲望的是消费社会下更加强烈的消费意愿。传统社会是自给自足的社会，人的需求基本上不依赖于市场，而现代社会专业分工明确，使用的产品越来越多地依赖市场，从市场购物意味着要花费更多的金钱。现代社会制造了人的消费需求，随着人们对生活舒适度要求的提高，消费意愿也更加强烈。处于现代化进程中的村民，首先表现出来的是生活方式的现代化。彩电、冰箱、洗衣机、太阳能热水器、摩托车、拖拉机、手机等现代设备正成为村民家庭的必备品。摩托车是近 10 年以内才普及的，现在几乎每家有一辆摩托车，有的家庭甚至有 2～3 辆。便宜的摩托车两三千元，贵的七八千元乃至上万元。摩托车适合山路，极大程度地便利了村民的出行。帕村村民扎不有一辆雅马哈摩托车，不管是出去干农活还是赶集都骑它，一天的油钱就需要二十多元。除此之外，手机也越来越普及，村民们特别是年轻人几乎人手一部。现在都用上了大屏幕的智能手机。手机的微信、QQ 等软件的功能让年轻人感受到了现代科技带来的乐趣。村民每个月的手机话费要花费几十元，很多费用用于购买移动网络流量。王晓毅（2013）看到了消费与环境衰退的关联，他指出，消费社会的逻辑主导了基层社会的生产和生活。需求被制造出来以满足生产的目标，不断膨胀的需求与生态环境又产生了矛盾。双村一位村民告诉笔者，割胶使人"越割越穷，越穷越割"，因为在橡胶村，衣食住行都需要花钱。在产橡胶的地区，当地物价水平较其他地方要高。因此，胶农家庭生活成本高昂。但是割胶又是他们收入的唯一来源，只能依赖橡胶树。很多家庭维持着一种"高收入、高支出、低结余"的经济状态。当地村民表示，以前村寨经常有一些"酒鬼"，没有农忙的时候整日喝酒，烂醉如泥，无所事事。而这几年酒鬼变少了，大家没事的时候都找点事情做。不能挣"苦钱"甚至在婚姻中都没有地位，好吃懒做的男人连媳妇都找不到。

在消费支出中，建新房是最大的一笔支出。当地传统的住房是干栏式建筑。干栏式房屋以木质结构为主，分为上下两层（参见图5-2），下层一般用于堆放杂物，放养家禽家畜，人住在相对干燥的上层。家中一般都有火塘，用于做饭和烤火取暖。这种建筑适应当地雨水多、潮湿的气候，且就地取材，成本相对较低。

图5-2　当地传统的干栏式房屋（笔者2012年7月摄于帕村）

近几年，村民的住房档次逐渐提高，当地村寨正处于从传统木屋到新式楼房转变的阶段。村民表示，现在有很多年轻人外出打工挣钱，与父母生活习惯的差异也大，结婚后同父母分家的现象越来越多，而分家后就需要新建住房。在帕村，一位村民表示，5年前村里的砖混楼房还非常少，现在几乎每年村里都有5~6户村民要建新楼房。建楼房需要15万~30万元不等。表5-4中可以看到南芒县农民住房情况，新建住房中，钢混、砖混房屋占据主要部分，传统"干栏式"风格的住房越来越少，年轻人更喜欢新式的楼房。由于山区运费成本较高，当地建砖混结构的楼房，1平方米要1100元

（2012 年的价格），比一般平原地区费用要高。如果盖 200 平方米，要 20 多万元。很多村民开始攒钱盖新房。房子不仅用于居住，也代表了面子，村民还要攒上一笔装修费。对于有经济能力的村民，新房子大都要进行精心的装修。勐村一位村民 2013 年新盖了楼房，花费了 20 多万元。笔者参观时发现装修程度丝毫不亚于城市商品房的精装水平，上下两层、墙体外部全部贴了瓷砖，客厅里铺了地板砖，吊了顶，长长的沙发，还有 40 多寸的液晶电视。现代化的居所让人有置身城市的感觉。

表 5－4　南芒县农村居民住房情况（2008～2011）

单位：年，间

年份	新建房屋	钢混	砖混	瓦木	叉叉房	其他类型
2008	1170	301	457	197	210	5
2009	727	228	380	71	48	0
2010	934	398	284	113	128	11
2011	810	473	209	65	30	33

资料来源：相关年份的《南芒县统计年鉴》。

除盖新房外，村民的人情支出费用也越来越多。当地历史上婚丧嫁娶仪式都比较简单，花费很少，主要是本村寨内的村民参加。主人一般杀一头猪，招待亲朋好友即可。村民表示，20 世纪 50 年代，一般都是出 5 角、1 角或者几分钱。"文化大革命"后，村民不再送现金，改送毛主席像、《毛主席语录》。但现在，结婚、建新房、老人去世、小孩满周岁等都需要摆酒席，风俗越来越"跟汉族学"，场面越来越隆重，礼金的份额也越来越多，从 50 元到 100 元、200 元不等。笔者参加了几场当地的婚宴，举办地点有的在饭店，有的在村民家中。一般都有 20 多桌人，一个小圆桌可以坐 8 人。菜的种类比较丰盛，每桌都有十多种菜，荤菜占一半以上，每次桌上的菜很少能吃完。农活较少的冬季是各种酒席最多的时候。2013 年 12 月，笔者在双村调查期间，一位村民向笔者展示了他收到的一沓请帖，在两个月内就有十几份，而在 12 月 22 日这一"吉日"，就有 3 份请帖。他表示"一般都出 200 元，反正别人还是要还（钱）的，多出点也能回来"。有些主人家办酒席，本村和其他村只要是认识的都发请帖，场面隆重之余，也可以大收红包。很多村民对越来越多的人情支出也颇有怨言，但又无可奈何。可以说，婚丧嫁娶等仪式花费无论是对主人还是客人来说都是一笔不小的支出。

二　剧烈的生计转型

在《新教伦理与资本主义精神》一书中，韦伯阐释了西欧资本主义经济发展的文化动因。在韦伯（2016）看来，资本主义精神是把赚钱当作目的。美德和能力的价值观是资本主义经济发展的重要驱动力。在南芒县，笔者发现农民也具有了韦伯笔下的"资本主义精神"，同时，这种膨胀的金钱欲望和经济理性通过转变村民的生计方式进而影响到环境。市场经济条件下，村民的生计方式出现了根本性的转型。可以从下面两种生计类型对比中对二者进行根本性的区分。传统时期的农业方式是以满足温饱为目标的维生型农业，这种生计的目标是满足最基本的生存需求。维生型农业的特点是自给自足，生计活动的目标主要是为了满足家庭的生存需要，具有一定的封闭性。转变后的生产方式是以收益最大化为目标的市场导向型农业。在南芒县，直到 20 世纪 90 年代大规模的经济作物种植前，当地农业仍然是以维生型为主要特点。这种农业是一种"有限的经济模式"（杨筑慧，2010），不以追求剩余产品为目标。维生型农业与经典意义上的"小农"农业非常类似，具有以下三个特点。

1. 自给自足

维生型农业最主要的目标是满足农民最基本的生存需求。农民的主要需求表现出明显的自给特征，极少参与市场活动。广袤的土地和繁茂的森林提供的物产非常丰富。村民对粮食的需要可以通过自己种植满足，对肉类的需要可以通过打猎获取，也可以自己养猪、养鸡、养牛等。以前过年过节时，每家都要杀猪。村民对服装的需求也可以通过自己织布获取。此外，村民还能通过采集获取水果、野菜、药材等多种物产。传统时期的集市，山地民族仅需要购买一些盐巴、生产工具等。产品只有出现剩余时才会交换。

2. 封闭性

由于自给自足的特点，维生型农业的生产者一般处于较为封闭的环境中，受外部市场、国家政策影响较小。因为维生型农业并不处于市场体系中，所以具有一定的封闭性。

3. 温饱目标

维生型农业中人的需求欲望并不十分强烈，仅仅是满足最基本的温饱需求，一旦温饱获得满足，村民就没有更大的需求欲望了。种植决定（Planting Decision）是基于家庭人口的粮食需求做出的。"欲望公式"为：欲望＝人口×需求。同时，多样化的种植品种可以保证村民基本生活所需。生产是为了自己消费，农民生产并不具备现代社会的资本积累、扩大再生产等特点。

自 20 世纪 80 年代以来，村民的生计逐渐市场化。市场经济极大地改变了农民的思维方式，农民感觉到了自身的贫穷和经济能力的不足[①]。现代文明和市场经济给农民灌输了贫穷观念，将他们变得日益理性化，传统意义上的农民逐渐"终结"了。正如孟德拉斯（1991）在《农民的终结》中对法国农民变化的描述：传统的小农日渐式微，现代的农民日益转变为企业家、商人，不断追求利益的

---

① 人类学家萨林斯（2009）提醒我们，需要区分匮缺和贫穷的区别。匮缺是一种物质缺乏状态，而贫穷则是由现代文明创造出来的，并且随着市场经济的发展而日趋加剧。生活在大森林中的"采集－狩猎"族群在经济上很贫穷，但却是一个物质丰富的"丰裕社会"。

最大化。这种变化真真切切体现在南芒县的农民身上。物质生活水平和购物水平的不断提高，需要农民不断增加收入。但是欲望的提高是无止境的，没有限度。市场导向型农业的最终目标是以在市场上出售商品为目的，生产者追求的是收益的最大化。"欲望公式"为：欲望＝最大种植面积×最大单位产出，这种欲望是无限的，直至达到自然资源利用的极限。

当地农民经济欲望的膨胀与外界交往密切相关。历史上，当地村民商业意识较弱，没有投资赚钱的意识。一位拉祜族村民告诉笔者："以前不会种菜，不会搞经济项目，不会嫁接，现在拉祜族人都会了，全是跟他们（汉族人）学的。"历史上，村民种植轮歇地有抛荒的传统，现在抛荒的土地越来越少。村民使用化肥可以保证土地持久产出，土地荒着被认为是一种资源浪费。以边际土地（Marginal Land）的使用为例，可以利用的荒地全部都种植了粮食作物和经济作物，土地资源没有一点闲置。近年来，由于土地价值的提升，发生在村民之间的土地纠纷事件越来越多。历史上，当地的山地面积大，利用程度也低，村民所拥有的土地往往界线不甚明确。土地升值后，大家都想把界线往对方的地里挪一些，让自家地变得大一些。对方如果不让，纠纷就随之而起，甚至大打出手。笔者在帕村村委会调查时，一位村干部说这几年土地纠纷占到村里所有纠纷的一半以上，调解土地纠纷成为村干部的日常工作的重要部分。笔者随帕村村委会主任、武装干事等到一个村民小组去调解土地纠纷。在此之前，由于双方各不相让，小组组长多次调解无果。最后，村干部帮助划定了边界，并对纠纷的两家分别罚款。经济理性的扩张影响社会生活的方方面面，一位村民指着一片集体林对笔者表示：

> 你看，那些杂木树，很小、不直，也不高。要是分到户，就统统砍了，种那种长得又粗又高的大树，那种树值钱，卖了再种。就像水稻一样，割完一茬又一茬，那样就有收入了。（岩

明，2010 年 3 月 15 日）

由于经济作物具有更好的收益，所以其对农作物的替代是这一时期最为明显的转变。其中，橡胶在当地经济作物中收益最高，成为村民种植的首选。南芒县只要是气候类型适合种橡胶的地方，全部都种植了橡胶。以双村为例，2004～2005 年国际橡胶价格水涨船高，村民纷纷将自家的承包地种上了橡胶，这是"个人胶"迅速扩张的时期。这一批橡胶种植的面积大约有 4000～5000 亩，从此家家户户都以种植橡胶为生。而村民就不再种植粮食作物了，粮食全部靠买，双村人民过上了城市人的生活。双村一组老生产队长岩满告诉笔者：

> 耕地改种橡胶，他们是算过一笔账的："一亩地一年也就只能收四五百斤谷子，一元多一斤，也就几百元，不到一千元。种橡胶的收入就高多了，有了钱还怕没有粮食吃吗？有钱就是到北京也有的吃。中国没粮食吃了，还可以从外国买。

在经济利益的刺激下，传统时期多样化的种植格局彻底改变。很多村寨经济作物种植呈现单一化的趋势，经济作物集中连片种植，出现了数量众多的咖啡村、橡胶村、茶叶村。在腊村，茶叶和咖啡成为主要的旱地作物。传统的玉米、旱谷等种植面积越来越小。在帕村，老生产队长表示"能种咖啡的地都种完了"。由于当地村民大面积的种植经济林，很多家庭没有足够的劳动力对其进行有效管理。很多村民将经济林租给他人进行管理，收益按照约定的比例分成。

经济作物的大量种植也使一些传统种植业、手工业、副业从业人员减少。村民也会理性计算劳动的"投入－产出"比。种植经济作物前，当地坝区水田一年可以种两季水稻，山区水田一年可以种一季水稻和一季旱粮。但是现在，很多村民一年就只种一季水稻，用于满足家庭的口粮需求，而将大部分精力放在经济作物种植上。帕村历史上一直有"铁匠打刀"的传统，"帕村刀"因其锋利耐用在当地远近闻名。但是种植咖啡以后，铁匠们不再打刀，而是将注意力全部集中到种咖啡上。因为打刀非常耗费时间，相比种咖啡收益低很多。在当地农村，传统的养殖业如养猪、养牛、养鸡一直是村民满足肉类需求和换取现金收入的重要来源。由于山林面积大，养殖规模也比较大，一般每家都有十多头牛，每天有一个人专门放养。但是，自从种植经济作物以后，当地养殖业急剧萎缩。双村种植橡胶后，村民们把养的牛也全部都卖了，变成了完全的胶农。

对单产的追求反映了农民的经济理性的滋长，特别是对化肥、农药的使用。当地政府组织了多期橡胶培训班、咖啡培训班，请专家现场教学，教村民如何管理经济作物。村民也知道了管理的好处，会"管理"的人越来越多。在经济作物推广时，技术专家教育村民要施肥，不施肥产量不高。一些村民通过对比发现施肥效果更好，且施肥越多收入越高。村民意识到要多给经济作物施肥，因为作物卖了钱肥料成本可以赚回来。在帕村，咖啡地一年要施肥两次，4～5月份施复合肥，8～9月份还要追施尿素。传统上农作物除草主要依靠人工涮草，耗费劳力而且除草效果不好。而现在除草基本上全部依靠农药"百草枯""颗无踪"。一位村民表示，"现在都喜欢打农药除（嫩）草，草是死了，不过打农药农作物容易中毒，并且也浪费钱。要是以前，我们等草长大一些，就把草割了，盖到庄稼根边，草烂了之后还可以肥庄稼。"在橡胶种植的过程中，村民表现出了强烈的贪婪欲望。按照"科学"的橡胶树种植方法，一亩应种33棵橡胶树，再多种橡胶产量反而会下降。据双村橡胶技术员告诉笔者，当时大种橡胶树期间，有些村民想要多产橡胶，一亩地种了50～60棵橡胶树，密密麻麻的。最后由于橡胶产量低，不得不砍掉了很多橡胶树。

农民的生计转型还体现在工作时间的变化上。"日出而作，日落而息"是传统农业时期农民劳动的真实写照。种植经济作物以后，村民在经济作物种植和管理上花费了越来越多的时间。现在农民变得日益繁忙和辛苦，农闲时间大为缩短，他们知道利用空闲时间多赚钱。双村胶农每天晚上在别人酣睡的时候就开始了割胶的工作，一晚上一个人可以割300棵左右，一般2~3个小时可以割完。等到上午9~10点再去收胶水。收完胶水，当场就把它卖掉。在村子附近的公路旁，有不下10处的私人收胶点。胶农一年需要耗费9个月的时间割胶，农闲时间越来越少。闲的时候部分胶农就出去找活干。以前拉祜族村民种地，工作开始时间是"早上太阳不出来不会去干活"。但是现在种咖啡了，"每天太阳没有出来就去弄咖啡了"。图5-3为双村村民割胶后的橡胶树。

图5-3 双村村民割胶后的橡胶树（笔者2010年4月摄于双村）

农民的生计转型甚至突破了传统的道德规范的约束。涂尔干指出，现代社会发展的结果是社会的日益原子化和"社会解组"（贾春增，2000）。现代社会日渐式微，个人主义逐渐兴起。在强大的经济利益面前，传统社会的规范和禁忌逐渐失去作用，"失范"现象频繁发生。传统的农业社会有较强烈的"反商业"传统。人类学家发现历史上在印度尼西亚萨赫瓦（Sahwa）地区的榴莲树是禁止买卖的，甚至有"卖榴莲树就等于是卖自己的祖父"的说法（Peluso，1996）。中国传统上不仅政府"重农抑商"，民间也有"无商不奸"的看法，体现了传统乡土社会对商业的排斥。凡是有碍于赚钱的风俗和规范，也都被遗弃了。历史上，大多数村寨的竜林被砍伐以种植经济林木。勐可村就有大片的竜林，由于气候适合种橡胶树，竜林被砍伐一空，全部种上了橡胶树。勐可村有专人负责管理竜林，这一职位非常神圣，村寨村民轮流负责给管理人员送饭。具有讽刺意味的是，现在这个职位还保留着，掌管竜林的老人还在，但竜林却已经消失了。在勐村大寨，在紧邻村寨坟地的南麻河边上，摆放的抽沙的柴油机时常在这里作业，声音非常大。村中老人告诉笔者，按照傣族地区的习俗，坟地旁边是什么也不允许做的，特别是柴油机嗡嗡作响，是触犯禁忌的。但是，现在没人管，村民也不会考虑习俗，没人在乎这些。村民一切向"钱"看，甚至也不顾国家法律。传统时期，村民自家砍树烧火，通常不砍小树，等小树长成大树再砍。而一些以卖树为生的村民会砍掉所有大树和小树，一车（农用）柴火可以卖到800~900元。有的村民因为制作米干（米线的一种），需要购买柴做燃料，每月差不多用光一车柴。柴火中经常有一些直径4~5厘米的小树，树龄最多一年。另外还有一些村民则干起了偷砍树木的生意，特别是在一些交通便利的地方。这些被砍的林木有些属于国有林，有些属于集体林，还有一些是分到户的林子。图5-4为村寨中堆放的待出售木材。付村村民张之表示：

　　　　这个山上（在公路边）都是杂木树，还有台树。好的（树）被小娃（青年人）砍掉并卖了。砍掉的台树一斤卖8元钱，桂花树更贵，一个大板2500元一张。值钱的树都砍光了，有些地方路不方便，砍了也拿不下来。交通方便的地方，值钱的树都砍没了。（张之，2012年8月18日）

图 5 - 4　村寨中堆放的待出售木材（笔者 2012 年 7 月摄于付村）

第四节　从生活世界到自然资源

一　自然异化及其机制

在人类发展的历史中，人间对自然的定位发生了急剧的变化。传统时期，自然具有多元的社会和文化意义。而进入现代社会以来，产生了"人类中心主义"的观念。埃斯科瓦尔（Arturo Escobar）在《重构自然：一种后结构主义政治生态的要素》一文中提出"自然资本化"（Capitalization of Nature）这一说法（Escobar，1999）。自然资本化由两个内在逻辑决定。第一，自然的客体化逻辑。前资本主义社会时期，"自然"是人与自然和谐统一、互利共生的系统，而不是一个孤立的、客体化的自然。埃斯科瓦尔指出传统时期的"自然"是一个"有机体自然"（Organic Nature），自然世界是社会生活的有机组成部分，人类、自然、超自然三个领域具有连续性。而进入资本主义社会后，"人 - 自然"的关系演变为"主体 - 客体""改造 - 被改造"的关系，去神圣化、客体化的"资本主义自然"（Capitalist

Nature）得以形成（Escobar，1999）。自然的客体化逻辑改变了人对自然的认知，自然从具有丰富社会和文化意涵的情境中脱离，而成为可以开发、改造的客体化的对象。所以，自然资本化本质上是一种"经济简化论"。第二，资本的增值化逻辑。无论是虚拟资本还是现实资本，其目的就是追求使用效率和产出的最大化。但是，这种以最大产出为目标的生产行为恰恰忽视了自然资源的稀缺性以及物质循环的基本原理，从而造成环境退化和经济发展的不可持续。在征服自然、控制自然、规划自然等观念的指导下，自然被异化。

（一）自然异化机制

总体而言，自然异化有如下三个机制。

1. 现代科学与自然"祛魅化"

自然作为客体化资源的思想源于人类对自然的征服态度。这种态度源于工业革命后人类科学技术的进步以及自身力量的不断壮大。以17世纪西欧新兴的科学哲学为代表，这种科学哲学强调元素主义和客观主义，突出体现在被认为是现代科学之父的弗朗西斯·培根的"自然"思想上。培根的实验方法对男性与女性、物质与精神、主观与客观、理性和情绪进行了根本的二元区分。在《男性时代的诞生》（*The Masculine Birth of Time*）一书中，培根认为会有英雄和超人般的群体统治自然和社会，男性要征服女性，现代科学要变成"雄性科学"，人类需要积极主动征服自然。在培根的认知中，未来社会是一个以科学为主导的社会，自然从一个有生命力的、滋养的"母亲"变成无生命的、僵死的、可操纵的物质（Sachs，1992）。培根的认知与资本主义剥削自然的内在属性是契合的。科学的进步与自然的"祛魅化"是同步的。福斯特以"韦伯与环境"为题在《美国社会学杂志》发文，指出"祛魅化"是韦伯对环境社会学的主要贡献之一。在无法逃避的"祛魅化"的历史进程中，"上帝退出了，神圣消失了"，韦伯似乎带有一种忧郁和怀旧的情愫在观察周遭的变化。韦伯的"祛魅化"思想不仅是指人类关于启蒙的辩证法，同时也具有深刻的生态含义，代表了人类在征服自然上的内在矛盾性（Foster，2012）。

2. 现代国家与自然资源化

依靠国家权力控制自然并将之"资源化"的意图早已有之。但是，在传统社会，由于技术手段尚无法达到，国家控制自然的力度非常有限。随着实用主义逻辑的强化和控制力度的加大，自然越来越被纳入国家管理的视野中。"国家的视角"（Seeing Like a State）的核心就是一种简单化和清晰化的实用主义逻辑。在斯科特（2004）看来，国家将森林简化成"木材"，草原简化为"草量"，而忽视了自然多样化的功能以及多元的地方文化与社会价值。在国家"简单化"的认知中，有价值的植物是庄稼，没价值的是杂草；有价值的树出产木材，不能出产木材的就是"杂"树或"矮树丛"；有价值的动物是猎物或家畜，没价值的是"害兽"。在国家的"财政森林"中，树的多种多样的用途被单一化的木材和燃料的容量所取代。奉行实用主义逻辑的国家将森林变成生产商品的机器，普鲁士的"科学林业"可以说明国家逻辑与自然资源化之关联。"科学林业"本质上是一种林业的标准化生产体系。在这种林业规划中，矮树丛被清除，树种被削减，同一树龄、同一树种的树苗统一排列种植。清晰化的林木种植，方便了林业工人的标准化的培训与管理。"科学林业"已经成为现代国家森林建设的主要指导思想。

3. 市场与自然资本化

实际上，在很多自然的理性化改造案例中，市场同样扮演了极为重要的角色。现代社会可以认为是一个"市场社会"。Coronil（2001）在斯科特"国家的视角"的思想启发下提出"市场的嗅觉"（Smelling Like a Market）这一观点与斯科特遥相呼应。资本主义生产的本质与市场紧密关联，Coronil 指出市场经历了如水流般无孔不入的特征，市场经济作为一个新的社会制度重组了社会和自然。波兰尼（2017）以市场与社会、自然的关系为切入点，把关系演变放在长时段中考察，指出市场经历了从传统时期的"嵌入"到现代时期的

"脱嵌"的"巨变"历程。完全自发调节或脱嵌的市场成为改造自然的重要力量，市场不断地把土地、河流、森林变成"虚拟商品"，纳入交换领域。我国实行社会主义市场经济制度以后，市场作为一种资源分配手段，在改造自然方面的作用亦表现得愈加明显。市场运作有其内在机制，市场参与者是理性经济人，其追逐利润的最大化。在资本增值的逻辑下，"自然"吸引了资本投资，资本借助自然得以增值。

（二）森林的异化

波兰尼对资本异化自然持尖锐的批判态度。他以土地为例，指出"孤立土地并在此基础上建立市场是我们的祖先从事的所有事业中最为荒诞的。经济功能仅仅是土地多种重要功能之一。土地给人类的生命注入了安定的力量，是人类居住的地方，是人类物质安全的必要条件，它构成风景和四季"（波兰尼，2017）。森林也出现了相似的情况，森林定位的转化反映了人与自然关系的急剧转变。森林不再是居民栖居的场所，不再是充满幻想的圣地。在权力、资本、知识等多种力量介入后，人类开始精心规划设计森林，目标是使森林产生更多经济效益。我们可以看到森林对于村民多重身份的转变起到了举足轻重的作用。

1. 从功能上说，森林的多功能转化为单一功能

历史上森林具有的多样的用途消失了，采集、狩猎、放牧等功能已转化为单一的经济功能。山民在与森林的长期互动中也形成了多样的森林利用方式，主要体现为以下七点。第一，刀耕火种农业。第二，狩猎。传统时期森林中的动物种类繁多，佤族人民、拉祜族人民在历史上都擅长狩猎。第三，采集。森林是无尽的宝藏。采集一直是当地村民的重要生计。村民主要采集野菜、野果、药材。第四，用水。森林与水源的关系极为紧密。在多山地形中，森林是水的重要存储库。植被丰富的地区也是水源充分的地区，当地人的生活用水一般取自泉眼和箐沟。第五，利用木材。木材对村民有两个主要用途，即烧火和建房。树木是当地的主要燃料来源，传统房屋

是以木质为主。第六，放牧。当地主要家畜是牛（黄牛、水牛）、猪等，森林中各种藤类、草类植物所在地是"放野牛"的主要场所。第七，防风。村寨附近的森林常常有防风之用。

2. 从意义上说，森林的社会意义和文化意义逐渐消失

历史上森林具有的多元的社会意义、文化意义逐渐消失，森林被异化，成为单一的物质资源。传统时期，围绕森林的保护和利用，当地形成一套地方社会规范制度。森林对当地社会规范制度的形成也起到了特定的作用。依托于适应自然的社会组织和结构保证了地方社会生产和生活的满足，同时也注意对自然的保护，避免森林被过度消耗。对于山民来说，茫茫的森林是充满神秘的圣地。当地民族众多的神话传说都是以森林为原型展开的。在傣族的历史文献中，有大量的神话传说都以森林为主题。傣族文化中的竜林禁忌是文化与生态紧密结合的代表。佤族文化中有主宰一切的神灵，称为"神鬼"（赵富荣，2005）。拉祜族人民也是信仰"万物有灵论"。森林的"魅化"深刻体现在生活者的日常实践中。

3. 从价值上说，人类对森林的关注从使用价值转移到交换价值

根据人类的不同需求，自然资源有不同的价值属性。历史上村民关注的是森林的使用价值，森林与村民的生活息息相关，森林还具有多样化的使用方式。但是，自从实行市场化以来，森林被过多地赋予了经济价值，村民更关心其在市场交易中的交换价值。林地仅仅是生产的场所，像一座工厂，产出木材、橡胶水等，其产出可以在市场中换取收益。除此以外，森林与村民没有其他关系了，森林价值出现单一化的趋势。森林从使用价值到交换价值的角色转变造成了严重的生态后果。

二　"造林"的生态问题

以利润最大化为目标的生产方式对生态环境的影响非常明显，这种生产方式试图以精确、科学的方式实现生产效益的最大化。当

地村民用资本重新塑造了一个"绿色"的南芒县，在森林覆盖率持续提升的耀眼光环下隐藏的是隐性的环境问题。市场条件下自然资本化所带来的后果是全方位的。因为原生林逐年减少，森林涵养水土的功能严重弱化。除此以外，一些新的生态问题也开始呈现，主要表现为物种单一化和农业面源污染。

（一）物种单一化

传统时期杂木林的种类是多样化的，"杂"木林体现了生物的多样性。笔者调查时，看到拉祜族房东准备拿柴烧火做饭，就请他介绍柴堆中都有哪些树种。他数了一遍，说有十多种。树的名称以及主要特点见表5-5。当地老人说杂木树种数不清，只有一部分能叫得上名字，很多都不知道名字。杂木林有两个特点。第一，品种多样。"杂"是杂木林的主要特征。笔者随当地村民去野生杂木林，发现无论是树的空间布局，还是品种，都给人以杂乱无章的感觉（见图5-5）。但是，"杂"不正体现了生态学上提倡的生物多样性吗？第二，经济价值不高。大部分树木生长周期慢、弯曲、高度有限、成材率低，这与现代林业追求高经济效益的目标相差甚远。

表 5-5　当地常见的杂木树种及特征（部分）

当地树种 （拉祜语）	特征
比绍洛	皮厚；树高10米以上，直径可达50厘米；生长周期为20多年；叶子长6厘米，有直的、有弯曲的；7月份有果子；小根多，又大
曼敦	好烧；皮薄，叉子多；高度一般为7~8米，直径可达40厘米；生长周期为10多年；9~10月份结果子；水多；可以作为盖房木材
开赞斯 （橄榄树）	皮薄，可食；治病，防蚊虫叮咬；直径达30厘米；生长周期为10多年；高度可达7~8米；叶子很小，弯曲
墩台	分叉，弯曲；带刺；直径达50~60厘米；生长周期为20多年；不结果子，开小花；树高10多米
茨树	可以开花结果；直径达40厘米；生长周期为10年以上；高度一般为8~9米；皮不厚，斧子好破

续表

当地树种 （拉祜语）	特征
开尼	开花结果；皮带刺；直径达 20 多厘米；高度可达 5～6 米；弯；生长周期为 7～8 年；长不高
曼诺	高度为 4～5 米；直径约为 20 厘米；分叉，弯曲
达巴	直径可达 80～90 厘米；皮红；高度可达 20 多米；生长周期为 30 多年
多衣果	可以施肥；果子可食；直径只有 7～8 厘米；生长周期为 20 多年；叶子小；直，高度约为 10 多米
阿要斯 （红毛树）	直径可以达到 1 米；高度约 20 多米，生长周期为 40～50 年；果子不可食；很直；比较好的建房木材

图 5－5　杂木林（笔者 2012 年 8 月摄于帕村）

自从村民种植经济林木后，天然林被替代，物种越来越单一化。有些村寨的柴山、水源林都种上了橡胶树。在回江村，村民表示，"柴林当时划给我们种橡胶树，寨子的水源林也没有了。只有100亩坟地没种树"。"科学林业"要求的是精确的森林设计，村民最大限度地获取收益，体现的是"规划自然"的思想。以橡胶林为例，《〈云南省橡胶树栽培技术规程〉实施细则》中做了明确规定：村民应采用"宽行密株"的种植形式，株距2.5m～3m，行距8m～10m，每亩地种植33株。据当地人介绍，33棵可以保证单棵橡胶树产胶的最大值，土地可以得到最大化利用。低于33棵土地就浪费了，高于33棵则胶树的产胶量就会下降。如图5-6所示，橡胶树一排一排整齐地站立，宛如待检阅的士兵。

图5-6　橡胶林（笔者2010年3月摄于双村）

"科学林业"背后蕴含的是人类设计森林、规划自然的观念。双村一位胶农告诉笔者,种植橡胶树前山上都是大树,树根很粗。为了种植橡胶树,村民使用了炸药把树根清除。种植后的橡胶林、桉树林由于物种极为单一,动物也极少,所以有"绿色沙漠"之称。此外,大面积的单一化经济林容易爆发大规模的病虫害,潜藏着巨大的生态风险。笔者调查期间,双村橡胶树因爆发"白粉病"出现了树叶大量脱落的现象。

(二)农业面源污染

资本投资林业追求的是高回报率。为了提高经济作物收益,村民在林木种植中大量使用化肥、农药。村民在各种经济作物种植和管理培训班学习后得知,要想保证经济林木的产出必须使用足够多的肥料。

> 一亩好地能产 1 吨咖啡,不好的地只能产 300~400 公斤。主要是靠肥料,肥料施得要够,施得不够不行,一亩地要施肥料 160 公斤。现在都是尿素、复合肥,农家肥不多,有的话更好。种小苗的时候需要施很多肥料,长大以后 50 公斤就可以。现在是一亩咖啡地要 200 多元肥料,还要打 2~3 次药。一瓶药可以用 2~3 次,只花费 20 多元。投产后,一亩咖啡地的成本为 250 元~260 元(一年)。人工不算,比种水稻投得多。(扎拔,2012 年 7 月 29 日)

经济作物打的药分两种,一种是除草的农药,如"颗无踪";另一种是治病虫害的药,如"乐果""敌敌畏"等。《〈云南省橡胶树栽培技术规程〉实施细则》中对橡胶树的栽培和管理有明确的规定,幼龄胶园杂草生长旺盛,一般使用化学药剂除草。胶园除草是在 5~10 月茅草生长旺季,每亩药液用量 15 千克~30 千克,用原药 1200

毫升，1年喷1~2次。在施肥上，树龄时间越长，施肥量越大。在当地的橡胶种植推广过程中，政府组织了多次培训班，对村民施肥用药进行培训。

随着经济林木种植面积的增加，很多家庭人均管理经济林木都在10亩以上，劳动力的不足导致其很难进行精细化管理。例如，挖坑施肥可以减少肥料的流失、保证肥料的吸收。但是，很多村民为节省劳力直接在经济林木根部撒肥料。遇到下雨，肥料流失不可避免，特别是坡地，流失更加严重。大量农药、化肥的使用对农业面源污染"贡献"颇大。

第六章

生态危机的治理

再这样砍树种橡胶（树），到最后只有喝（橡）胶水了！

——勐村大寨相梅

近年来，随着生态危机的加剧和民众环境保护意识的提升，政府、社会都开始反思这种"自虐式发展"的后果，并积极进行生态治理和补救（张玉林，2012）。南芒县生态状况在持续多年恶化后开始出现转机，以政府为主导的生态治理力度逐渐加大。地方政府通过实施人畜饮水工程、新建坝塘与水窖、村寨搬迁等措施积极应对饮水困难问题。随着"退耕还林"政策的实施以及流域水源林建设的开展，森林破坏的局面得到一定程度的控制。同时，在经济林产业发展上，地方政府和企业开始探索在保持经济效益的同时，如何兼顾生态和社会效益，从而实现可持续发展。以此为目标的"生态茶园"建设已经初步收到效果。但是，地方生态治理仍然面临诸多困境。

第一节　生态代价与社会压力

一　发展的生态代价

改革开放以来，我国进入经济发展的黄金时期，经济总量急剧攀升。中国在世界经济中的位次不断提高，2010 年，中国的国内生产总值超过日本成为世界第二大经济体。但是，作为发展中国家，中国尚处于追赶现代化的阶段。在此阶段，中国不仅面临着发展经济的压力，而且面临着环境污染、社会矛盾等问题。贝克（2004）指出西方国家从稀缺社会进入发达的社会，物质财富极为丰富。社会的逻辑已经不是财富、资产等好事物（Goods）的分配，而是以坏事物（Bads）的分配占主导，表现为多样化的风险，进入了所谓的"风险社会"。发展中国家由于发展阶段的滞后性，呈现一种"双重风险社会"（Double-Risk Society）的特征（Spaargaren，2000），既需要财富的分配，追求经济的发展，同时也存在后现代社会风险的分配问题，具有复杂性。经济发展中的生态问题就是双重风险社会的重要体现之一。

在早期的经济建设中，我们将发展单向度地理解为经济增长。实际上，在经济增长的过程中，需要区分"经济增长"和"发展"的差异。避免将"发展"等同于"经济增长"，将"经济增长"等同于"美好生活"的发展主义[①]迷思（徐宝强、汪晖，2001）。增长仅仅是数量的提升而非质量的提高，经济增长过程中出现的各种社会问题往往会造成"有增长而无发展"的后果。环境问题在某种程度上可以说是发展主义的代价。南芒县60余年以来的经济社会变迁造成了严重的生态后果，而生态后果也开始反作用于当地社会。正如恩格斯（1971）在《自然辩证法》中所说，"我们不要过分陶醉于我们对自然界的胜利，对于每一次这样的胜利，自然界都报复了我们。"生态破坏造成的社会后果是方方面面的，如生物多样性锐减、水土流失、水资源减少。一系列的生态后果严重影响了居民的生活、生产，加剧了社会脆弱性。

（一）对生活的影响

对于当地村民来说，水源是生存的基本条件。森林孕育了多样的物种，日常生活中的蜂蜜、蘑菇、野菜、草药都是森林的"副产品"，森林还有涵养水源、调节气候等多种功能。天然森林的消失带来的影响是复杂和多样的。其中，干旱的影响最为强烈。干旱与降水有直接的关联，

---

① 郇庆治（2018）指出，需要区分发展（Development）和发展主义（Developmentalism）。发展是一个有机哲学意义上的范畴——任何物种和个体都有一个孕育、出生、生长和成熟直至死亡的自然发展过程。必须承认和尊重任何一个国家、地区和民族的发展权利。而发展主义则不同，它将发展的目标、主体、过程和绩效量度，都简化为或等同于GDP增加（经济生产过程中的要素投入与产出）、经济增长（物质财富的制造与累积）和经济尺度下的社会进步（人均经济收入与物质消费的增加及其保障），而且这种严重偏执、物化的发展思维主宰着整个社会的政策取向、制度选择和主流社会文化共识。发展主义更多出现在后发展国家或发展中国家的现代化进程中。

但是也受人为因素的影响。森林的砍伐无疑加剧了降水不足造成的影响，引起"失畜型缺水"（陈阿江、邢一新，2017）。干旱严重影响了村民的日常生产和生活。近些年来，南芒县各村寨人畜饮水有一定的困难，很多村寨不得不依靠外出拉水维持生存。干季缺水时双村村民的生活用水每天只能供应半天。景高乡尼村拉祜族寨子由于地势较高，加之上游水源林被破坏，近几年面临着严重的缺水问题。在半年的干季中，有3个月自来水不够喝，这时候每家每户都需要骑摩托车、开拖拉机带着水桶到处找水。在一些缺水的村寨，甚至出现砍断其他村寨自来水管偷水的现象，引起了村寨间的冲突。还有一些地方出现"水逼人迁"现象，缺水的村寨不得不搬迁［《南芒文史资料（第八辑）》，2009］。

（二）对生产的影响

水源不足对农业灌溉造成了极大的影响，主要体现在对农业用水有大量需求的水稻种植业。在一些村寨，"保水田"不得不变成靠天吃饭的"雷响田"，村寨间争水现象不断发生。同时，由于地表植被的破坏造成了地下水位的下降，一些经济作物更容易遭受干旱的影响，进而造成减产。在前几年连续干旱期间，咖啡、橡胶、茶叶等经济作物都遭受了重大损失。一位当地村民表示：

> 勐村处在水的源头，水还好些。其他的寨子生活用水都有点问题，水源都干了。还好，今年香蕉种得多，不然村民种田抢水就要干架了。因为种香蕉用水少，是用滴灌。前几年没种香蕉，大家每天都去抢水。晚上两三点钟，村民放管子去抢水。（石依，2012年7月21日）

（三）加剧社会脆弱性

除了已经造成的生态后果外，经济林木种植与森林砍伐也加剧了当地村寨的社会脆弱性（Social Vulnerability），削弱了村民的灾害应对能力。社会脆弱性是指生计受到灾害和环境风险的冲击时，受害者的应对能力。面对灾害的发生，受害者如何应对？除了取决于灾害本身的程度，还受制于受害者的自身能力以及相互之间的协作能力。它将灾害研究从关注灾害本身转移到关注受害者自身的能力，以及何种因素制约了受害者的应对能力上（周利敏，2012）。就南芒县种植的经济作物而言，大范围的植被砍伐与替代在某种程度上加剧了干旱的程度。同时，植被的单一化降低了村民抗御干旱的能力，增加了社会脆弱性。即使小的干旱也会给村民造成严重的损失，使潜在的风险倍增。

二　持续的社会压力

在环境问题上，资本逻辑与生活逻辑呈现尖锐的对立局面。环境的保全，不能从资本的逻辑中引导出来，但它对生活的逻辑来说是必不可少的（岩佐茂，1997）。市场化以来的生态持续恶化给当地居民的生产和生活带来了严重的影响，引起了当地居民对生态现状的严重不满。这种群体性的不满让地方政府产生了极大的压力。在波兰尼（2017）看来，市场的脱嵌最终会造成社会"反向运动"，即当市场力量完全支配社会时，社会则会形成一种对抗市场的自我保护机制，其目的是避免自律性市场带来的毁灭性影响。

现实生活中有很多这类"反向运动"的案例。印度喜马拉雅地区森林开发引起的"抱树运动"（Chipko Movement）是典型的案例①。摆脱殖民统治后的印度政府极力推动自然资源的商业化开采，大量天然森林出售给商业公司，之后森林被砍伐。森林砍伐严重影响了当地的生态和居民的生计，当地居民展开了保护森林的"抱树运动"。抱树运动参与主体是当地妇女，她们继承了"圣雄"甘地的"非暴力

---

① 对抱树运动的介绍参见维基百科"Chipko Movement"，http://en.wikipedia.org/wiki/Chipko_movement。

不合作"精神，三五成团紧紧抱住大树，以阻止国家林业部门和伐木公司对森林的砍伐。抱树运动最后成功地保护了当地的森林。很多人将抱树运动理解为现代意义上发展中国家环境保护社会运动（Social Movement）中一个具有里程碑意义的事件，但实际上其最初是作为地方"生计保护运动"而呈现的。为何看似柔弱的女性反而成为这次运动的主要参与人群？因为妇女是受砍树影响最大的人群，森林砍伐严重干扰了她们的食物采集活动。除此之外，森林砍伐还造成了土壤恶化，水源干涸，直接影响到村民的生产和生活。

在南芒县，严重恶化的生态环境成为社会各界关注的焦点。在田野调查中，笔者可以明显地感受到普通民众对于当下环境问题的不满和未来环境状况的忧虑，特别是商业资本的进入、林业大开发对森林的破坏引起了民众的焦虑。在南芒县的一些地方，为了保护地方生态免遭破坏，很多村民加入保护森林环境的运动中。2010年3月笔者在勐村调查时，恰巧遇到勐村大寨多位老人到镇政府抗议村寨附近水源林遭受破坏。事件起因是勐村的水源林被林业部门批准进行中低产林改造，这片林地已经流转给一个老板，老板雇佣的伐木工人正准备将林木砍伐种植桉树，村民闻讯后意欲阻止森林的砍伐，他们表现出了极大的愤怒，一位退休干部甚至直接对镇长发出质问。由于村民的强烈抵制，最后砍伐不得不终止。在南芒县，水源林砍伐、缺水、桉树种植等问题成为一个公共议题，受到民众的广泛关注。民众对环境现状的普遍性不满让政府产生了极大的压力，生态问题已经到了非治不可的地步。

地方政府层面也意识到环境问题的严重性。南芒县相关部门对绿色产业调研后形成的报告中明确指出"政府大面积砍伐林木，致使森林面积锐减，植被遭受严重破坏，已造成局部地区水源枯竭，人、畜饮水困难，应注重开发与生态环境保护相结合，有效保护和恢复水源林，确保生态环境得到有效治理"［《南芒文史资料（第八辑）》，2009］。每年的市、县人大会议和政协会议上，生态破坏、用水危机、污染问题等都成为代表、委员们讨论的重点。一大批议案、提案受到关注，如周少妹等人的《南芒县公信乡胶片区人畜饮水困难问题的建议》（2013）、岩伊等人的《关于保护水源林的建议》（2008）、刀兴民等人的《关于桉树危害水源的提案》（2008）、苏客等人的《关于给予解决富石乡大曼糯村村民饮水的提案》（2008）、苏护升等人的《关于要求解决立中小组人畜饮水问题的建议》（2008）、岩常等人的《关于给予解决富石乡芒冒村上东明组、半山组人畜饮水困难的提案》（2008）、李宾等人的《关于南双河绿色长廊工程实施的建议》（2008）。这些人大议案、政协提案的提出将生态问题从"幕后"推到"台前"。生态成为社会关注的焦点，推动了生态危机"问题化"的社会建构（Social Construction）。

　　经济发展与环境保护如何协调？作为环境社会学理论中的重要流派，生态现代化理论主张在维持现有社会制度的前提下通过某些形式的改良从而实现可持续发展。生态现代化理论的代表人物摩尔（Mol，2000）指出，生态危机并不是现行制度不可避免的结果，通过一些革新的举措，环境与经济可以实现协调发展。在中国经济发展的过程中，环境问题日益凸显。中国的环境保护力度不断加大，但是也面临着诸多挑战，如技术条件不足、经济发展不均衡、以制造业为支柱产业、带有鲜明的政府主导色彩等（洪大用，2012）。从南芒县发展的阶段来看，生态治理力度逐渐加大。生态危机的日益恶化，倒逼政府采取措施扭转不利趋势，市场对生态产品需求的增加也在促进产业的生态转型，一些有利于生态保护的技术也逐渐被使用。

第二节　生态应对措施

一　政府的生态危机应对

　　现阶段南芒县的生态应对措施主要是由政府主导的。政府的生态应对措施主要涉及人畜饮水工程、退耕还林、水源林建设等内容。通过政府的努力，生态危机造成的后果部分得以缓解。

（一）饮水危机的应对

饮水危机是森林资源破坏的后果之一。因为饮用水关乎居民的生存，所以饮水危机成为政府首先需要应对并解决的问题。当地村民的生活用水方式经历了较大变化。历史上，森林茂密的山区溪流密布，箐沟众多，地表径流是村民主要的饮用水来源。山区村民生活用水来源主要是在村寨周边有水源的地方就近取水，取水工具有竹筒、葫芦等，但相对费时、费力。20 世纪 80 年代开始，随着人畜饮水工程项目的实施，很多村寨开始安装并使用自来水。山区的自来水系统与城市自来水系统不同，这种自来水设施的修建方法是在相对高海拔的溪流上游建一个大容量的水池，然后用水管将水从水池引入相对低海拔的村寨，利用水压自流引水。水管直接通到村寨，然后再通过较细的水管连接到每家每户。每个自然村是一个完整的用水单位。自来水设施的修建极大地方便了村民的生活用水，但对水源地水量和水质都有一定的要求，且需要考虑水源点和村寨之间的距离，距离太长会导致建设费用高且日常维护难度大。20 世纪 80 年代至 21 世纪初，村寨建设自来水设施的费用主要是以村寨自筹为主，国家补贴较少。一般村寨通过出售集体所有的资产和村民自筹等方式修建自来水设施。2000年以后，随着人畜饮水工程的实施，政府增加了对农村饮水的资金支持力度。在南芒县，村寨人畜饮水工程设施的费用由多方筹资，具体比例为国家财政补贴 70%，省财政补贴 15%，县财政补贴 5%，居民自筹 5%（数据由南芒县水务局提供）。

据南芒县水务局工作人员介绍，与人畜饮水工程最初修建时的资金困难相比，大部分村寨饮水设施的资金不是最主要的问题，现阶段最大的问题是找不到好的水源点。特别是近几年来，因为村民大量种植经济作物，水源林面积不断萎缩，有些地方只保留了几亩树林作为水源林，致使地表径流水量越来越小，无法满足村民的用水需求。一些取水点在雨季的时候尚能满足村寨用水需求，但是干季（枯水期）水量大减，加之村寨人口的增加，用水量随之增加，水量远远达不到要求。另外，由于经济作物种植和管理中大量使用化肥、农药，当地水质污染现象也逐渐严重，水质性缺水成为一个新的问题。有些溪流虽然水量满足条件，但是水质被污染，不可以作为饮用水源。娜文镇的一个村民小组的饮用水源被污染后导致锰超标［《南芒文史资料（第八辑）》，2009］。目前饮水危机应对的工程性措施包括以下四点。

1. 延长取水距离

找水源是很多村寨修建自来水设施时最为苦恼的事情。一般由村寨村民自己找水源，找到后，水务局检查水量、水质是否达到要求，确定符合要求后才可以建设。如果村民无法找到合适的水源，水务局工作人员会利用专业地图帮助寻找。目前，水源点距村寨距离越来越远是一个普遍趋势，有些村寨水源点甚至多次发生变化。以前一般在距离村寨 3 千米的位置就可以找到合适的水源点，但是现在需要到 8 千米外的地方寻找水源，一些村寨甚至需要到 10 千米以外寻找水源点[1]。修建自来水设施的费用也越来越高。凡是经济作物大量种植的地区都是水源较为紧张的地区，特别是在海拔较高的山区，本来水源的选择就很有限，水源林如果受到破坏，村民获取生活用水就更加困难。双村由于大面积种植橡胶树，加之外来移民人数较多，村民生活用水严重

---

[1]　村寨一级的水源林主要是村寨自行确定的。从目前大多数村寨的取水点来看，生态公益林承担了主要的水源林功能。生态公益林有国家法律保护，严禁砍伐，往往保护较好。当地大部分村庄的水源林多是历史上形成的，比较灵活多样，与林业部门专门规划的水源涵养林（生态公益林的一种类型）有所区别。村庄的水源林从归属上来说，并不一定都能够被划为公益林从而明确得到保护。现实生活中，村庄的水源林可能是本村或其他村庄的公益林、商品林，也可能是防护林、用材林、经济林、薪炭林、特种用途林中的一种或多种。举例来说，由于水资源的流动性和跨地区性，A 村所属的某一片林子可能是 B 村的水源林。如果这个水源林被确定为可以开发的商品林，则 B 村用水会受到很大影响。因此，在水源日益紧缺的当下，当地复杂的用水问题与科层机构对森林功能的划分、水资源的流动性特征以及上下游地区之间的利益协调等都有紧密的关系。

缺乏。现有的水源点离村寨约 10 千米，雨季尚能满足村民的用水需求，但是旱季严重缺水，无法满足村民的用水需求。很多村民家中不得不修建蓄水池储存生活用水。由于取水点的水源不足，该村计划从南芒县大黑山自然保护区附近取水，距离村寨约为 30 千米，水务局预计造价至少 300 万元。由于建设费用高昂，迟迟没有动工。

2. 水库取水

除了延长距离修建自来水设施外，修建生活用水存储设施也逐渐成为一个新的解决饮用水源不足的方法。水库在饮用水源供给上发挥了越来越重要的作用。以往水库的功能主要是提供农业灌溉用水，但由于河流径流量的下降，特别是城镇和村寨人口的增加，水库不得不承担更多的生活用水功能。一些村寨由于原有取水点水源枯竭，生活用水已经改由周边的水库提供。目前南芒县在建的东密水库容量为 2293 万立方米，主要解决南芒坝区 10.41 万城乡居民和 3.33 万头牲畜的生产、生活用水（《南芒县东密水库工程简介》，2013）。

3. 新建坝塘与水窖

建设坝塘蓄水也是应对水源不足的手段。南芒县年均降水量在 1000 毫米以上，虽然降水量不低，但是降水的季节分布严重不均。水源存储设施可以将雨季的降水存储起来以备干季使用。坝塘主要在一些离水库较远的村寨修建，方法是在一个相对高海拔的空地开挖 1～2 亩水塘，利用雨季降水储存饮用水源，干季时供村寨使用。南芒县政府投入了大量资金修建坝塘，已经建成小坝塘 6 座。2012 年建设的中勒小坝塘蓄水量约 5 万立方米，投资 60 万元，计划解决 2000 人的饮水不足问题。此外，在一些缺水村寨，政府帮助开挖的水窖也可以缓解用水危机。2013 年，南芒县挖掘小水窖 642 个。水窖设置在家庭住房附近，每个水窖容量约 20～30 立方米（数据由县水务局提供）。村民主要利用雨季收集雨水，在干季作为饮用水源。一个水窖一般可以满足一个家庭的用水需求。

4. 村寨搬迁

一些村寨由于海拔较高，实在无法找到饮用水源，村民不得不采取搬迁的方式。搬迁位置一般在离村寨不远的水源比较便利的水库边。由于低海拔地区取水较为方便，很多村寨都往山下搬迁。搬迁一般通过在本村土地重建村寨或者与其他村寨置换土地后重建村寨的方式。笔者调查的班村十多年前由于缺水搬迁到现有地方，离原村约 5 千米。据村民介绍，搬迁时村内绝大多数住房是木房。但是，近年来，随着村寨人口的增加，住房条件的改善以及土地调整难度加大，村寨搬迁的数量越来越少。表 6 - 1 为南芒县 1978 ~ 2007 年解决人畜引水困难的情况。

表 6 - 1　1978 ~ 2007 年南芒县解决人畜饮水困难情况

乡镇名称	合作社（个）	已解困户数（户）	已解困		资金投入（万元）	投资来源		管道长度	
			人口（万人）	牲口（万头）		国家（万元）	自筹（万元）	主管（千米）	配管（千米）
娜文镇	109	3447	1.35	0.68	387	328	59	229	151
勐安镇	92	2914	1.21	0.63	327	275	52	193	128
芒高镇	69	2180	0.93	0.44	245	208	37	145	96
景高乡	64	2024	0.91	0.43	227	195	32	134	68
公高乡	71	2291	0.98	0.46	258	219	39	151	107
富石乡	62	1957	0.82	0.42	219	186	33	130	81
合计	467	14813	6.2	3.06	1663	1411	252	982	631

资料来源：《从数字看南芒改革开放 30 年》。

（二）退耕还林与绿色长廊建设

1. 退耕还林

一段时间内，我国山区的毁林开荒和盲目开发严重破坏了生态。1998 年长江流域的特大洪水造成了巨大的人员和财产损失。中央政府实施了"退耕还林"工程，累计完成造林任务 4.41 亿亩，使占国土面积 82% 的工程区森林覆盖率平均提高 3 个百分点，水土流失和风沙危害明显减轻。第 6~8 次森林普查显示，我国的森林覆盖率分别为 18.21%（2003 年）、20.36%（2008 年）、21.63%（2013 年），呈明显增加的趋势。截至 2012 年底，中央已累计投入 3247 亿元，2279 个县的 1.24 亿农民直接受益，全国 1.39 亿亩陡坡耕地和严重沙化地恢复了植被（刘惠兰，2013）。有学者指出，"退耕还林"工程的实施表明了历史的回归，是耕稼文明在西部的一次理性退缩（蓝勇，2001），这也从反面说明了地方传统农业知识与地方生态的适应性。

南芒县退耕还林工程主要集中在 2002~2003 年实施，累计完成退耕还林面积达 2.1 万亩。其中，勐安镇 2500 亩，娜文镇 5761.1 亩，芒高镇 2231.4 亩，公高乡 2450.0 亩，景高乡 3160.0 亩，富石乡 4897.5 亩。在退耕还林的林种类型选择上，国家政策规定生态林比例不得低于 80%，经济林比例不得超过 20%。每个县根据自身情况制定具体实施方案。南芒县在《退耕还林工程实施情况》中明确表示县政府应重点扶持橡胶、茶叶两大支柱产业。根据县林业局提供的数据，南芒县"退耕还林"工程树种及面积分别为思茅松 5645 亩，西南桦 8350.5 亩，茶树 4838.5 亩，咖啡树 275.4 亩，花椒树 75.2 亩，橡胶树 1457.4 亩，山桂花 174.6 亩，旱冬瓜 183.4 亩。县林业局工作人员表示，橡胶树和茶树既是"生态林"也是"经济林"。在"退耕还林"工程实施过程中，县里把橡胶树、茶树设计成"生态林"，达到了国家的要求。但是，橡胶树与茶树的生态作用与生态林相比是非常有限的。这一结果也表明，在漂亮的数据背后，地方"退耕还林"工程实施的效果还是要打折扣的。

根据当地林业部门介绍，"退耕还林"工程中国家的规定是坡度在 25 度以上的农地才实施，但是规定实施起来比较困难，南芒县 25 度以上的坡地不多。在实践上，以村民自愿报名为主。退耕前几年每亩生态林补贴 300 斤粮食，后期改为补助现金。生态林每亩补助 260 元/年，共补助 8 年，经济林每亩补助 130 元/年，共补助 5 年。（数据由县林业局提供）。

南芒县林业局退耕还林办工作人员表示，在退耕还林政策实施之前，造林是"年年造林不见林"。以前造林的做法是：由一些机关单位出资，把树种免费发给村民，让村民撒播，至于树木成活情况，造林成果如何，林业部门很难管理。由于没有实际利益，农民没有管护的积极性。而退耕还林工程是南芒县真正意义上的大规模有成效造林的开始，村民植树造林有了制度和资金保障。这也说明了政府实施生态修复和环境治理政策必须有效协调各方利益，形成激励机制。当地退耕还林的树种包括西南桦、桉树、橡胶树、茶树等。退耕还林后林木的收益归农民个人所有。退耕还林后，林业部门每年需要对林木进行验收，验收合格方补发当年的补助资金。退耕还林地由农业用地转化为林业用地，村民砍伐树木需办理林木采伐许可证，并且只允许间伐。由此可见，退耕还林对生态恢复起到了一定的作用。

2. 南双河绿色长廊建设

南双河全长 90 千米，流经南芒县城，流域面积达 1290 平方千米，县内有一半以上的人口居住于南双河流域，南双河被视为南芒县的母亲河。但是，南芒县环境状况的恶化在南双河流域体现得也非常明显。南芒县政协前主席岩飘表示：

> 从前的南双河流域实在难以向人描述，那是要多美有多美。可近二十年来，人们眼睁睁看着流域内的原始森林逐渐消失，甘蔗、茶园、橡胶、咖啡、水果、苞谷……从山脚种到了山腰，从山腰种到了山顶。这些年急功近利，人们忽视了生态保护，致使南芒县生态破坏严重，山不再青，水不再绿，到处都是垃圾，满目疮痍。到了雨季，泥沙流失，河水浑浊；到了旱季，水量锐减，河床见底，农（田）灌（溉）都成了问题，在南双河的一些支流，旱季甚至出现小河断流，水源枯竭，山区群众的生产和生活都成了问题……。（《云南政协报》，2012）

可以说，南双河生态环境的变化是整个南芒县环境状况的缩影。南双河流域的生态治理经历了较长时间的演变过程。1998 年南芒县就有人大代表提出《关于建设南双河绿色长廊通道》的议案，这也是首次提出"绿色长廊"概念。但是，当时经济发展无论是在政府话语层面还是在实践层面都占据绝对主导地位，环境保护受重视程度远远不够。1998～2008 年，南芒县除了沿河两岸一些小规模的整治外，并没有大的治理动作，绿色长廊建设也没有扩展到全流域。10 年间，南双河流域环境却持续恶化，形势严峻。2008 年，在南芒县政协十二届一次会议上，政协委员在大会上提交了《加快南双河流域绿色长廊建设》的提案，被列为南芒县政协当年的重点提案。

"危机－应对"是我国环境政策实施的一个内在特点（荀丽丽、包智明，2007）。2008 年以来，地方政府对环境保护的重视程度明显提升。主要源于以下两点。首先，地方环境状况持续恶化。作为生存的基本条件，不断恶化的生态已经逐渐威胁到当地人的生存。其次，当地民众环境保护意识提升。随着环境不断恶化，公众的环境保护意识迅速提升，也逐渐知晓环境保护的重要性。

南芒县逐步确定并实施"生态立县"战略，将生态保护放在重要位置。在"森林南芒"的口号下，南双河绿色长廊建设受到政府重视。南芒县邀请云南省林业调查规划院昆明分院制定《南芒县南双河绿色长廊生态保护与建设总体规划》，南双河绿色长廊成为流域的综合规划与治理工程。为了配合南双河绿色长廊建设，当地政府和相关部门采取了如下四个措施。一是划定公益林，对生态林实行保护，落实公益林生态效益补偿机制。全县共划定公益林 90.5 万亩，其中，国家公益林 58.98 万亩，省级公益林 28.24 万亩，地方公益林 3.28 万亩。二是有计划地将影响水源的经济林改造为水源林，逐步扩大水源林面积。三是严格执行森林采伐更新的规定，严禁皆伐水源林，在商品林采伐作业中，凡遇到箐沟，要留足水源林保护带。四是加快农村能源建设，以沼气代柴，有效降低森林资源消耗（《南芒县

2013年水源林与南双河绿色长廊建设实施情况》,2013)。

　　为加强水源林建设,南芒县成立水源林建设工作领导机构,明确乡镇政府、村委会和村小组是水源林保护和建设的主要责任人。南芒县加大了财政资金保障力度,2015～2016年上半年累计投入200多万元用于恢复和保护沿岸绿色植被。因此,南芒县水源林建设取得了明显的效果。"十二五"期间,南双河绿色长廊及水源林建设达4393.3公顷(马裕霞,2017)。但是,其中也存在一些问题,如水源林周边林地退耕还林难度大;造林抚育管护不到位,重造轻管;护林员待遇低,履职不到位等。南芒县2013年南双河绿色长廊及水源林建设面积统计情况如表6-2所示。

表6-2　南芒县2013年南双河绿色长廊及水源林建设面积统计情况

乡镇	上报面积(亩)	核实面积(亩)	核实率(%)	合格面积(亩)	合格率(%)
芒高镇	12032	10324.5	86	10324.5	100
景高乡	2960	2960	100	2960	100
娜文镇	2332.1	2332.1	100	2271.1	97
勐安镇	1344.5	1263.5	94	959.5	76
富石乡	1872	1846	99	1672	91
公高乡	1075	1017	95	696	68
合计	21615.6	19743.1	91	18883.1	96

资料来源:《南芒县2013年水源林与南双河绿色长廊建设实施情况》。

二　市场驱动的产业转型

　　近年来,化肥、农药大量使用引起的食品安全、农业面源污染等问题成为社会关注的焦点。随着消费者对食品健康风险的忧虑的增加以及购买能力的提升,其消费行为正发生转变,有机、绿色产品的消费呈迅速增加的趋势。在消费的刺激下,产业生态化呈现加速的趋势。在农业领域,以市场需求为导向的生态农业开始出现,相关学者做出了研究。陈阿江（2016）对浙江德清"稻鳖共生"新型复合农业生产模式的研究，陈涛（2014）对皖南大公圩螃蟹养殖从"大养蟹"到"养大蟹"生态转型的研究，都指出了市场在生态转型中发挥的作用。在南芒县茶产业发展中，市场在生态改善方面也表现出一定的有益面。特别是近年来人们对生态产品、绿色产品的需求不断增加，对健康也日益重视起来，绿色、有机、无公害的食品受到追捧。市场驱动的产业转型在南芒县茶叶、水稻等产业中都有所体现。下文笔者以生态茶园改造为例进行说明。

（一）生态茶园改造的实施

南芒县所在的地区是云南省乃至全国重要的茶叶生产基地，主打"普洱茶"。2010年，南芒县所属市的现代茶园面积达到130多万亩，绝大部分是密植速生丰产茶园。密植速生丰产茶园遵循"高投入、高产出、高收益"原则，物种单一。茶园是在等高条栽的基础上，以土肥为基础、以密植为中心，每亩地种植茶树2000～4000株不等。村民在茶叶生长过程中大量使用化肥、农药，导致茶叶农药残留量高，对健康有一定的危害。密植速生丰产茶园在当地被称为"台地茶"，台地茶市场认可度越来越低，茶叶滞销问题突出。2007年以来，化肥、农药问题突出，"消费者不敢喝，茶叶卖不掉"成为普洱茶产业面临的严重危机（李汉勇、李海求，2012）。与之形成对比的是，部分普洱茶园大力发展生态有机茶，提升茶叶质量，销售反而非常火爆。绿色、有机生态的健康茶成为社会关注的热点，市场对生态茶的关注程度加大。在"压力－应对"和"需求－刺激"双重机制作用下，一些地方政府开始"自上而下"推动农业产业的生态转型。茶产业发展受挫促使市政府反思原有的茶园发展模式，转而建设生态茶园，提高茶叶收益，努力创建"生物多样性立体生态复合茶园"（《2010～2013年生态茶园建设工作总结》，2013）。

　　在早期的经济林种植中，为了追求高产，村民普遍采取的是将原有植被"砍光烧光"的种植方式，植被清理完后全部种上茶叶、橡胶、咖啡等经济作物。植被砍伐后虽然都种上了经济林，但是经济林在水土保持中的作用不如原生杂木树。另外，单一树种使得经济林在抵抗病虫害方面也面临很大的压力，村民不得不大量使用农药。同时，为了提高产量，村民又大量使用化肥。追求最大化产出的经济作物产业造成的环境后果可以说是一种"商品的悲剧"（the Tragedy of the Commodity)，将自然工具化利用以满足资本需求的商业开发是资源过度开发和环境衰退的重要原因（Longo S. B. and Clausen R.，2011)。南芒县茶叶办公室（简称茶办）工作人员表示，因为那时候"认识不到位"，人们认为在经济作物和原生林之间是一个"非此即彼"的关系。但实际上，保留一部分原生林与经济林共生、保持生物多样性无论是对经济作物还是对整体生态都是有利的。因此，普洱茶产业的发展导向从追求数量转变为提升质量。图6-1为勐安镇某台地茶园。

图6-1　勐安镇某台地茶园

注：图片来自《勐安镇志》。

　　生态茶园改造项目由普洱市政府自上而下逐级推动，目标是把全市范围内的茶园建设成生态茶园。市—县—镇（乡）—村逐级签订《生态茶园建设目标考核责任书》，明确责任，限期完成目标。生态茶园建设主要分为三项内容。第一，稀疏留养。改变茶园茶树种植的过密状况，茶农将大部分茶树砍掉，每亩茶园保留 160～220 棵茶树，茶树留养高度为 1.5 米左右。第二，覆阴树种植。按照遮阴度在 30% 左右的标准，茶农每亩种植 8～10 棵树，提升茶园的生物多样性。南芒县 2010 年开始在全部 8 万亩茶树林中套种杂木树。树苗由林业局免费提供给茶农和茶企业，主要都是与本地气候、环境较为适应且对茶叶有利的树种，包括香樟、天竺桂、灯台树、南酸枣、西南桦、水冬瓜、木姜子、香椿、坚果、小叶冬青、相思树、点润楠、铁刀木、熊黄豆、樱桃、凤凰树、苦楝树共 17 种当地作物（《2010～2013 年生态茶园建设工作总结》，2013），桉树、沙松等吸水吸肥树种没有列入其中。茶农负责栽种，县茶叶办公室负责验收，对未成活的树木进行补种。对成活的树木给予茶农每棵 1～2 元的补贴。第三，限肥限药。化学肥料、农药的逐步限制使用也是生态茶园建设的重要内容。一些高危毒性、高残留农药明确禁止使用。如六六六（HCH）、滴滴涕（DDT）、毒杀芬（Camphechlor）等。县茶叶办公室规定茶农必须使用符合国家规定的高效、低毒、低残留的化肥农药。茶园以及茶农须签订《禁止使用高剧毒违禁农药的协议》，违反协议者将受到没收茶园、罚款等处罚。在生态茶园的改造中也有新技术的应用。生态茶园将以往的化学措施除草改为物理措施除草，政府大力推广割草机的使用。茶农以往除草主要使用化学除草剂，现在汽油动力割草机逐步得到推广。2013 年南芒县所有茶园共购买割草机 45 台，以后将全面推广。割草机的推广使用减少了除草剂的使用，提高了茶叶的品质。同时，节省了农药投入的成本，不仅可以保留地面覆盖植被，减少水土流失，同时割的草在茶地腐烂时也可以作为有机肥。图 6-2 为南芒县的一处生态茶园。

图 6 – 2　南芒县的一处生态茶园（笔者 2016 年 7 月摄于双村）

从某种程度上来说，生态茶园改造是市场倒逼的结果。当地政府和茶企业、茶农在应对产品销售危机、迎合市场新需求的举措上做了很多工作。种植生态茶，恢复茶园植被有五个效果。第一，减少农业面源污染。茶农主动减少农药、化肥等使用量，提倡使用农家肥，既可以提升茶叶品质，也可以减少茶园生产对环境的破坏。第二，减少水土流失，涵养水源。高大树木的种植会对涵养水源、保持水土有所帮助。第三，增加生物多样性。多种树木的种植，有助于改变茶园物种单一化的状况。第四，实现更好的经济价值。无公害、绿色、有机茶可以卖出更高的价钱，经济林木的收益也可以归茶农所有。第五，发展生态旅游、茶园旅游。在茶树树种的选择上，有针对性地选取一些景观树，茶园旅游可能成为南芒县未来的新的盈利生长点。

为了保证生态茶的品质，市级政府建立了两项制度。一是有机茶认证制度。有机茶生产者必须提高茶叶品质方能完成品牌认证。经过认证的有机茶在市场中更具竞争力。二是普洱茶地理标志产品茶园登记制度。市政府通过登记茶园，规范茶园管理，建立可追溯的茶园管理制度。登记内容包括茶园的茶树品种、方位、面积、产量，以及生态茶在生产过程中的农药化肥使用情况等。南芒县也在加强生态茶的品牌打造。县里比较好的茶叶品牌是娜文红珍、雅咪红等，都属于有机茶叶。这两个品牌已经出口到国外，成为南芒县生态茶发展的标杆品牌。

（二）生态茶园建设的困境

生态茶园建设客观上起到了有利于生态环境保护的作用。按照市政府"建得成，管得好，效益高"的目标来看，目前生态茶园的效益尚未完全体现。从茶园经营来看，生态茶园建设还需要经历短期阵痛。笔者在县内的一个茶园调查时，一位茶农表示，生态茶园的茶叶产量与改造前相比少了一半，因为单价还没有大幅提升，所以整体收益明显下降。南芒县茶叶办公室负责人介绍，生态茶叶要的是"质量"，不是"数量"。生态茶销售的理想状态是，因为茶叶品质提升，加之产量减少，茶叶价格实现了增长，所以整体收益达到或者超过了之前的水平。如果发展顺利，生态茶最终将实现"经济－社会－环境"三方面效益的兼顾。但是，现阶段生态茶园的运行面临较为棘手的困境。

1. 经济激励困境

生态转型的效果需要若干年才可以见效，但是经济损失在改造后即刻就能体现。短期内经济利益受损使得政府难以调动茶农的积极性，在生态茶园改造中茶农的积极性不高。其主要原因有两个。第一，茶叶种植密度降低，茶农不用农药和化肥，茶叶产量降低了一半。但在实施生态茶园改造的初始阶段，生态茶的市场认同度尚未形成，价格并没有明显提升。茶农收入损失将近一半。虽然政府有一些补贴，但是补贴尚不能弥补茶农收入减少的部分，导致农户改造生态茶园的积极性不高。第二，由于政府限制茶农使用农药和化肥，茶农经营成本和采摘投入不断上升。一些农户表示，以前打一次药能杀死全部虫子，现在要打好几次。用割草机割草也需要投入更多的劳力。笔者在一个茶园发现，茶树留养后，由于采摘费时费力，茶农会把长高的茶树折断。可以看出茶农为了眼前经济利益，仍然采取原有管理方式。

2. 质量监管困境

食品安全领域"政府失灵"现象较为突出（汪伟、刘燕，2012）。以家庭为生产单位的经营模式，其管理难度较大。当地的茶园主要有两种运行模式。第一种类型是"公司＋基地＋农户"的运行模式。这种运行模式中，茶园（基地）是由公司建设的，茶园的所有权归茶叶公司所有。农户是公司雇佣的采茶工人。在生态茶园建设中，茶叶局等相关部门手段比较明确，直接对茶叶公司进行监督，如果公司违规使用农药，茶叶局会进行相应的处罚。公司则通过具体措施对茶农进行管理。因此，这一类型的茶园转型一般都达到了改造的要求。第二种类型是农户经营茶园的运行模式。由于茶园点多面广，种植比较分散，监管难度大，因此改造存在困难，此类茶园生态转型效果欠佳。由于茶叶局的执法力量较为分散，农户使用违禁农药的现象依然存在。因此，茶叶局很难形成一个有效的监督力量在生产过程中对农户进行严格的监管。

3. 产品信任困境

由于生产者和消费者的信息不对称，生态产品的信任问题是影响其销售的核心问题。信任直接决定消费者愿意以相对高的价格购买产品。茶叶市场中茶叶的以次充好现象一直比较严重。鉴别难度大是这类掺杂得以持续的主要原因。对于一般的农户产品而言，由于经营规模较小，大部分农村散户生产的茶叶没有品牌，进行产品质量认证费时费力，普通茶农无力承担。实施生态茶园改造后，不同地区控肥控药的力度和效果有明显的差异，市场中的产品很多都打着"生态茶"的旗号出售，但质量参差不齐。普通消费者没有专业的仪器设备，因此没有能力鉴别茶叶农药残留状况。此外，消费者对茶叶的生长环境、生产过程等信息无从知晓，处于一个被动的状态。在市场中，生产成本较高的生态茶与较低成本的台地茶竞争，存在"劣币驱逐良币"现象。

三　地方社会的生态自救

环境意识的觉醒是生态改善的重要基础。在市场经济下，市场参与者基本上都是单向度地追求经济利益最大化的个体。但是，当生态退化逐渐影响到当地人的生存，其在金钱和生存之间必须进行取舍时，很多人开始转变观念。

在政府一味地追求经济增长而忽视环境保护的情况下，生态的破坏也反向倒逼社会采取措施解决生态问题。如前文所述，饮水困难是当地面临的严峻的社会问题。水源林种植则是应对饮水危机的重要途径。特别是在一些水源不足的村寨，种植水源林成为解决水源问题的一个重要手段。

芒村是一个傣族寨子，共43户，200余人。芒村共有水田200多亩，旱地1000多亩。历史上，芒村村民饮用水来源主要来自村寨附近的森林。1997年，芒村修建了自来水设施，当时水源头有茂密的森林，大森林保证了村民的用水。近年来，村民发现自来水管的水越来越小，并且在干季用水紧张，村民越来越担心将来的生活用水问题。芒村小组的水源头距离村寨5千米，水源林土地属于上游的一个佤族村寨。近年来由于经济作物的开发，该村寨已经将林地转包给外地老板，林地已经被砍伐并种植甘蔗，森林早已"一去不复返"，这是芒村小组水源锐减的主要原因。芒村小组组长表示：

> 树在饮用水源的上头，不种树的话，水不够喝。1997年之前都是大森林，后来租给糖厂老板了。现在地里种的都是甘蔗，《林地转包协议》签的是30年，还有16年到期。砍了树以后，我们水管的水越来越小了。（叶明，2013年12月20日）

　　除了水量减少外，芒村村民的用水安全也受到严重威胁。糖厂工人在水源头附近种植了2亩左右的水田，每年都使用化肥、农药等种植水稻，芒村村民饮水存在严重的安全隐患。在这场全民经济开发的热潮中，当地并没有整体性的开发规划。"上游开发，下游遭殃""山区开发，坝区遭殃"现象在南芒县一定程度上存在着。对于一些村寨而言，一方面，村寨正在遭受上游开发带来的水源短缺问题，另一方面，上游不断的经济开发又给下游生态造成影响。由此可见，芒村小组遭遇的情况在南芒县比较常见。

　　但由于租期未至，芒村水源林的土地使用权仍然归糖厂老板。芒村寨子面临的一个主要问题是其水源林所在土地并不是芒村的土地，而是属于上游的帕村。而帕村村民并不愿意在没有任何补偿的前提下由芒村村民将土地收回并恢复为水源林。于是，芒村村民找到乡政府，表达了愿意租用土地的意愿。在乡政府的协调和帮助下，芒村小组全体村民集资8万余元补偿给糖厂老板，收回了土地的使用权。后来，政府又从"机动地"①中拿出一块地与帕村村民交换，芒村取水点的土地才得以种植水源林，这块土地面积约100亩。芒村小组共有43户人家，每户筹资2000元。芒村小组组长表示大部分村民都愿意出钱，大家希望以后树能长大，有源源不断的水源，可以保证寨子不会再被缺水困扰。当时有几户村民不愿意出钱，组长、村干部等一起做他们的思想工作，最后钱全部筹集到位。

　　土地赎回后，结合南芒县的水源林种植工程，100亩土地全部规划种植具有较好涵养水源功能的水冬瓜树，树苗由县林业局无偿提供。种植间距约2米/棵，2011年6月全部种植完成。芒村村民对新种植的水源林格外爱护，在水源林种植初期，村干部每年都发动几十人去除草，每家每户都出人。日常管理中，村干部每10天就派1

---

　　① 机动地：历史上，为了应对后续可能进行的土地调整，在土地承包经营中，没有分到户的土地。

人去巡视一次水源林。同时，芒村村民与帕村村民多次沟通，防止帕村村民在水源林放牛破坏树苗。在村民们的精心看护下，水源林生长情况良好。2014年1月笔者调查时，有的树已经3米高，村里的自来水水量逐渐多了起来。2016年8月笔者再次调查时，村民表示树长大了，水也比以前多了，足够用。为了节约用水，芒村还建立了村民自来用水收费制度。每家都安装了水表，每吨水收5角钱。村民小组组长表示，收费并不是主要目的，主要是怕大家浪费水。

芒村的案例很有启示意义，虽然水源林在种植过程中政府起了很大作用，但是，芒村村民却表现出明显的主动性。在大部分村寨种植经济作物或者砍伐林木出售的时候，芒村村民却花钱租地种水源林，这背后体现的是村民生态意识的觉醒，也是村民面临无水可用的困境的无奈之举。"林－水－田"的关系及其原理对于当地的村民来说是非常清楚的。但是，迫于生计压力和经济理性的欲望，在过去很多年里生态往往沦为人们追求财富的牺牲品。当生态遭遇严重破坏，已经威胁到人类的生存时，村民不得不转变行为方式，开始主动种植保水林木。当经济理性的肆意扩张触及人类生存的底线时，生态转型的可能性也随之而来。地方社会的这种主动恢复生态的"生态自救"行为难能可贵。

此外，当地通过村寨间互换土地、租借土地等方式解决了很多村庄的用水问题。从芒村案例可以看出，地方社会为了缓解生态危机做出了很大的努力，种水源林看似是"小事"，其背后的成功机制值得探究。主要体现在三个方面。第一，绝大部分村民的意愿。村民们在生态恢复中达成了共识，形成主动改善的意图。如果没有大部分村民种水源林的共同意愿，村寨的集体行动很难成功。村民共同的意愿保证了集体行动的实现。第二，政府的协调作用。作为生态系统的河流往往是跨行政单元的，本案例中的河流是跨村的，这时候土地的调整需要政府出面促成双方的谈判。没有政府的协调，土地的租用也是很难成功的。第三，地方社会自发形成有效的资源管理制度。芒村村长制定了严格的村规民约，可以对水源林进行有效的管理。

四　生态危机应对的困境与机遇

从南芒县目前的生态危机应对和治理来看，尽管取得了一定的成效，但是还有诸多困境，主要表现在以下三个方面。第一，从治理区域所处的发展阶段来看，当地对经济发展需求较为迫切，生态保护压力巨大。环境治理与地方经济发展阶段有紧密的关联性。南芒县处于集中连片贫困地区，当地面临发展经济和脱贫攻坚的重任。传统的经济发展模式对生态具有一定的破坏性，而新的环境友好型发展模式还处于探索阶段，面临着资金、技术、市场等各方面困境。经济发展与环境保护的矛盾依然存在，生态恢复在一定程度上还要暂时牺牲一部分经济利益，如将一些经济林地恢复为水源林地。但是，在尚不富裕的地区，没有很好的经济利益激励机制，这种转化还比较困难。第二，从治理主体来看，南芒县生态危机是以政府治理为主导，多元治理亟待发展。目前的治理主体主要是政府，如饮水问题、水源林种植、产业生态转型等都离不开政府的参与。但是像其他治理主体，如相关社会组织、公众等参与较少。由于资金、人力的局限，政府只能对重点区域，如道路沿线、重要河流等生态功能重要、生态问题较突出的区域进行治理。当然，这是我国环境治理中存在的共性问题。第三，从治理手段来看，南芒县政府以末端治理为主，源头治理力度不足。目前的治理手段主要是针对生态破坏的后果采取应对和补救措施，治理具有一定的被动性。政府需要考虑的是对棘手问题的解决，如人畜饮水、水土流失等问题，应侧重于末端治理。

南芒县的生态治理和环境保护也存在一些机遇。首先，在国家层面上，生态和环境保护的重要性日渐提升。党的十八大报告中，国家将生态文明建设与经济建设、政治建设、社会建设、文化建设并列为"五位一体"建设体系。习近平总书记做出"绿水青山就是金山银山"的科学论断。党的十九大报告中明确提出"人与自然和谐共生"的新的发展理念。从国家和地方的实践来看，生态文明建设力度得到了前所未有的加强。其次，地方政府发展理念发生了转变。南芒县政府提出"森林南芒""生态南芒"的口号，生态质量是重要的发展目标。同时，良好的生态环境对地方发展起着促进作用，"生态＋"效益逐渐体现。生态环境的"生态＋"效益可以形成"生态＋农产品""生态＋旅游"等组合模式，对于推动地方发展转型和环境保护具有重要作用。在南芒县，生态旅游发展的潜力很大，南芒县具有较为丰富的人文景观和仪式，如南芒大金塔、南芒宣抚司署、娜文神鱼节等，也有很多自然景观，如勐安瀑布（见图6-3）、大黑山自然保护区、竜山等。大黑山自然保护区也在积极准备申请国家公园。旅游业发展将对生态保护发挥明显的促进作用。

图6-3　勐安瀑布（笔者摄于2012年8月）

第七章

结论与讨论

第一节　研究结论：现代性与生态危机

　　纵观南芒县 60 余年发展取得的成绩，可以发现，以科层管理制度、科学技术和市场经济为核心的现代性的扩散构成了地方经济社会发展的主要推动力量，应当对现代性发挥的积极作用予以充分肯定。但是，现代性这枚硬币也具有两面性，现代性的扩散是生态变迁的重要原因。从南芒县 60 余年的生态变迁中可以看出现代性的引入以及传统的式微所造成的影响。现代性打破了传统的延续性。安东尼·吉登斯（2000）意识到"现代性"这一不同于以往的新生事物的特殊性，指出其在形式上异于传统类型的秩序。他认为需要解构线性进化的发展史观，认识到传统与现代必然性的"断裂"，主要源于以下三点：现代性时代到来的绝对速度；现代性席卷全球的变迁范围；现代制度的固有特性。安东尼进而指出，理解断裂的性质，是分析现代性究竟是什么，并诊断今天它对我们产生的种种后果的必不可少的开端。现代性的急速推进造成了传统的式微，同时现代性具有其自身的弊端，生态问题是其中的结果。南芒县生态演化的"断裂"机制参见图 7－1，体现在三个方面。

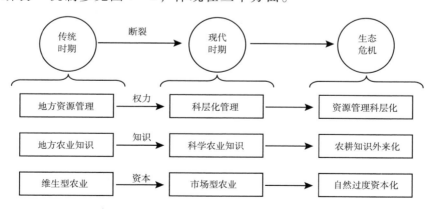

图 7－1　南芒县生态演化的"断裂"机制图

一　资源管理科层化与生态变迁

现代产权制度和科层管理制度构成了自然资源管理主要的制度体系，在自然资源管理的日常实践中，现代产权制度对自然资源保护发挥了重要的作用。但同时，一些环境问题的产生与这些制度自身的不足也具有一定的关系。因而，政府需要对现代产权制度进行深刻反思。现代产权制度在现实生活中呈现水土不服的特性（朱冬亮，2013）。在内蒙古草原，已有研究发现现代产权给草场的分割性与生态的整体性造成了一种"围栏效应"的困境（曾贤刚、唐宽昊、卢熠蕾，2014）。当我们把森林看作是木材和资源的时候，通过产权的分割和明晰可以产生排他性，从而有效减少局部森林的破坏。但是，如果从整个生态系统来看，现代产权则有严重的缺陷。产权对自然资源的分割性与生态圈的系统性之间的矛盾需要协调。自然资源的产权或所有权需要有明确的使用界限和物理空间，通常在一个生态系统内自然资源是被若干所有者分割管理的。但是，河流、森林、草原处于一个大的生态系统之中，如河流的上游与下游、山的山麓和山坡等，局部的生态改变会影响到生态系统其他部分。国有林被"拍卖"后种植桉树，这在所有权上是可行的，购买者有权进行树种的改造。但是，植被的巨大变化导致了林地涵养水源能力下降，会严重影响附近村民的农业生产和生活用水。

传统时期地方的森林保护规范依靠地方的社会组织和信仰体系。20 世纪 50 年代后，剧烈的社会变动和国家权力下渗使社区经历了一个"去权"（Disempowerment）的过程。社会变动破坏了当地的森林管理制度和地方信仰体系，进而导致依托于此的森林管理制度的失效。森林被破坏是整个社会混乱和失范的一个缩影。进入现代社会以来，自然资源的科层管理趋势不断加强。国家权力加大了对自然资源的控制力度，国家通过自然资源国有化以及设立自然保护区等方式实现了对森林的管理。随着国家科层管理机构的完善以及资金、人力的不断投入，森林管理行政和执法队伍的建设逐步加强，围绕森林管理的科层化机构和一整套制度得以建立。但是，科层管理制度本身的缺陷导致了正式森林管理方式的弊端，进而影响了森林管理的效果。脱嵌于地方社会的森林管理制度与地方社会传统森林管理制度相比，在复杂多样的资源管理上具有一定的缺陷。同时，科层管理人员地方性知识的不足、执法力量不足以及管理机构的利益化取向都对管理效果的实现起了负面作用。

近年来，反思科层资源管理制度已成为学界关注的热点。科层管理制度是以满足国家的需求为主，对当地村民的需求考虑不足。将本地人、本地社区纳入科层管理制度范畴，只会增加管理成本，而不是降低管理成本。单一的自然资源科层管理不仅弱化了地方传统上有效的资源管理的社会规范和习俗，打击了当地居民森林保护的积极性，而且也存在着自身无法克服的弊端。以社区为基础的资源管理（CBNRM）的"去中心化"（Decentration）改革受到关注，这可以看作是对资源"中心化"管理缺陷的修补和传统的复归。奥斯特罗姆（2012）的"公共池塘资源理论"（Common-pool Resource）指出，改革需要多样化的资源管理措施，应充分发挥当地社区在资源保护方面的优势。除了法律上的规则外，非正式的规则也是有效的，非正式规则应该纳入制度分析中。地方政府如果试图把一套规则强加给整个社区，而不是制定适合辖区内各地情况的特殊规则，那么这种看似公正的规则的建立和实施会遇到极大的困难。而如果社区居民可以自我组织起来创造与执行有效的制度，那么其效果通常会比外界强加施行的制度要好。

辩证地看，传统森林管理制度也是有局限性的，比如其在一个封闭的、传统的、同质性强的地方社区有较好的表现，但是，当面对高流动性、高开放性、社区异质性增加的现代社会的资源管理制度则具有自身的局限性，如其对本社区之外的群体难以进行有效管理，惩罚手段具有一定的随意性等，而这正是现代森林管理制度的优势所在。传统森林管理制度与现代森林管理制度的互补尤为必要，特别是对社区的自然资源管理。

国家也意识到排除地方社区森林资源管理的负面后果，同时意识到利用当地人进行管理的好处。在现有的森林政策中，国家开始考虑让当地人参与森林管理。在当地国有生态公益林的管理中，国家聘用了当地村民作为护林员进行巡查。这样做既可以增加当地人的收入，也可以利用当地人对本地森林的熟悉性①。国家在意识到森林资源管理和社区之间的关联后，通过"林业三定""林改"等赋权和还权的政策，使社区和村民在森林资源管理上发挥了更大的作用。西方国家森林管理的权限下移是从国家到地方社区，20 世纪 80年代以来，中国非国有森林的管理权是从集体所有到家庭的下移（Liu，2001）。以社区和个人为基础的森林管理方式产生了更好的社会效果。实际上，当地也有一些多样化管理方式。在一些集体所有的水源林和建材林上，政府通过村规民约的方式，让当地自行设定一些保护规则。如一些村寨规定，水源林 50 米以内不准砍伐，并且委派了护林员进行管理。林业局表示，这些是村寨自己制定的制度，只要不违反《森林法》等相关法律政策，林业局是不干涉的，而且还会鼓励。在森林管理上，国家正式制度和地方非正式制度共同发挥了重要的作用。同时，在自然村（村小组）内部，村干部可以自行决定森林的功能和划分。社区作为一个整体参与到森林管理中，本身就是一种"赋权"。例如，通过"一事一议"的方式，一些村寨确定了集体所有的畜牧林和水源林，并且专门指定护林员进行保护。

从南芒县的实践来看，森林科层管理制度还有一定的改进空间，特别是在相关资源管理政策的制定和完善中，县政府需要广泛吸收当地群体的意见，将"地方性知识"纳入政策制定和完善中，使得

---

① 本地人对森林的熟悉程度和在森林中的生存能力常常超出我们的想象。在腊村，当地的护林员告诉我，他分管 4000 亩的国有林，一个月需要外出巡查 3 天左右。外出时自带干粮，晚上就睡在森林中，以烤火取暖和驱赶动物。

相关管理制度兼具普遍性和地方性的双重优势。例如，地方生态公益林的划定就需要借助地方性知识，谁在使用公益林，使用方式是什么，对当地村民的重要性如何，这些信息对当地村民来说是"常识"，但是对科层机构管理人员可能是未知的领域。因此，县政府需要将公益林的划定与附近村庄村民日常生活的需求有效结合，只有这样，才能避免水源林未得到官方认定而遭到破坏的悲剧发生。

二 农耕知识外来化与生态变迁

在福柯（1998）看来，话语本身就是一种权力的表达形式，知识则是一种话语权力。在农业知识不断更新完善的过程中，我们看到了话语权力与政治权力相结合的威力，看到了外来知识对地方知识的主宰。从现代化的视角来看，农民是落后的、愚昧的，农民缺乏科学知识。国家所掌握的则是一套新的系统的知识体系，与强势的外来知识相比，地方知识逐渐成为附庸（王晓毅，2010）。在南芒县，刀耕火种知识、汉区农耕知识和科学知识这三种知识体系具有很大的差异性（见表7-1）。

表7-1 南芒县三种农业知识的对比

	刀耕火种知识	汉区农耕知识	科学知识
知识来源	本地实践	汉族地区实践	理论、实验
知识主体	当地农民	汉族地区农民	技术专家
适用区域	人口密度小、植被丰富、土地面积大的山区	人口密度大、土地资源紧张的平原、丘陵地区	不受地域限制，具有普遍适用性
知识核心	森林。土地产出依赖度相对较低，与采集、狩猎匹配	土地。集约高效利用土地，土地产出占据绝大比例	追求最大收益
地方生态	注重保护森林，追求农业生产与生态的平衡	追求土地面积，森林、沼泽、草地等改造为农田	使用农药、化肥，农业面源污染、生物多样性消失

　　传统地方知识在特定的外部环境下有其自身的合理性，是当地居民在长期实践中创造的，是当地文化的重要组成部分。但是现代地方知识却受到误解、歧视，被权力视为要消除的对象。权力带来了新知识，新知识反过来强化了国家权力。科学叙事（Scientific Narratives）将人的行为与生态变化联系起来是为国家对资源的控制合法化而服务的（Rangan，1997）。随着政府以追求高产量为目标的农业政策的实施，新知识逐渐代替旧知识。具有话语权力的国家在知识替代中发挥了主导作用。乡村逐渐沦为附庸，乡村知识也被认为是落后的。

　　随着地方知识的式微，政府、专家被赋予合法性权威，农民需要被指导，在农业生产中失去了决策权。农民所掌控的知识领域、农民的生活世界日益受到科层化的权力的侵蚀，他们的生活世界日益殖民化、贫困化、技术化（中冈成文，2001），被外部的知识、专家所支配。外来知识呈现"特权化"的特征，成为一种特权知识。"农业八字宪法"中的"宪法"二字即表明了新的农业知识的地位。外来知识在实行中以政府权力为后盾，具有合法性来源。新知识可以提高农业产量，成为当地农业生产的指导思想。后来推广的科学知识本身也是一种特权知识。正如斯科特（2004）指出的，国家的视角常常透露着极端现代主义观念，秉承实用主义的思想，"他们对科学和技术的进步、生产能力的扩大、人们不断增加的需求，以及对自然的掌控有强烈的信心"。现代知识在短时间内的高效率决定了其受欢迎和被利用的程度，而低效的传统地方知识受到越来越多的排挤而趋于衰落。

　　特权知识的实施也依赖一定的制度条件。20世纪50年代后，国家对基层社会的控制力度逐渐加强。政府有意识地弱化少数民族地区地方头人的作用，培养了一批新"干部"。与传统的地方头人相比，新培养的干部大多"成分好"，文化程度不高，在"旧社会"地位低下，甚至是对"旧社会"怨恨的一批人（Croll，1993）。新政府彻底改变了这部分人的地位，也使这些新"干部"的身份合法化，"翻身"的干部们对党和政府比较忠诚，具有较强的执行命令的能力。新式干部的任用对推广新知识起到了很大的作用。南芒县纳入人民公社以后，农业生产的决定权的归属由历史上的自然村落转变为公社。在调查地存在一种公开的、政府鼓励的开荒行为。不同的公社之间形成了一种类似锦标赛的竞争制度，这套竞争制度中的"优"和"先"的评价标准是耕地面积和粮食产量（周飞舟，2009）。此举类似地方政府片面追求 GDP 的增长，如"农业学大寨"中的山区"人均一亩田"的目标，为了开田而开田，造成了很多负面的生态效果。

现代科学技术在提高资源利用效率、增加农业产出的同时，也极大地改变了传统的农业方式。传统时期的农业是利用与保护相结合的农业体系，而科学知识在利用与保护之间人为制造了一种断裂。生态问题某种程度上是现代性的后果，政府需要对现代性的科学知识进行反思。从长期来说，以化肥、农药为代表的化学农业对生态是极为不利的。地方传统知识虽然有自身的缺陷，但是也有值得借鉴的地方，特别是生态保护方面的价值。除了科学知识本身的生态危害外，政府还需要反思科学精神背后的人与自然关系。特定的知识反映了对人与自然关系的认知。传统时期的知识体现的是人与自然的和谐共生，而新知识则体现了人征服自然的欲望。本土知识则被认为是"落后知识"，政府农业改造中的一个重要目标是破除农业生产中的"迷信"。历史上当地民族的开地、挖沟等都有一定的宗教禁忌和行为规范。在农业改造时期，"与天斗，其乐无穷；与地斗，其乐无穷"的蔑视自然的观念受到政府提倡，自然被认为是需要征服、驾驭的敌人。20 世纪 50 年代后，在南芒县水利修建中，使用了炸药等工具碎石，破除了当地民族"石头不能毁"的迷信（《南芒县 1962 年度农田水利春修工作总结》，1962）。可以说，新知识中蕴含的征服自然、改造自然的精神和"敢想敢干"的"人定胜天"式的自信正是环境破坏的重要文化根源。

特定的农业生产方式及其所蕴含的农耕文化需要与当地的自然地理、社会结构、传统文化等相匹配。以追求效率最大化为目标的"脱嵌"式生产方式是产生农村环境问题的根源，"脱嵌"的农耕文化需要重新嵌入生态、社会以及文化限制中。在当下生态文明建设的背景下，地方传统知识的重要性越来越凸显。首先，政府需要重新审视地方传统知识的现代价值。地方知识具有鲜明的地方性视角，是当地居民在与自然长期互动中提炼与总结的经验，与专家知识或科学知识并不是截然对立的，要抛除地方传统知识"落后""低级"的污名标签。其次，政府以注重整理、挖掘和保护地方现存的地方生态知识。地方生态知识的系统整理和挖掘尤为必要。最后，政府要探索地方知识如何促进生态转型的路径。就地方知识如何促进产业的生态转型而言，笔者认为这不是一种市场刺激的生产者自发转型行为，而是文化再造、技术拼装和组织动员三者齐头并进的复杂过程，因此需要重构传统社会中尊重自然、敬畏自然的文化。对传统知识进行现代"拼装"，形成"传统＋现代"兼顾生态和效益的产业模式。同时，政府发挥地方精英的动员和示范作用，形成地方社会的合力，促进具有经济、生态和社会效益的产业的形成。

三　自然过度资本化与生态变迁

德国社会学家西美尔（2002）在《货币哲学》一书中对现代社会的货币进行了精辟的阐述，他指出，"货币是一切价值的公分母，将所有不可计算的价值和特性化为可计算的量，它平均化了所有性质迥异的事物，质的差别不复存在，人们越来越迅速地同事物中那些经济上无法表达的特别意义擦肩而过"。可以说，自然资本化的逻辑就是货币的逻辑，二者如出一辙。我国处于赶超型现代化的发展阶段，通过市场调节资源分配，对促进经济发展具有重要的意义。自然资本化对于提高资源利用效率、促进地方经济发展、增加居民收入都起到了明显的作用，自然资本化的逻辑本身无可挑剔。但是，政府必须要处理好经济发展和环境保护的关系，不能因为发展经济而造成严重的社会和生态后果。因此，政府必须要把握住自然资本化的"度"。过度砍伐、过度放牧、过度捕捞等都造成了严重的生态后果。在农业改造时期，森林砍伐是生态问题产生的主要原因。但是，在市场化时期，政府需要警惕的是大规模的"植树造林""低产林改造"等项目。恰恰是因为林地大开发和过度的市场化造成了南芒县严重的生态失衡。比如，现有的集中连片开发①、"三光"式的植树造林等都造成了局部生态的明显恶化。可以说，南芒县的自然资源呈现过度资本化的特征。经济作物开发造成了水源缺乏、生物多样性锐减、水土流失等一系列生态后果。

自然的过度资本化逻辑在基层的实现有特定的动力机制，各方利益相关者如政府、企业、农民的利益都能得到满足。自然过度资本化呈现各方利益主体"共谋"的效应。"生产跑步机"理论揭示了环境问题产生机制的复杂性和环境治理的艰巨性，研究指出在工业发展中各利益相关者为了各自的需求所形成的一种实质上的共谋关系，跑步机中的每个利益主体都在为跑步机做出"贡献"（Schnaiberg et al.，2002）。在南芒县的林业大发展过程中，林业的"生产跑步机"效益愈加凸显，围绕林业的主要利益主体，政府、企业、农民都表现出一定的主动性（见图 7 - 2）。

1. 政府

政府是当地经济发展的主要规划和推动力量。20 世纪 80 年代以

---

① "集中连片开发"的主要思路和逻辑是：由于一块区域有相似温度、降水量、地形等，经过考察，如果适合种植经济林木，可以采取统一开发的模式，连片种植橡胶树等经济林木。这样做的好处是不浪费热带资源。同时，经济林管理也更为方便，运营成本更低。但是，区域范围内动辄几千亩或者上万亩的原生林被转化为经济林，对生态的影响是巨大的，集中连片开发对区域内生物多样性和水土保持等都是致命的危害。

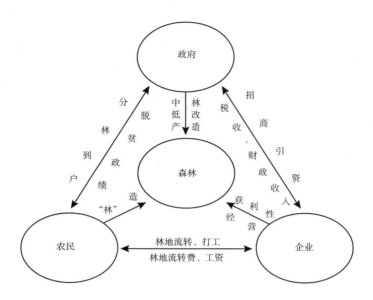

图 7 - 2　林业"生产跑步机"及其运作机制

来，政府主导了经济林产业发展，推动中低产林改造。林业为 GDP
和税收增长做出了重要贡献。在工业不发达的西部农村地区，林业
经济发展是评估政府和官员政绩的重要指标。在政府视野中，森林
是资源，代表了潜在的财富，不开发就是一种浪费。所以，政府积
极将资源转化为财富的愿望非常强烈。因此，政府为了招商引资，
频频出台优惠政策，制订了中低产林改造计划，鼓励社会资本进行
林业开发。政府有发展经济的愿望，但是目的合理并不能保证手段
的合理。为了最大程度发展经济，地方政府在招商引资中常常自设
一些环保"土政策"（耿言虎、陈涛，2013），违背环境保护的"文
本规范"（陈阿江，2008），目的是实现地方政府的利益，由此很多
环境保护的法规得不到有效执行。

2. **企业**

　　企业具有敏锐的嗅觉，追求"投入－产出"比和利润。因为高
收益，企业不断涌向林业。企业通过转包、租用土地等方式从农民
和集体处租用林地。获得土地后，企业开始对土地集约使用并进行

获利性经营，追求收益的最大化。由此可见，企业对资本的追求体现了其"贪婪"的本性。主要表现为以下三个方面：原生树种被速生丰产林代替；低效林最终变成高效林；农民大量使用化肥、农药，并对其进行"科学"管理。最终，企业从林业中赚取了大量利润。此外，企业还为政府贡献了大量的税收和财政收入。由于有共同的利益，官商合作对地方生态保护政策的实施造成了一定的负面影响。

3. 农民

农民也具有经济理性。传统上，"小富即安"、易于满足的农民消失了，农民成为商人，精确计算收益。在不断增长的攀比性消费的驱使下，农民赚钱的欲望愈加强烈。他们希望不断扩大自己的收益。农民身份也随之发生转变，他们扮演了双重角色，既是生产者，也是工人。农民从对森林使用价值的关注转变为对林地交换价值的关注。农民或将土地转租给商人，或者自己经营。农民的获利性经营行为也造成了严重的后果，在前文所述腊村的桉树种植事件中，村民激烈反对的并不是桉树种植本身，而是明佳集团的补偿标准过低。这说明，村民的目标并不是追求环境的改善和恢复，而是一个更高的补偿标准，以环境换利益。

哈丁的"公地悲剧"实则是一个"囚徒困境"的理论，每个个体都是理性经济人，在经济利益的驱使下，都做出理性选择，但是个体理性化却导致集体非理性的悲剧结果。林业的"生产跑步机"可以看作是"林业版"的"囚徒困境"。在三方合力共谋的逻辑下，自然成为受害者。每个个体都是这台"跑步机"的贡献者。可以说，林业生产的"跑步机"造成了自然的过度资本化的现实。林业跑步机为市场提供了工业原材料，这些原材料被源源不断地输往一个更大的全球性的"生产跑步机"，这个庞然大物正在不断吞噬着全球的生态。

正如波兰尼所担忧的，价格机制的原则扩散至社会生活的各个领域，一个吞噬政治、文化、社会等方面的市场社会（Market

Society）正在成为现实。如何破解这种看似是"共赢机制"，实则是"共犯机制"的开发模式（张玉林，2016）？这种脱嵌式开发模式打破了长久以来"经济－社会－文化－生态"所形成的稳固的平衡状态，造成了地方社会短时间内的混乱和无序，引发了社会、文化和生态的多重危机。此时需要再次嵌入脱嵌式开发行为，形成一个全新的平衡体系。笔者认为政府加强相关制度建设尤为必要。一是加强环境和社会风险评估机制的建设。政府需要对大规模耕地、林地、水域等流转或承包后的经济活动进行环境和社会风险评估，如对水源、土壤、植被、野生动物以及人群的生产和生活等可能产生的影响及程度进行评估，对存在较大环境和社会风险的项目进行否决。二是加强法制建设。我国相关的环境保护的法律法规基本上是健全的，但是在执法过程中，有法不依、执法不严、违法不究等现象仍然不同程度存在，这是环境问题产生的重要原因。因此，政府需要在制度设计上，赋予环境保护和资源管理部门充分的权力，同时也要对他们自身的执法行为进行监督。三是需要全社会培育起可以与经济理性相制衡的生态理性。各主体在生产活动中将环境影响作为重要的参考因素，充分考虑生产行为的环境负外部性，并主动对自身的生产行为进行调整。

第二节　生态视野中传统与现代的张力

从世界范围来看，以肇始于英国的"工业革命"为标志，现代性开始了在全球的扩散进程。现代性渗透经济、政治、文化等诸多领域。以资本运作为主导的市场经济、以科学技术为核心的工业化、以科层制为代表的现代管理体系、以理性祛魅为主导的价值体系等构成了现代社会的日常形态。自1840年鸦片战争开始，被坚船利炮打开国门后，中国开始卷入现代化的进程中。"师夷长技以制夷"，清王朝浩浩荡荡的"洋务运动"是中国系统学习西方物质文明的开始。"新文化运动"在一片"打倒孔家店",学习"德先生"（民主）、"赛先生"（科学）的口号中应运而生,几千年来的文化传统被彻底否定和抛弃,传统成为"愚昧""落后"的代名词。无论是主动进行现代化还是被动卷入,现代化已成为一个永不停歇的进程,正如哈贝马斯所说的是"一项未完成的工程"（An Unfinished Project）（李怀,2004）,中国的卷入也越来越深。

在早期的研究中,传统与现代的"断裂"（Discontinuity）成为学术界关注的重要话题,学者们发现日新月异的现代性与传统之间形成了不可逾越的鸿沟。西方社会理论坚持人类社会变迁的"二分法",学者运用对比的视角分析传统社会和现代社会的差异,如斯宾塞的"军事社会与工业社会",涂尔干的"机械团结与有机团结",韦伯的"传统与现代",滕尼斯的"礼俗社会与法理社会",贝克的"神圣社会与世俗社会"（苏国勋,2012）。在《断裂的时代:变迁社会的行动指南》（*The Age of Discontinuity*:*Guidelines to Our Changing Society*）一书中,Drucker（2011）揭示了20世纪以来经济、政治、科技和知识等领域的剧变造成的"连续性的终结"（The End of Continuity）。归根结底,现代性是一个不同于以往任何社会的组织方式和生活方式。在环境领域,如前文所述,现代社会的市场经济、现代国家、价值观念等急剧地改变了生态系统。我国的学者们也看到了从传统到现代的急剧的社会转型所造成的环境问题。洪大用（2011）指出,总体上来说,社会转型是传统因素占主导地位的社会转变为现代因素占主导地位的社会的过程,当代社会结构转型、社会体制转轨和价值观念变化都制造了严重的环境问题。

但是也要看到,传统和现代所具有的连续性,二者处于一种复杂的张力之中,这种张力似乎可以为我们应对生态危机提供解决思路。从长时段上来看,传统与现代难以完全中断。现实生活中也很难看到"传统"和"现代"截然的二分法,二者往往呈现一种相互夹杂的模糊关系。在生态问题的现代性反思中,传统的价值日益受到重视。传统的重建也成为可能。例如，在森林资源的管理中，地方社区传统的依靠社会规范和文化禁忌的资源管理方式虽然遭受严重破坏，但并未完全失效，至今仍然在一定程度上发挥着森林保护的作用，如竜林信仰。这套地方管理制度与国家的森林管理制度并行，成为森林管理的"双轨制"。随着政府对现代农业的深刻反思，传统农业的生态智慧日益受到肯定，如多样性而不是单一化的种植、土地的轮歇制度、稻鱼共生的水稻种植方式等正成为当今生态治理和产业生态转型的智慧来源，生态茶园改造中的生物多样性的套种技术的应用正是对传统"林下茶"经验吸收的结果。现代社会的经济理性、追求资本最大化增值的理念也受到严厉的批判。传统时期，市场是社会的一部分，市场受到社会的制约，如农业生产要与生态、社会"平衡"的思想日益受到肯定。

参考文献

[1] Agrawal, A. 1996. "The Community vs. the Market and the State: Forest Use in Uttarakhand in the Indian Himalayas." *Journal of Agricultural and Environmental Ethics* 9 (1): 1 – 15.

[2] Bala, A. and Joseph, G. G. 2007. "Indigenous Knowledge and Western Science: the Possibility of Dialogue." *Race* and *class* 49 (1): 39 – 61.

[3] Berkes, F., Colding, J., and Folke, C. 2000, "Rediscovery of Traditional Ecological Knowledge as Adaptive Management." *Ecological Applications*10 (5): 1251 – 1262.

[4] Borras Jr, S. M., Franco, J. C., Gómez, S., Kay, C. and Spoor, M. 2012. "Land Grabbing in Latin America and the Caribbean." *Journal of Peasant Studies* 39 (3 – 4): 845 – 872.

[5] Boserup, E. 2005. *The Conditions of Agricultural Growth: The Economics of Agrarian Change under Population Pressure.* Chicago: Transaction Publishers.

[6] Brown, B. J., Hanson, M. E., Liverman, D. M., and al., 1987. "Global Sustainability: Toward Definition." *Environmental Management* 11 (6): 713 – 719.

[7] Brown, D. and Schreckenberg, K. 1998. *Shifting Cultivators as Agents of Deforestation: Assessing the Evidence.* London, UK: Overseas Development Institute.

[8] Callon, M. 1998. *Laws of the Markets.* Oxford, UK: Blackwell Publishers.

[9] Catton Jr, William R. and Dunlap, R. E. 1978. "Environmental Sociology: A New Paradigm." *The American Sociologist* 13 (1): 41 – 49.

[10] Cleaver, F. 2002. "Reinventing Institutions: Bricolage and the Social Embeddedness of Natural Resource Management." *The*

European Journal of Development Research 14（2）：11－30.

［11］ Colding，J. and Folke，C．2000. Social Taboos："Invisible" Systems of Local Resource Management and Biological Conservation. *Ecological Applications* 11（2）：584－600．

［12］ Conklin，H. C. 1957. *Hanunoo Agriculture：A Report on an Integral System of Shifting Cultivation in the Philippines.* United Nations：Rome.

［13］ Coronil，F. 2001. "Smelling Like a Market." *American Historical Review* 106（1）：119.

［14］ Croll，E. . 1993. "The Negotiation of Knowledge and Ignorance in China's Development Strategy. " in Mark Hobart（eds）. *An Anthropologicalcritique of Development*, London and New York：Routledge.

［15］ Decher，J. 1997. "Conservation，Small Mammals，and the Future of Sacred Groves in West Africa. " *Biodiversity* and *Conservation* 6（7）：1007－1026.

［16］ Delang，C. O. 2006. "Indigenous Systems of Forest Classification：Understanding Land Use Patterns and the Role of NTFPs in Shifting Cultivators' Subsistence Economies. " *Environmental Management* 37（4）：470－486.

［17］ Drucker，P. 2011. *The Age of Discontinuity：Guidelines to our Changing Society.* New Jersey：Transaction Publishers.

［18］ Escobar，A. 1999. "After Nature：Steps to an Antiessentialist Political Eecology. " *Current Anthropology* 40（1）：1－30.

［19］ Foster，J. B. 1999. "Marx's Theory of Metabolic Rift：Classical Foundations for Environmental Sociology. " *American Journal of Sociology* 105（2）：366－405.

［20］ Foster，J. B. ，Clark，B. and York，R. 2010. *The Ecological Rift：*

Capitalism's War on the Earth, New York: Monthly Review Press.

[21] Foster, J. B., Holleman H. 2012. "Weber and the Environment: Classical Foundations for a Postexemptionalist Sociology." *American Journal of Sociology* 117 (6): 1625 – 1673.

[22] Fox, J. 2000. "How Blaming 'Slash and Burn' Farmers is Deforesting Mainland Southeast Asia." *Asia Pacific Issues* 47: 1 – 8.

[23] Guha, R. 1990. *The Unquiet Woods*: *Ecological Change and Peasant Resistance In the Himalaya*, Berkeley: University of California Press.

[24] Hardin, G. 1968. "The Tragedy of the Commons." *Science* 162 (3859): 1243 – 1248.

[25] Hardin, G. 1994. "The Tragedy of the Unmanaged Commons." *Trends in Ecology* and *Evolution* 9 (5): 199.

[26] Hobart, M. 1993, *An Anthropological Critique of Development*: *The Growth of Ignorance*. Routledge.

[27] Huntington, H. P. 2000. "Using Traditional Ecological Knowledge in Science: Methods and Applications." *Ecological Applications* 10 (5): 1270 – 1274.

[28] Katon, B., Knox, A. and Meinzen-Dick, R. 2001. "Collective Action, Property Rights, and Devolution of Natural Resource Management." *Policy Brief* (2): 2 – 40.

[29] Klooster, D. 2000. "Institutional Choice, Community, and Struggle: A Case Study of Forest Co-management in Mexico." *World Development* 28 (1): 1 – 20.

[30] Klooster, D. 2002. "Toward Adaptive Community Forest Management: Integrating Local Forest Knowledge with Scientific Forestry." *Economic Geography* 78 (1): 43 – 70.

[31] Leiss, W. 1994. *Domination of Nature*. Montreal: McGill-Queen's Press-MQUP. Liu, D. 2001. "Tenure and Management of Non-State Forests in China Since 1950: A Historical Review", *Environmental History* 6 (2): 239 – 263.

[32] Liu, D. and D. Edmunds. 2013. "The Promises and Limitations of Devolution and Local Forest Management in China" in Edmunds, David Stuart, and Eva Karoline Wollenberg, (eds) . *Local Forest Management: The Impacts of Devolution Policies*. London and New York: Routledge.

[33] Longo, S. B. and Clausen R. 2011. "The Tragedy of the Commodity: The Overexploitation of the Mediterranean Bluefin Tuna Fishery. " *Organization* and *Environment* 24 (3): 312 – 328.

[34] Mackinson, S. 2001. "Integrating Local and Scientific Knowledge: An Example in Fisheries Science. " *Environmental Management* 27 (4): 533 – 545.

[35] Mol, A. P. J. and Sonnenfeld, D. A. eds. 2000 . *Ecological Modernisation Around the World. Perspectives and Critical Debates*, London and Portland: Frank Cass-Co. Ltd.

[36] Molotch, H. 1976. "The City as a Growth Machine: Toward a Political Economy of Place. " *American Journal of Sociology* 82 (2): 309 – 332.

[37] Moore, J. W. 2000. "Environmental Crises and the Metabolic Rift in World-Historical Perspective. " *Organization* and *Environment* 13 (2): 123 – 157.

[38] Murphy, R. 1994. *Rationality And Nature: A Sociological Inquiry Into A Changing Relationship*. Boulder: Westview Press.

[39] Ormsby, A. A. and Bhagwat, S. A. 2010. "Sacred Forests of India: A Strong Tradition of Community Based Natural Resource Management. "

Environmental Conservation 37 (3): 320 – 326.

[40] Pagdee, A. , Yeon-su Kim and P. J. Daugherty. 2006. "What Makes Community Forest Management Successful: A Meta-Study from Community Forests Throughout the World. " *Society and Natural Resources* 19 (1): 33 – 52.

[41] Peluso, N. L. 1996. "Fruit Trees and Family Trees in an Anthropogenic Forest: Ethics of Access, Property Zones, and Environmental Change in Indonesia. " *Comparative Studies in Society and History* 38 (3): 510 – 548.

[42] Rangan, H. 1997. "Property vs. Control: The State and Forest Management in the Indian Himalaya. " *Development and Change* 28 (1): 71 – 94 .

[43] Rudel, T. K. 1998. "Is There a Forest Transition? Deforestation, Reforestation, and Development1. " *Rural Sociology* 63 (4): 533 – 552.

[44] Rudel, 2011. Timmons Roberts, and JoAnn Carmin. "Political Economy of the Environment. " *Annual Review of Sociology* 17 (2): 129 – 150.

[45] Sachs, W. 1992. *The Development Dictionary: A Guide to Knowledge as Power* . London: Zed Books.

[46] Schnaiberg, A. , Pellow D. and Weinberg A. 2002. "The Treadmill of Production and the Environmental State. " in Mol and Buttel (eds), *The Environmental State under Pressure.* Greenwtich, CT: JAI Press.

[47] Shapiro, J. 2001. *Mao's War Against Nature: Politics and the Environment in Revolutionary China.* Cambridge, UK: Cambridge University Press.

[48] Shiva, V. 1991. *The Violence of Green Revolution: Third world Agriculture, Ecology and Politics. London: Zed Books.*

[49] *Somma, M. 2008. Return to the Villages. In Liam Leonard , Paula*

Kenny（eds），Advances in Ecopolitics，Bingley，West Yorkshire：Emerald Group Publishing Limited.

［50］ Spaargaren，G.，A. P. J. Mol and F. H. Buttel，eds. 2000. Environment and Global Modernity. New Delhi/Newbury Park/Londres：Sage Publications.

［51］ Stave，J.，et al. 2007. "Traditional Ecological Knowledge of a Riverine Forest in Turkana, Kenya：Implications for Research and Management." Biodiversity and Conservation 16（5）：1471－1489.

［52］ Torigoe，H. 1997. "Toward an Environmental Paradigm with Priority of Social Life." In S. Nisihira，R. Kojima（eds），Environmental Awareness in Developing Countries：The Cases of China and Thailand，Tokyo：Institute of Developing Economies .

［53］ White，L. 1967，"The Historical Roots of Our Ecologic Crisis." Science 155（3767）：1203－1207.

［54］ Xu，JC. 2011. "China's New Forests Aren't as Green as They Seem." Nature 477（7365）：371－371.

［55］ Jorgenson，A. K.，Austin K. and Dick，C. 2009. "Ecologically Unequal Exchange and the Resource Consumption/Environmental Degradation Paradox：A Panel Study of Less-Developed Countries，1970－2000." International Journal of Comparative Sociology 50（3－4）：263－284.

［56］ Weber，M. 1947. The Theory of Social And Economic Organization. Chicago：Free Press.

［57］ Whiteman，G. and Cooper，W. H. 2000. "Ecological Embeddedness." Academy of Management Journal 43（6）：1265－1282

［1］ 埃莉诺·奥斯特罗姆：《公共事物的治理之道》，余逊达、陈旭东译，上海：上海译文出版社，2012。

［2］ 爱德华·汤普森：《共有的习惯》，沈汉、王加丰译，上海：上海人民出版社，2002。

［3］ 安东尼·吉登斯、克里斯多弗·皮尔森：《现代性——吉登斯访谈录》，尹宏毅译，北京：新华出版社，2001。

［4］ 安东尼·吉登斯：《现代性的后果》，田禾译，南京：译林出版社，2000。

［5］ 巴里·康芒纳：《封闭的循环——自然、人和技术》，侯文蕙译，长春：吉林人民出版社，1997。

［6］ 包智明：《环境问题研究的社会学理论——日本学者的研究》，《学海》2010年第2期。

［7］ 彼得·桑德斯：《资本主义：一项社会审视》，张浩译，长春：吉林人民出版社，2005。

［8］ 曹建华、沈彩周：《基于林业政策的商品林经营投资收益与投资风险研究》，《林业科学》2006年第12期。

［9］ 陈阿江：《从外源污染到内生污染——太湖流域水环境恶化的社会文化逻辑》，《学海》2007年第1期。

［10］ 陈阿江：《复合共生农业的探索及其效果》，《中国社会科学（内部文稿）》2016年第2期。

［11］ 陈阿江：《理性的困惑——环境视角中的企业行为判别》，《广西民族大学学报（哲学社会科学版）》2009年第4期。

［12］ 陈阿江：《论人水和谐》，《河海大学学报（哲学社会科学版）》2008年第4期。

［13］ 陈阿江：《水域污染的社会学解释——东村个案研究》，《南京师大学报（社会科学版）》2000年第1期。

［14］ 陈阿江、王婧：《游牧的"小农化"及其环境后果》，《学海》2013年第1期。

［15］ 陈阿江：《文本规范与实践规范的分离——太湖流域工业污染的一个解释框架》，《学海》2008年第4期。

［16］ 陈阿江、邢一新：《缺水问题及其社会治理——对三种缺水类型的分析》，《学习与探索》2017年第7期。

[17] 陈阿江：《制度创新与区域发展》，北京：中国言实出版社，2000。

[18] 陈锋：《祖业权：嵌入乡土社会的地权表达与实践——基于对赣西北宗族性村落的田野考察》，《南京农业大学学报（社会科学版）》2012 年第 2 期。

[19] 陈吉元、陈家骥、杨勋：《中国农村社会经济变迁：1949～1989》，太原：山西经济出版社，1993。

[20] 陈家建：《法团主义与当代中国社会》，《社会学研究》2010 年第 2 期。

[21] 陈述唐、赵嫦燕：《有一个美丽的地方——第三只眼睛看杏丁村四十年变迁》，载张开宁、门司和彦、邓启耀主编《西南少数民族村落环境与健康变迁研究》，昆明：云南大学出版社，2012。

[22] 陈涛：《产业转型的社会逻辑》，北京：社会科学文献出版社，2014。

[23] 陈涛、左茜：《"稻草人化"与"去稻草人化"——中国地方环保部门角色式微及其矫正策略》，《中州学刊》2010 年第 4 期。

[24] 陈向明：《扎根理论的思路和方法》，《教育研究与实验》1999 年第 4 期。

[25] 陈向明：《质的研究方法与社会科学研究》，北京：教育科学出版社，2000。

[26] 辞海编辑委员会：《辞海》，上海：上海辞书出版社，1999。

[27] 辞海编辑委员会：《辞海》，上海：上海辞书出版社，2009。

[28] 道格拉斯·C·诺斯：《制度、制度变迁与经济绩效》，刘守英译，上海：上海三联书店，1994。

[29] 邓启耀：《鼓灵》，南昌：江西教育出版社，1999。

[30] 董文渊：《森林、桉树与云南干旱之关系》，《云南林业》2012

年第 2 期。

[31] 杜巍：《思茅民族文化研究》，昆明：云南大学出版社，2006。

[32] 恩格斯：《自然辩证法》，中共中央马克思恩格斯列宁斯大林著作编译局译，北京：人民出版社，1971。

[33] 樊宝敏、李淑新、颜国强：《中国近现代林业产权制度变迁》，《世界林业研究》2009 年第 4 期。

[34] 范长风：《从地方性知识到生态文明——青藏边缘文化与生态的人类学调查》，北京：中国发展出版社，2015。

[35] 范长风、范乃心：《生物多样性的祝福还是诅咒——三江源地区毒杀高原鼠兔的权力话语与藏族生态智慧的调查研究》，《青海民族研究》2012 年第 4 期。

[36] 费孝通：《乡土中国 生育制度》，北京：北京大学出版社，1998。

[37] 费孝通：《中国的现代化与少数民族的发展》，载费孝通《费孝通民族研究文集》，北京：民族出版社，1988。

[38] 风笑天：《社会学研究方法》，北京：中国人民大学出版社，2001。

[39] 富兰克林·H. 金：《四千年农夫》，程存旺、石嫣译，北京：东方出版社，2011。

[40] 高立士：《傣族"竜林"文化研究》，《德宏师范高等专科学校学报》2005 年第 2 期。

[41] 高立士：《傣族竜林文化研究》，昆明：云南民族出版社，2010。

[42] 高言弘：《我国重农轻牧的历史演变》，《学术论坛》1980 年第 1 期。

[43] 顾岕：《海槎余录》，载（明）邓世龙《国朝典故》卷一百零五，北京：北京大学出版社，1993。

[44] 郭家骥：《西双版纳傣族的水文化：传统与变迁——景洪市勐罕镇曼远村案例研究》，《民族研究》2006 年第 2 期。

[45] 郭亮：《资本下乡与山林流转：来自湖北 S 镇的经验》，《社

会》2011 年第 3 期。

[46] 何丕坤、何俊：《云南集体山林权属研究》，北京：中国农业大学出版社，2007。

[47] 洪大用：《环境社会学：彰显自反性的关怀》，《中国社会科学报》2010 年 12 月 28 日，第 20 版。

[48] 洪大用：《经济增长、环境保护与生态现代化——以环境社会学为视角》，《中国社会科学》2012 年第 9 期。

[49] 洪大用：《社会变迁与环境问题——当代中国环境问题的社会学阐释》，北京：首都师范大学出版社，2001。

[50] 洪大用：《中国环境社会学学科发展的重大议题》，载陈阿江主编《环境社会学是什么——中外学者访谈录》，北京：中国社会科学出版社，2017。

[51] 侯学煜：《农林牧业的经济政策和技术政策要符合生态规律》，《农业经济问题》1980 年第 7 期。

[52] 郇庆治：《文明转型视野下的环境政治》，北京：北京大学出版社，2018。

[53] 黄宗智：《改革中的国家体制：经济奇迹和社会危机的同一根源》，《开放时代》2009 年第 4 期。

[54] 回俄合作社：《艰苦奋斗改变面貌的山区合作社——记回俄合作社的先进经验》（内部资料），1965。

[55] 加里·金、罗伯特·基欧汉、悉尼·维巴：《社会科学中的研究设计》，陈硕译，上海：格致出版社、上海人民出版社，2014。

[56] 贾春增：《外国社会学史》，北京：中国人民大学出版社，2000。

[57] 贾楼仁：《云南省森林生物多样性及其环境价值评估》，《林业调查规划》2003 年第 3 期。

[58] 金观涛：《探索现代社会的起源》，北京：社会科学文献出版社，2010。

［59］金山、陈大庆：《人与自然和谐的法则——探析蒙古族古代草原生态保护法》，《中央民族大学学报》2006年第2期。

［60］卡尔·波兰尼：《巨变：当代政治与经济的起源》，黄树民译，北京：社会科学文献出版社，2017。

［61］凯·米尔顿：《环境决定论与文化理论：对环境话语中的人类学角色的探讨》，袁同凯、周建新译，北京：民族出版社，2007。

［62］克利福德·格尔茨：《地方知识》，杨德睿译，北京：商务印书馆，2016。

［63］赖特·米尔斯：《社会学的想象力》，李康译，北京：北京师范大学出版社，2017。

［64］蓝勇：《西部开发史的反思与"西南""西北"的战略选择》，《西南师范大学学报（人文社会科学版)》2001年第5期。

［65］蕾切尔·卡逊：《寂静的春天》，恽如强、曹一林译，北京：中国青年出版社，2015。

［66］李汉勇、李海求：《茶园改造中的群众工作》，《云南日报》2012年9月3日，第9版。

［67］李怀：《捍卫现代性：哈贝马斯的策略》，《社会科学》2004年第9期。

［68］李金池：《明代云南屯田》，《中国民族》1984年第8期。

［69］梁隽：《村规民约在森林资源管理中的应用——贵州台江县台拱镇个案研究》，《林业与社会》2004年第3期。

［70］廖国强：《云南少数民族刀耕火种农业中的生态文化》，《广西民族研究》2001年第2期。

［71］林耀华：《民族学通论》，北京：中央民族大学出版社，1997。

［72］刘川宇等：《佤族野生食用植物资源的民族植物学研究》，《西部林业科学》2012年第5期。

［73］刘多森：《黄土高原近两千年来土地利用和环境的变迁》，《第

四纪研究》2004 年第 2 期。

[74] 刘惠兰：《退耕还林：期待重启再出发》，《农村．农业．农民（A 版）》2013 年第 8 期。

[75] 卢勋、李根蟠：《独龙族的刀耕火种农业——附论原始农业的早期阶段及其命名》，《农业考古》1981 年第 2 期。

[76] 罗伯特 D·帕特南：《使民主运转起来——现代意大利的公民传统》，王列、赖海榕译，南昌：江西人民出版社，2001。

[77] 罗承强：《认清形势 突出重点 凝心聚力 强力推进圆满完成经济社会发展目标任务——在南芒县第十三届人民政府第一次全体会议上的讲话》（内部资料），2008。

[78] 罗康隆：《文化适应与文化制衡——基于人类文化生态的思考》，北京：民族出版社，2007。

[79] 罗之基：《佤族社会历史与文化》，北京：中央民族大学出版社，1995。

[80] 绿色和平组织：《明佳集团 APP 云南圈地毁林事件调查报告》，http：//www. greenpeace. org. cn/app－5/，2004 年 11 月 26 日。

[81] 绿色和平组织：《危机中的云南天然林——云南天然林现状研究调查报告》，http：//www. greenpeace. org/china/zh/publications/reports/forests/2013/yn－natural－forests－study/，2013 年 1 月 15 日。

[82] 麻国庆：《草原生态与蒙古族的民间环境知识》，《内蒙古社会科学（汉文版）》2001 年第 1 期。

[83] 马德哈夫·加吉尔、拉马钱德拉·古哈：《这片开裂的土地：印度生态史》，滕海键译，北京：中国环境科学出版社，2012。

[84] 马克思：《资本论》（第一卷上下册），中共中央马克思恩格斯列宁斯大林著作编译局译，北京：人民出版社，1975。

[85] 马克斯·韦伯：《经济与社会（第一卷）》，阎克文译，上海：上海人民出版社，2017。

[86] 马克斯·韦伯：《经济与社会（第一卷）》，阎克文译，上海：

上海世纪出版社，2010。

[87] 马克斯·韦伯：《韦伯作品集（Ⅷ）：宗教社会学》，康乐、简惠美译，桂林：广西师范大学出版社，2005。

[88] 马克斯·韦伯：《新教伦理与资本主义精神》，康乐、简惠美译，桂林：广西师范大学出版社，2010。

[89] 马克斯·韦伯：《学术与政治》，钱永祥等译，桂林：广西师范大学出版社，2010。

[90] 马立博：《虎、米、丝、泥：帝制晚期华南的环境与经济》，王玉茹、关永强译，南京：江苏人民出版社，2011。

[91] 马歇尔·萨林斯：《原初丰裕社会》，载马歇尔·萨林斯《石器时代经济学》，张经纬等译，北京：生活·读书·新知三联书店，2009。

[92] 马裕霞：《南芒县生态保护及边境生态屏障建设初探》，《内蒙古林业调查设计》2017年第1期。

[93] 勐安林业站：《关于勐安贺水办事处贺莫寨请求划给山地的调查报告》（内部资料），1988。

[94] 孟德拉斯：《农民的终结》，李培林译，北京：中国社会科学出版社，1991。

[95] 米歇尔·福柯：《知识考古学》，谢强、马月译，北京：三联书店，1998。

[96] 南芒县环境保护局：《南芒县环境保护局2008年工作总结暨2009年工作思路》（内部资料），2009。

[97] 南芒县景高公社委员会：《关于要求解决南芒县景高公社土地被澜沧县东回、拉巴公社的部分小队越界毁林过耕的报告》（内部资料），1981。

[98] 南芒县"两山一地"办公室：《南芒县"两山一地"工作总结》（内部资料），1983。

[99] 南芒县林改办公室：《关于南芒县林改涉及的几个问题的调研

情况报告》（内部资料），2007。

［100］南芒县林业局：《关于南崖乡人民政府征用集体薪炭林地种
茶叶的报告》（内部资料），1989。

［101］南芒县林业局：《南芒县林业局关于上报南芒县"十一五"
林业工作总结和 2011 年工作计划的报告》（内部资料），
2010。

［102］南芒县林业局：《南芒县 2013 年水源林与南双河绿色长廊建
设实施情况》（内部资料），2013。

［103］南芒县林业局：《南芒县森林防火训练总结》（内部资料），
1963。

［104］南芒县林业局：《省林业调查规划院专家组到我县检查林业
双增工作》，http：//www. peml. cn/I，2012 年 3 月 26 日。

［105］南芒县农水科：《南芒自治县人民委员会农水科一九六三年
工作总结报告》（内部资料），1963。

［106］南芒县农水科：《1962 年南芒林业情况总结报告》（内部资
料），1962。

［107］南芒县农水科水工队：《南芒县 1962 年度农田水利春修工作
总结》（内部资料），1962。

［108］南芒县人民委员会农水科：《关于南芒农场滥伐松木的处理
意见》（内部资料），1962。

［109］南芒县人民政府：《关于贯彻执行〈国务院关于坚决制止乱
砍滥伐森林的紧急通知〉》（内部资料），1981。

［110］南芒县人民政府：《关于澜沧县东回公社卡扩生产队社员破
坏我县景高公社那勒生产队森林的调查报告》（内部资料），
1981。

［111］南芒县人民政府：《总结经验，开拓进取——南芒县 1980 ~
1986 年民营橡胶生产发展总结和奋斗目标》（内部资料），
1987。

［112］南芒县生态茶园建设工作领导小组办公室：《2010～2013 年生态茶园建设工作总结》（内部资料），2013。

［113］南芒县水务局：《南芒县东密水库工程简介》（内部资料），2013。

［114］南芒县统计局：《从数字看南芒改革开放 30 年》（内部资料），2008。

［115］南芒县统计局：《南芒统计历史资料（1949～1988）》（内部资料），1989。

［116］南芒县统计局：《南芒县统计年鉴 2011》（内部资料），2012。

［117］南芒县委、南芒县人民政府：《加快边疆民族地区产业结构的调整》，《经济问题探索》1985 年第 6 期。

［118］南芒县委调查组：《关于林权的调查情况》（内部资料），1961。

［119］南芒县政府：《南芒县 1963～1970 年农业生产规划》（内部资料），1965。

［120］南芒县制止毁林开荒、清理盲流人口领导小组：《关于保护森林，发展林业的意见》（内部资料），1981。

［121］南芒自治县第二届人民代表大会第二次会议：《关于保护山林和发展林业若干问题的决议》（内部资料），1961。

［122］南崖公社：《自力更生　奋发图强　艰苦奋斗　改变山区落后面貌——南崖区大芒竜乡南崖社先进事迹》（内部资料），1964。

［123］南崖合作社：《阿瓦山村面貌新——南崖合作社七年巨变》（内部资料），1965。

［124］南崖乡人民政府：《关于征用南崖乡南崖村贺布社集体用柴林的请示报告》（内部资料），1989。

［125］鸟越皓之：《环境社会学——站在生活者的角度思考》，宋金文译，北京：中国环境科学出版社，2009。

［126］鸟越皓之、闰美芳：《日本的环境社会学与生活环境主义》，《学海》2011 年第 3 期。

［127］秦光荣：《4 年大旱教训深刻痛下决心大干水利——对云南连年干旱问题的回顾与反思》，《云南日报》5 月 3 日，2013 年第 1 版。

［128］桑杰端智：《藏传佛教生态保护思想与实践》，《青海社会科学》2001 年第 1 期。

［129］思茅地区科学技术志编纂委员会：《思茅地区科学技术志》，昆明：云南人民出版社，1994。

［130］思茅地区土地管理局：《思茅地区土地志》，昆明：云南民族出版社，2001。

［131］宋言奇：《社会资本与农村生态环境保护》，《人文杂志》2010 年第 1 期。

［132］苏国勋：《从韦伯的视角看现代性——苏国勋答问录》，《哈尔滨工业大学学报（社会科学版）》2012 年第 2 期。

［133］陶传进：《环境治理：以社区为基础》，北京：社会科学文献出版社，2005。

［134］陶勇：《国家林业局官员披露金光集团"圈地毁林"真相》，http：//www. yn. xinhuanet. com/newscenter/2005 － 01/26/content_ 3632401. htm，2005 年 1 月 26 日。

［135］田继周、罗之基：《西盟佤族社会形态》，昆明：云南人民出版社，1980。

［136］童绍玉、陈永森：《云南坝子研究》，昆明：云南大学出版社，2007。

［137］汪伟、刘燕：《我国食品安全监管失灵的成因及对策探析》，《中国卫生法制》2012 年第 6 期。

［138］王建革：《游牧方式与草原生态——传统时代呼盟草原的冬营地》，《中国历史地理论丛》2003 年第 2 期。

［139］王婧：《牧区的抉择》，北京：中国社会科学出版社，2016。

［140］王敬骝：《佤族木鼓考》，《民族艺术研究》1990 年第 3 期。

［141］王静怡、郑育杰、张路延：《浙商斥巨资炒林：有识之士把它当成二十年前的房地产》，http：//finance. ifeng. com/news/industry/20120426/6382960. shtml，2012 年 4 月 26 日。

［142］王娟：《化边之困：20 世纪上半期川边康区的政治、社会与族群》，北京：社会科学文献出版社，2016。

［143］王晓毅：《建设公平的节约型社会》，《中国社会科学》2013 年第 5 期。

［144］王晓毅：《沦为附庸的乡村与环境恶化》，《学海》2010 年第 2 期。

［145］王钟：《普洱市实施退耕还林工程效益分析》，《内蒙古林业调查设计》2014 年第 1 期。

［146］温远光、刘世荣：《我国主要森林生态系统类型降水截留规律的数量分析》，《林业科学》1995 年第 4 期。

［147］乌尔里希·贝克：《风险社会》，何博闻译，南京：译林出版社，2004。

［148］吴晗、费孝通等撰：《皇权与绅权》，上海：观察社，1949。

［149］伍绍云等：《云南澜沧县陆稻品种资源多样性和原生境保护》，《植物资源与环境学报》2000 年第 4 期。

［150］武广云：《普洱市化肥施用现状及对策》，《现代农业科技》2013 年第 6 期。

［151］西美尔：《货币哲学》，陈戎女等译，北京：华夏出版社，2002。

［152］西双版纳傣族自治州林业局：《西双版纳傣族自治州林业志》，昆明：云南民族出版社，1998。

［153］向郢：《亚洲最大纸浆公司圈地始末》，《南方周末》2005 年 12 月 16 日。

［154］徐宝强、汪晖：《发展的幻象》，北京：中央编译出版社，2001。

［155］徐晓光：《清水江流域传统林业规则的生态人类学解读》，北京：知识产权出版社，2014。

［156］许建初：《从社区林业的观点探讨西双版纳刀耕火种农业生态系统的演化》，《生态学杂志》2000年第6期。

［157］荀丽丽、包智明：《政府动员型环境政策及其地方实践——关于内蒙古S旗生态移民的社会学分析》，《中国社会科学》2007年第5期。

［158］荀丽丽：《"失序"的自然：一个草原社区的生态、权力与道德》，北京：社会科学文献出版社，2012。

［159］荀丽丽：《与"不确定性"共存：草原牧民的本土生态知识》，《学海》2011年第3期。

［160］岩佐茂：《环境的思想：环境保护与马克思主义的结合处》，韩立新等译，北京：中央编译出版社，1997。

［161］阎莉：《傣族"竜林"文化探析》，《贵州民族研究》2010年第6期。

［162］阎万英、尹英华：《中国农业发展史》，天津：天津科学技术出版社，1992。

［163］杨立雄、杨月洁：《生活世界殖民化、话语商谈与福利国家的未来——兼论哈贝马斯与马歇尔、罗尔斯的区别》，《人文杂志》2007年第1期。

［164］杨善华、苏红：《从"代理型政权经营者"到"谋利型政权经营者"——向市场经济转型背景下的乡镇政权》，《社会学研究》2002年第1期。

［165］杨庭硕：《地方性知识的扭曲、缺失和复原——以中国西南地区的三个少数民族为例》，《吉首大学学报（社会科学版）》2005年第2期。

［166］杨庭硕、杨曾辉：《论中国土司制度与西方殖民活动的区别》，《贵州民族研究》2014年第3期。

［167］杨祥银：《试论口述史学的功用和困难》，《史学理论研究》2000 年第 3 期。

［168］杨毓才：《云南各民族经济发展史》，昆明：云南民族出版社，1989。

［169］杨筑慧：《橡胶种植与西双版纳傣族社会文化的变迁——以景洪市勐罕镇为例》，《民族研究》2010 年第 5 期。

［170］伊懋可：《大象的退却：一部中国环境史》，梅雪芹等译，南京：江苏人民出版社，2014。

［171］尹仑、唐立、郑静：《中国云南孟连傣文古籍编目》，昆明：云南民族出版社，2010。

［172］尹明德：《滇缅界务北段调查报告及善后意见》（1931 年），载马玉华《中国边疆研究文库·西南边疆卷四［云南勘界筹边记（五种）·非常时期之云南边疆、滇缅界务北段调查报告］》，哈尔滨：黑龙江教育出版社，2013。

［173］尹绍亭、耿言虎：《生态人类学的本土开拓：刀耕火种研究三十年回眸——尹绍亭教授访谈录》，《鄱阳湖学刊》2016 年第 1 期。

［174］尹绍亭：《人与森林——生态人类学视野中的刀耕火种》，昆明：云南教育出版社，2000。

［175］尹绍亭：《试论当代的刀耕火种——兼论人与自然的关系》，《农业考古》1990 年第 1 期。

［176］尹绍亭：《远去的山火——人类学视野中的刀耕火种》，昆明：云南人民出版社，2008。

［177］约翰·贝拉米·福斯特：《生态危机与资本主义》，耿建新、宋兴无译，上海：上海译文出版社，2006。

［178］云南省编辑组、《中国少数民族社会历史调查资料丛刊》修订编辑委员会：《拉祜族社会历史调查（一）》，北京：民族出版社，2009。

［179］ 云南省林权工作组：《关于南芒县林权的调查情况及会议处理意见的报告》（内部资料），1962。

［180］ 云南省林业勘察设计院：《森林树木与少数民族》，昆明：云南民族出版社，2000。

［181］ 云南省林业厅：《云南省南芒县实施中低产林改造加快林产业发展》，http：//www. forestry. gov. cn/portal/main/s/102/content－219039. html，2010 年 1 月 5 日。

［182］ 曾贤刚、唐宽昊、卢熠蕾：《"围栏效应"：产权分割与草原生态系统的完整性》，《中国人口·资源与环境》2014 年第 2 期。

［183］ 詹姆斯·奥康纳：《自然的理由：生态学马克思主义研究》，唐正东、臧佩洪译，南京：南京大学出版社，2003。

［184］ 詹姆斯·C. 斯科特：《国家的视角：那些试图改善人类状况的项目是如何失败的》，王晓毅译，北京：社会科学文献出版社，2004。

［185］ 张成：《云南森林覆盖率超 50%　居全国第二》，http：//yn. yunnan. cn/html/2016－11/17/content_ 4620551. htm，2016 年 11 月 17 日。

［186］ 张静：《基层政权：乡村制度诸问题》，杭州：浙江人民出版社，2000。

［187］ 张乐天：《告别理想——人民公社制度研究》，上海：东方出版中心，1998。

［188］ 张晓松、李根：《拉祜族神话史诗〈牡帕密帕〉的文化特点》，《云南民族学院学报（哲学社会科学版）》2001 年第 5 期。

［189］ 张玉林：《流动与瓦解：中国农村的演变及其动力》，北京：中国社会科学出版社，2012。

［190］ 张玉林：《农村环境：系统性伤害与碎片化治理》，《武汉大学学报（人文科学版）》2016 年第 2 期。

［191］ 张玉林：《政经一体化开发机制与中国农村的环境冲突》，

《探索与争鸣》2006 年第 5 期。

［192］章克家、王小明：《四川藏族地区藏传佛教与野生动物保护的关系初探》，《生物多样性》2000 年第 3 期。

［193］召罕嫩：《娜允傣王秘史》，昆明：云南人民出版社，2004。

［194］赵富荣：《中国佤族文化》，北京：民族出版社，2005。

［195］赵晶：《环境法律制度变迁中的佤族刀耕火种习惯——以森林与土地制度为中心》，硕士学位论文，中国政法大学，2009。据中国优秀博硕士学位论文全文数据库：http：//kns.cnki.net/kns/brief/result.aspx? dbprefix = CDMD。

［196］赵世林、伍琼华：《傣族文化志》，昆明：云南民族出版社，1997。

［197］中冈成文：《哈贝马斯：交往行为》，王屏译，石家庄：河北教育出版社，2001。

［198］中共南芒县委党史研究室：《中国共产党南芒历史·第 1 卷，1945～1978 年》（内部资料），2010。

［199］中共南芒县委党史研究室：《中国共产党南芒县历史大事记》（内部资料），2002。

［200］中共南芒县委党史研究室：《中国共产党南芒县历史资料汇编（第二辑）》（内部资料），2008。

［201］中共南芒县委、县政府：《中共南芒县委、县政府关于保护森林、发展林业的意见》（内部资料），1981。

［202］中共思茅地委：《关于划定社员自留山、承包集体责任山、固定农用轮歇地的试行规定》（内部资料），1983。

［203］中国科学院民族研究所云南民族调查组、云南省民族研究所：《云南省拉祜族社会历史调查资料（拉祜族调查材料之一）》，昆明：云南省民族研究所，1963。

［204］中国农业科学院南京农学院中国农业遗产研究室：《中国农学史（上册）》，北京：科学出版社，1959。

［205］中国人民政治协商会议南芒傣族拉祜族佤族自治县委员会：

《南芒文史资料（第三辑）》（内部资料），2004。

[206] 中国人民政治协商会议南芒县委员会：《南芒文史资料（第八辑）》（内部资料），2009。

[207] 周飞舟：《锦标赛体制》，《社会学研究》2009 年第 3 期。

[208] 周利敏：《社会脆弱性：灾害社会学研究的新范式》，《南京师大学报（社会科学版）》2012 年第 4 期。

[209] 周琼：《环境史视野下中国西南大旱成因刍论——基于云南本土研究者视角的思考》，《郑州大学学报（哲学社会科学版）》2014 年第 5 期。

[210] 周新文、陶联明：《基诺族不是"游耕""游居"民族》，《民族研究》1997 年第 4 期。

[211] 朱冬亮：《村庄社区产权实践与重构：关于集体林权纠纷的一个分析框架》，《中国社会科学》2013 年第 11 期。

[212] 朱晓阳、谭颖：《对中国"发展"和"发展干预"研究的反思》，《社会学研究》2010 年第 4 期。

[213] 庄孔韶：《可以找到第三种生活方式吗？——关于中国四种生计类型的自然保护与文化生存》，《社会科学》2006 年第 7 期。

[214] 邹华斌：《毛泽东与"以粮为纲"方针的提出及其作用》，《党史研究与教学》2010 年第 6 期。

[215] 左停、苟天来：《社区为基础的自然资源管理（CBNRM）的国际进展研究综述》，《中国农业大学学报》2005 年第 6 期。

附录A

重要访谈人物一览表

波罕罗，男，傣族，60多岁，勐村大寨村民，县佛教协会会员，曾做过小学老师。

刀正明，男，傣族，90多岁，离休干部，勐村小寨村民。

石依，男，傣族，40多岁，勐村小寨村民，勐安镇农业服务中心工作人员。

相兰，女，傣族，50多岁，勐村大寨村民。

相梅，女，傣族，50多岁，勐村大寨人，曾就职于移民局，已退休。

国满，女，傣族，30多岁，勐村大寨村民。

召相，男，傣族，50多岁，勐村（行政村）村委会书记。

岩中，男，傣族，60多岁，回江寨村民，县佛教协会会员。

米共，女，傣族，70多岁，勐村大寨人，曾就职于勐安镇政府，已退休。

米满，女，傣族，50多岁，西木寨村民。

岩明，男，佤族，60多岁，双村二组原生产队长，原村民小组组长。

岩满，男，佤族，60多岁，双村一组原生产队长，原村民小组组长。

岩拉，男，佤族，50多岁，双村（行政村）村委会主任，曾做过橡胶推广技术员。

岩各，男，佤族，40多岁，双村橡胶加工厂负责人。

岩一，男，佤族，30多岁，双村一组村民。

金丽，女，佤族，30多岁，双村二组村民。

波岩东，男，傣族，50多岁，某茶场茶农，与夫人在公路边开早点店。

波禾，男，傣族，30多岁，曾任勐村大寨村民小组组长。

刘义，男，傈僳族，50多岁，腊村村民。

娜红，女，拉祜族，50多岁，腊村大寨原村民小组组长。

叶明，男，傣族，50多岁，芒村村民小组组长。

李二，男，拉祜族，50多岁，尼村村民小组组长。

李天，男，哈尼族，30多岁，帕村村民，从墨江县来，做上门女婿。

李红，女，拉祜族，40多岁，糯村村委会主任。

扎不，男，拉祜族，20多岁，帕村村民。

扎拔，男，拉祜族，60多岁，帕村新寨原生产队队长，原村民小组组长。

扎亮，男，拉祜族，50多岁，帕村（行政村）武装干事。

扎二，男，拉祜族，30多岁，双村茶场管理人员。

张之，男，拉祜族，40多岁，付村村民。

自先生，汉族，40多岁，腊村茶场负责人。

叶女士，佤族，20多岁，天龙茶厂工人。

李女士，拉祜族，30多岁，勐村香蕉园工人，来自澜沧县。

赵先生，汉族，40多岁，勐村香蕉园管理人员。

刀先生，傣族，50多岁，县水务局工作人员。

马先生，汉族，40多岁，县水文站工作人员。

杨先生，汉族，40多岁，县林业局工作人员。

李先生，汉族，40多岁，县林业局工作人员。

相女士，傣族，30多岁，县农业局工作人员。

刘先生，汉族，40多岁，县档案局工作人员。

张女士，汉族，40多岁，县统计局工作人员。

李先生，汉族，40多岁，县茶叶办公室工作人员。

郑女士，汉族，50多岁，县民族博物馆工作人员。

王先生，汉族，30多岁，勐安镇党委副书记。

附录B

访谈提纲

访谈提纲一：（访谈对象：行政村村干部、自然村村民小组组长、老生产队长、学校老师等，主要涉及历史上村寨的自然环境、地方社会规范、资源利用方式等）

1. 村寨历史上的人口、面积。

2. 1949 年以前村寨附近的森林面积、树木质量、森林树种等。

3. 1949 年以前森林里的动物种类、数量。

4. 森林分为哪几种不同的使用类型？每种类型的森林分布在什么位置？

5. 竜林、坟地的使用有哪些禁忌？

6. 历史上村寨的轮歇地有几块，每一块地面积的大小。

7. 轮歇地撂荒时间、耕种方式等。

8. 轮歇地种植的粮食作物品种、农事安排。

9. 轮歇地农业村寨是如何合作的？如何挖防火道？

10. 村寨村民打猎的方法、时间、猎物种类等。

11. 历史上森林采集的主要种类、时间以及可采集的数量、采集人等。

12. 傣族历史上种的水稻品种有哪些？如何施肥？如何防病虫害？

13. 森林砍伐的地方规范、惩罚措施等。

14. 村寨附近河流的不同季节降水量，以及水灾、旱灾等情况。

15. 村寨历史上生活用水的地点、取水方式。

16. 村寨头人的具体情况，包括头人的权利、与村民的关系等。

17. 村寨的村规民约包括的内容，特别是涉及生态保护方面的村规民约。

18. 南芒县土司的基本情况，土司与地方社会的关系，土司治理方式等。

19. 1949 年以前当地的集市规模、集市范围、交易物品等。

访谈提纲二：（访谈对象：行政村村干部、自然村村民小组组长、老生产队长、学校老师等，主要涉及 1949 年以后至"包产到户"时期生产、生活的变化，主要侧重与生态相关的内容）

1. 这一时期村寨及周边总体生态变化的情况。

2. 这一时期刀耕火种与 1949 年以前有什么区别？政府对刀耕火种的态度是什么？

3. 这一时期村寨的森林总体状况。

4. 这一时期政府对竜林的态度，以及竜林的状况。

5. 外来群体（部队、教师、干部等）对当地风俗习惯的认可与接受程度。

6. 地方风俗习惯与 1949 年以前相比有何变化。

7. 人民公社村寨的农业生产和生活情况。

8. 这一时期村寨"头人"的状况，新"头人"与老"头人"的差别。

9. 这一时期森林的管理制度的变化。

10. 这一时期政府农业技术的推广措施。

11. "绿肥"是如何制作的？效果如何？

12. 农业学大寨中"开田"的做法和效果。

13. 这一时期村寨生产、生活用水情况。

访谈提纲三：（访谈对象：胶农、茶农、咖农等，主要涉及 20 世纪 80 年代以来经济作物种植情况以及环境影响）

1. 您家里种植多少亩的橡胶/茶叶/咖啡/甘蔗？

2. 村寨/家庭种植橡胶/茶叶/咖啡/甘蔗的历史。

3. 您家里种植的经济作物的产量、年收入情况。

4. 经济作物种植使家庭哪些方面得到改善？

5. 您生活中个人和家庭的主要支出，跟以往比，支出是否增加？

6. 经济作物如何销售？围绕经济作物销售的网络包括什么？

7. 经济作物主要的农忙时间？

8. 经济作物一年需要多少肥料、农药，如何施肥、打农药？

9. 经济作物的种植技术是从哪里学的？技术专家是如何指导经济作物生产的？

10. 经济作物种植后，村民之间关系的变化情况。

11. 经济作物种植前土地的利用方式是什么？

12. 为什么会选择种植经济作物？

13. 除了种植经济作物，村民的其他收入来源。

14. 经济作物种植后，传统生计方式的受影响程度（如养殖业、手工业）。

15. 明佳集团桉树种植数量、种植时间。

16. 政府对明佳集团桉树种植的态度；政府都采取了何种措施。

17. 经济作物种植后，当地气候、水源等情况。

访谈提纲四：（访谈对象：县林业局、水务局、水文站工作人员，主要从政府部门了解相关森林、水土等情况）

1. 近些年来南芒县森林的总体状况，如森林覆盖率、林木组成等。

2. 林业局的主要机构和人员组成。

3. 涉及森林保护的政策法规有哪些？

4. 生态公益林保护的制度和措施。

5. 退耕还林政策是如何操作的？效果如何？

6. 中低产林改造的目的、措施和效果。

7. 国家林业法规和地方村规民约的关系问题。

8. 林权制度改革的措施。

9. 林下资源的开发情况。

10. 南芒县主要河流的水量情况，以及相关水灾、旱灾情况。

11. 近年来村寨自来水设施安装、水源等情况。

12. 生态茶园建设的背景、做法和效果。

13. 人畜饮水工程费用补贴情况，政府如何帮村寨找水？

14. 未来饮水困难的解决途径、方法。

15. 南芒县近年来的水文数据情况，反映了哪些问题。

后　记

在环境研究领域，蕾切尔·卡逊的《寂静的春天》，伊懋可的《大象的退却》都是扛鼎之作。书名"寂静的春天""大象的退却"都是关于生态变迁的隐喻。在本书中，"远去的森林"也是一个隐喻。历史上，滇南多森林，森林生态系统生物物种丰富，发挥了极为重要的生态功能。但曾经在一段时间内，在隆隆的斧锯声中，在熊熊的大火中，甚至在震天的炸药声中，这些森林被砍伐，被烧毁，被清除了。人们用木材建房、烧柴，在森林所在的土地上种植陆稻、玉米、甘蔗、橡胶树、茶叶树……森林是山地生态系统中最关键的一环。随着原生森林的大面积消失，环境的衰退和生态危机也"不期而至"。

本书是在我的博士论文的基础上修改而成的。从2009年开始，我与南芒县结下了不解之缘。为了开展论文研究，我先后5次到南芒县调查。论文是在对调查的一手材料整理、分析以及对相关文献阅读、思考的基础上撰写而成的。虽然我的研究主题是"生态/环境"，但不得不说，这项研究涉及的内容远远超过了主题本身。曾经不止一位老师说过，要做好环境社会学，首先需要做好社会学。我深以为然，不仅在理论学习中，在实地调查中也是如此。正如费孝通先生在"江村"的调查那样，全面的社区调查尤为必要，我在自己住下的每一个村寨都细细地观察和询问村寨周边的地形、植被、土地、河流、气候等自然地理情况，以及关注村民的住房、家庭陈设、日常饮食、生活用水、垃圾投放，甚至还关注村民的穿着打扮、交通工具、仪式活动。因为我深知村民与环境的关系会嵌入他们的日常生活中，如果缺少对村民日常生活的了解，就很难对环境问题有深刻的把握。

本书的调查和写作过程是迄今为止我最重要的一段学习过程，能够顺利完成这一艰巨任务，需要感谢的人有很多。首先要感谢的是恩师陈阿江教授。陈老师将我引入学术研究的殿堂。在2008年9月至2014年底6年半的时间里，我完成了硕士和博士阶段的学习。

非常庆幸的是，这 6 年多的时间里我多次跟随老师在江苏、安徽、山东、云南、新疆等地调查。陈老师比较重视实地调查，他对经验现实的理解以及在现场调查中展现出的敏锐的问题捕捉能力让我由衷佩服并从中受益良多，从现实问题出发也成为我重要的研究取向。另外，比较重要的是，陈老师强调读书，特别是读相关的经典著作。两周一次的"陈门读书会"陈老师都亲自参与，与大家一起读书与讨论，读书会上读书、讨论、交流的经历让我非常难忘。在博士论文调查和写作过程中，陈老师经常与我交流、沟通，指导我如何开展研究，提出了很多重要的建议。

我还要感谢河海大学公共管理学院的诸多老师。他们分别是施国庆教授、王毅杰教授、陈绍军教授、黄建元教授、杨文健教授、余文学教授、曹海林教授、高燕副教授、顾金土副教授、胡亮副教授、张虎彪副教授、王旭波博士等。感谢各位老师在平常开设的课程中所传授的知识，以及在论文开题、预答辩中给予的指导和帮助。特别感谢王毅杰教授，在他的博士研究方法课上我阅读了大量社会学的权威和经典文献，受启发很大。胡亮老师与我亦师亦友，他知识面非常广，思维开阔，每次同他交谈都能收获很多。感谢南京大学成伯清教授，南京师范大学邹农俭教授，河海大学王毅杰教授、杨文健教授、曹海林教授参加我的论文答辩并给出了诸多完善建议。

读博期间，我有幸获得国家留学基金管理委员会（China Scholarship Council）资助，以联合培养博士生的身份在美国明尼苏达大学社会学系进行了为期一年的学习。要特别感谢美方导师 David Pellow 教授给我的学习机会。David Pellow 教授是著名的环境社会学家，是"生产跑步机"理论团队的核心成员，在环境正义研究领域也有很多建树。在美国期间我们交流得很愉快，每 2~3 周一次的交谈总能学到很多东西。还要感谢明尼苏达大学的边燕杰教授。边老师是社会学领域的著名学者。我有幸参加了边老师组织的几次工作坊（Workshop），从中我学到了很多，对社会学研究的中西比较以及理论对话有了进一步的思考。另外，明尼苏达大学的张磊博士，西安交通大学的杨建科老师、雷鸣博士，江苏师范大学的何靖老师，上海大学的陈煜婷博士为我在美期间的学习提供了很多帮助，在此一一致谢。

我还为身处于"陈门"这样一个学术共同体中而自豪。这是一个有学术理想和坚强意志的学术团队，我有幸一直从中汲取营养并为这个团队贡献自己有限的力量。从硕士入学开始，包括在博士就读阶段，我在论文写作和田野调查中，常常受惠于各位师兄、师姐、师弟、师妹。集体调查和读书使我感觉自己并不孤单，"陈门"团体中大家的优异表现是我学习的榜样，也给了我更大的动力。特别要感谢陈涛、罗亚娟、王婧、吴金芳、蒋培等同门对我的博士论文提出了很多有益的建议和意见。

我还要特别感谢的是南芒县的诸多友人。在我多次调查期间，他们给了我太多的帮助。在很多村寨调查时，他们把我当作亲戚一样，接纳了我，无论是生活上还是调查上都给了我太多的帮助。他们的淳朴善良常常让我内心涌现一股股暖流。没有他们的慷慨帮助，我的博士论文是不可能完成的。感谢云南大学尹绍亭教授，尹老师是改革开放后国内最早从事生态人类学研究的学者，他的刀耕火种研究给了我诸多启发，几次的当面交谈也让我获益颇丰。

请允许我把感谢献给我的父母和妻子。从小学一年级到博士毕业不间断的 20 余年的读书生涯，如果没有父母的物质支持和精神支持，我是不可能完成学业的。他们像所有伟大的中国父母一样，不计回报地为子女奉献一切。还要感谢妻子汲怀远，她一直非常理解和支持我的工作，帮助我分担了很多家务，使我能够专心写作。

最后，我还要感谢安徽大学社会与政治学院以及人文社会科学处诸多领导和同事的关心、支持和帮助。同时，感谢本书的责任编辑吴丹老师和白云老师，她们细致的工作让本书避免了很多不应有的错误。

当然，由于笔者能力有限，本书难免还会有一些错误和不足，还请读者不吝赐教。

耿言虎于合肥寓所
2014 年 11 月 17 日完成初稿
2018 年 6 月 7 日完成定稿

图书在版编目（CIP）数据

远去的森林：一个西南县域生态变迁的社会学阐释/
耿言虎著 . - - 北京：社会科学文献出版社，2018.8
ISBN 978 - 7 - 5201 - 3124 - 7

Ⅰ.①远… Ⅱ.①耿… Ⅲ.①区域生态环境 - 变迁 -
研究 - 南芒县 Ⅳ.①X321.256.4

中国版本图书馆 CIP 数据核字（2018）第 152307 号

远去的森林

—— 一个西南县域生态变迁的社会学阐释

著 者／耿言虎

出 版 人／谢寿光
项目统筹／吴 丹
责任编辑／吴 丹 白 云 朱子晔

出 版／社会科学文献出版社·皮书研究院 （010）59367073
地址：北京市北三环中路甲 29 号院华龙大厦 邮编：100029
网址：www. ssap. com. cn
发 行／市场营销中心 （010）59367081 59367018
印 装／三河市龙林印务有限公司

规 格／开 本：787mm × 1092mm 1/16
印 张：19.25 字 数：247 千字
版 次／2018 年 8 月第 1 版 2018 年 8 月第 1 次印刷
书 号／ISBN 978 - 7 - 5201 - 3124 - 7
定 价／89.00 元

本书如有印装质量问题，请与读者服务中心（010 - 59367028）联系